自下而上

万物进化简史

|珍藏版|

THE EVOLUTION OF EVERYTHING

How New Ideas Emerge

［英］马特·里德利 著 闫佳 译
Matt Ridley

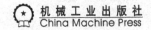
机械工业出版社
China Machine Press

图书在版编目（CIP）数据

自下而上：万物进化简史：珍藏版 /（英）马特·里德利（Matt Ridley）著；闫佳译 . -- 北京：机械工业出版社，2022.1（2024.3 重印）
书名原文：The Evolution of Everything: How New Ideas Emerge
ISBN 978-7-111-69595-0

I. ①自… II. ①马… ②闫… III. ①进化 - 普及读物 IV. ① Q11-49

中国版本图书馆 CIP 数据核字（2021）第 233166 号

北京市版权局著作权合同登记　图字：01-2017-0153 号。

自下而上：万物进化简史（珍藏版）

出版发行：机械工业出版社（北京市西城区百万庄大街 22 号　邮政编码：100037）

责任编辑：顾　煦　殷嘉男　　　　　　　　　　责任校对：马荣敏
印　　刷：北京虎彩文化传播有限公司　　　　　版　　次：2024 年 3 月第 1 版第 5 次印刷
开　　本：170mm×230mm　1/16　　　　　　　印　　张：20.5
书　　号：ISBN 978-7-111-69595-0　　　　　　定　　价：89.00 元

客服电话：（010）88361066　68326294

演变通论

　　"演变"（evolution）一词的本义为"渐次展开"（unfolding，也有"演变"之意）。演变是一个故事，讲述世事如何变迁。它是一个有着诸多其他含义的词，涉及特定类型的变化。它暗示一种东西从另一种东西里出现。它又有"增量式渐进变化"的隐含意思，与突发革命相对。它既是自发的，又是不可抵挡的。它表明从简单起点开始的累积变化。它意味着来自内部的变化，而不是由外部引导的变化。它通常还指没有特定目标，对在何处结束也持开放态度的变化。当然，它还特指生物体当中通过自然选择机制逐代修正的基因遗传。

　　本书认为，演变就发生在我们身边。它是理解人类世界和自然世界如何变化的最佳途径。人类制度、人工制品和习惯的改变，都是渐进的、必然的、不可抵挡的。它遵循一种叙述，从一个阶段进入下一个阶段；它慢慢推进而非大步跳跃；它有自己自发的势头，不为外部所推动；它没有什么目标，也没有具体的终点；它基本上是靠试错产生的，而试错是自然选择的一种形式。以电光源为例。1712年，一位籍籍无名的工程师托马斯·纽科门（Thomas Newcomen）碰巧找到了第一种把热转化为功的实用方法，虽然他可能完全不知道自己发明（把水煮沸，生成膨胀的蒸汽）背后的基本原理最终会带来什么样的结果。水在机器里，通过无数细小的步骤，变成蒸汽后可发电，提供第一道人造光线：这就是热做功发电。从白炽灯到荧光灯再到 LED 灯的变化，迄今仍在展开。这一系列的事件，就叫作演变。

我的论点是，在上述所有含义中，演变远比大多数人意识到的更为常见，更具深远的意义。它不仅仅局限于遗传系统，还能解释几乎所有的人类文化改变方式：从道德到技术，从金钱到宗教。人类文化的发展，是渐进的、增量的、无预定方向的、自然发生的，并受种种相互竞争的理念间自然选择的推动。对于出乎意料的变化，人类往往是承受者而非主动挑起事端的一方。虽然文化演变并无目标，但针对问题所生成的巧妙功能性解决方案，丝毫不亚于生物学家所谓的适应。我们早就发现，若不引入蓄意设计之说，动植物在形式及行为上那些明显的目的性就很难得到解释。眼睛难道不是专门为看东西而设计的？出于同样的道理，每当看到人类文化很好地解决了人类面临的问题时，我们往往倾向于认为，这是因为有些聪明人存心设计了它。如此，我们常把太多的荣誉归功于碰巧遇到此问题的某个聪明人。

人类历史的传授方式，也由此充满了误导，因为它太过强调设计、指导和规划，而太少关注演变。所以，打了胜仗的，是将军；经营国家的，是政治家；发现真理的，是科学家；创造流派的，是艺术家；实现突破的，是发明家；塑造心灵的，是老师；改变思想的，是哲学家；布道的，是教士；做生意的，是商人；阴谋导致危机；神祇订立道德。不光是个人，也包括机构和制度，公司、政党、宗教，据说，塑造世界的，是它们。

当年，老师就是这样教导我的。现在，我觉得这么说恐怕错多对少。

诚然，个人能够有所作为，政党或者大公司也一样。领导很重要。但如果说，世界上有一套延续至今的主流神话，我们所有人都犯过的同一个惊天大错，存在的同一个盲点，那就是：人人都以为，世界主要仰赖规划。这样一来，我们一次又一次地弄错了因果：我们误以为船舶扬帆制造了风，误把旁观者当成了肇事者。一场战斗打赢了，那必然是将军打赢的（而非疟疾流行使得敌军萎靡）；孩子习得什么，一定是老师教的（而非老师帮他找到了书籍、获得了同伴和好奇心）；物种存活下来，一定是环保人士救了它（而不是化肥的发明减少了养育人口所需的土地数量）；发明的诞生，必然来自发明家之手（而非下一级技术台阶不可避免的必然成熟）；危机出现，一定是因为有阴谋（绝对不是编出来的）。我们描述世界的时候，总觉得人和制度是关键，可大多数时候并非如此。一如纳西姆·塔勒布（Nassim Taleb）在《反脆弱》（Antifragile）一书中所说，在一个复杂的世界里，"因"这个概念本身就值得怀疑，"这就是别太在乎报纸说什么的另一个原因，它们总是无休无止地为事情找原因"。

塔勒布无情地嘲笑他戏称为"苏联－哈佛错觉"的观点：讲授鸟类的飞行原理，就误以为是讲座使鸟类习得了飞行技能。亚当·斯密对自己笔下的"制度人"也毫不客气，这样的人幻想"可以轻松地安排庞大社会中的不同成员，就如同一只手可以摆布棋盘上的不同棋子"，却完全忘记了：在人类社会这个大棋盘上，棋子本身就会动。

借用亚伯拉罕·林肯创造的一个说法，我希望，通过本书，能逐渐让你"释放"（disenthrall）对人类意图、设计和规划的痴迷。我想把查尔斯·达尔文提出的生物学理论，套用到人类世界的方方面面，让你透过设计的错觉，看到潜藏在底层的自然发生、未经规划、无情推进却又美丽动人的变化过程。

　　我常发现，人类很不擅长解释自己的世界。如果有一位来自半人马座阿尔法星的外星人类学家来到地球，提出一些深入的问题，那么他是得不到精彩答案的。为什么世界各地的杀人率都在下降？犯罪学家对此没有形成一致的意见。为什么全球平均收入达到了 19 世纪时的 10 倍以上？经济史学家为此吵成一团。为什么大约 20 万年前，部分非洲人开始发明可累积的技术和文明？人类学家说不明白。世界经济是怎样运作的？经济学家试图解释，但是说不出具体的细节。

　　这些现象都属于一个陌生的类别。1767 年，一位名叫亚当·弗格森（Adam Ferguson）的苏格兰随军牧师首次对它下了定义：这些都是人类行为的结果，而非人类设计的结果。它们是演变现象。这里的演变，用的是它的本义，也即渐次展开。而这样的演变现象，到处都是，无所不在，可我们无法分辨出这一类别的现象。我们的语言和思想，把世界分成两大类：那些由人类设计和制作的东西，以及没有秩序或功能的自然现象。经济学家拉斯·罗伯茨（Russ Roberts）曾指出，我们无法用语言来描述此类现象。倾盆大雨里帮你遮风挡雨、保持干燥的伞，是人类行为与人类设计的结果；万一忘了带伞，把你淋得全身透湿的暴雨，则两者皆非。但促使本地商店把伞卖给你的系统，或是伞这个词本身，又或者要求你把伞侧向一边，好留出路来让别的行人通过的礼仪规矩，属于什么范畴呢？这些（市场、语言、习俗）都是人为的事物，但它们无一是由人类设计的。它们全都是在计划之外自然发生的。

　　我们同样把这种想法带到了对自然界的认识上。我们认为自然中也存在有目的的设计，而非自然发生的演变。我们寻找基因组里的层次结构，寻找大脑里的"自我"，寻找思想里的自由意志。要是出现极端天气，只要能找到一丁点儿有关人类自主性的痕迹，我们都会说人类是罪魁祸首，不是怪罪巫医，就是怪罪人为原因造成了全球变暖。

虽然我们不愿意承认，但是在很大程度上，世界是一个自我组织、自我变化的地方。模式自然出现，趋势逐渐演变。候鸟在天空中排队成 V 字形并无意义，白蚁建造了宏伟的蚁穴却不需要设计师，蜜蜂修筑六角蜂巢不靠指令，大脑的塑造不来自"造脑师"，学习可以不靠传授，政治事件受历史影响，而非反过来那样。基因组没有主基因，大脑没有指挥中心，英语语言学没有导演，经济没有首席执行官，社会没有总统，普通法没有首席大法官，气候没有控制按钮，历史没有五星上将。

在社会中，人是变化的承受者，甚至直接主体，但很多时候，成因来自别处，来自自然发生的、不可阻挡的集体性力量。自然选择带来的生物演变是这些无情力量中的最强者，但除此之外，演变式无规划变化也有其他较为简单的形式。事实上，借用创新理论家理查德·韦伯（Richard Webb）提出的一个说法：达尔文理论是"特殊的进化论"；演变还有一套通论，适用范围远超生物领域。它适用于社会、金钱、技术、语言、法律、文化、音乐、暴力、历史、教育、政治、神祇和道德等领域。通论认为，事物不会始终不变，它们不可抵挡地逐渐变化；它们表现出"路径依赖"；它们有着修改过的"血统"；它们试错，表现出选择上的锲而不舍。对于这一内生变化过程，人类无功可邀，因为它并无自上而下的指挥。

左右两翼的大部分知识分子仍然回避这一真理，实际上他们仍然是"创世论者"。他们的痴狂不相上下，右翼拒绝承认查尔斯·达尔文的理论，也即大自然之复杂，并不意味着存在设计师，而左翼否定亚当·斯密的理论，也即社会之复杂，并不意味着存在规划师。在本书接下来的篇幅里，我将向各种形式的创世论开火。

第1章

宇宙的演变

如果你牢牢地把握这些原则，你会看到，

自然，摆脱了它那恶劣的工头，一下子自由了。

它所做的每一件事，都是它自己去做，神祇不发挥任何作用……

———卢克莱修[⊖]（Lucretius）
《物性论》（*De Rerum Natura*）第二卷，
第 1090～1093 行

⊖ 古代罗马共和国末期的诗人和哲学家。——译者注

"天钩"是人想象中把物体吊在半空的装置。这个词出自第一次世界大战（以下简称一战）中一位沮丧的侦察机飞行员，他听说自己要在同一个地方待上一个小时，讽刺地说："这台机器可没安装天钩呀"。哲学家丹尼尔·丹尼特（Daniel Dennett）则用天钩比喻智能设计论（即"生命的存在，就是智能设计者存在的证据"）。他把天钩和起重机做比较：前者对世界提出了一套自上而下的解决方案、解释或计划；后者则允许解决方案、解释或模式自下而上地出现，一如自然选择。

　　在西方思想史上，天钩模式占主导地位，它把世界解释为设计和规划的结果。柏拉图说，社会模仿一种设计好的宇宙秩序、一套应当强制执行的信念来运作。亚里士多德说，你应该在事物内部寻找意图和发展（也即灵魂）的原则。荷马说，神祇决定战斗的胜负。圣保罗说，你应该本着道德行事，因为这是耶稣的教导。穆罕默德说，你应该顺从真主通过《古兰经》传下的言语。路德说，你的命运在上帝的手中。霍布斯说，社会秩序来自君主或他所谓的"利维坦"（也即国家）。康德说，道德高于人类的经验。尼采说，良好的社会需要强力的领袖。我们一次又一次地告诉自己，世界有一套自上而下的描述，还有一种我们应当遵循的自上而下的准则。

但还有一个思想流派尝试打破这一桎梏，不过通常都以失败告终。它最早的倡导者，大概要追溯到古希腊哲学家伊壁鸠鲁，我们对此人的了解很少。按后世作家所说，他生于公元前 341 年，认为物理世界、生物世界、人类社会和我们遵奉的道德，都是自发现象，无须神明介入，也不必用贤明君主或保姆国家⊖来解释。追随者说，伊壁鸠鲁顺着另一位古希腊哲学家德谟克利特的思路，提出世界的构成无须一大堆特殊物质（包括灵魂和幽默），只靠两种东西——虚空和原子就足矣。伊壁鸠鲁说，一切都由小到看不见但坚不可摧的原子构成，中间隔着虚空；原子服从自然规律，每一种现象都是自然原因造成的。对公元前 4 世纪而言，这个结论可谓是一个惊人的先见之明。

遗憾的是，伊壁鸠鲁的著作未能传世。但 300 年之后，一首未完成的雄辩长诗复兴并重新探讨了他的思想。这就是罗马诗人提图斯·卢克莱修·卡鲁斯（Titus Lucretius Carus）的《物性论》。卢克莱修有可能去世于公元前 49 年前后，正是独裁统治正在古罗马若隐若现的时候。用福楼拜的话来说，当时"诸神已然退位，基督尚未降临，在西塞罗和奥勒留之间，历史出现了一个独特的时期：人孑然而立"。这一形容或许夸张了些，但不管是相较于此前还是此后，那的确是一个自由思想更容易呈现的时代。卢克莱修比西塞罗和奥勒留这两位政治家都更具颠覆性，更开明和有远见（西塞罗佩服他，却并不赞同他）。他的诗抛弃了所有的魔法、神秘主义、迷信、宗教和神话。它坚持纯粹的经验实证主义。

哈佛大学的历史学家斯蒂芬·格林布拉特（Stephen Greenblatt）提

⊖ 保姆国家是指政府用一系列的提议来鼓励公民改变他们在公众健康和安全法规方面的习惯。——译者注

出，卢克莱修在《物性论》未完成的 7400 行诗句里所提出的各种主张，可以看成是推进现代性的议程表。他主张，在虚空中运动的、种类有限的无形粒子通过不同的组合，构成了万事万物，这预言了现代物理学。他认为，宇宙没有造物主，上帝是幻想，生存没有目标或目的，只有不断的创造和毁灭，它们完全受偶然支配，这表明他充分理解了近世才流行起来的设想。他提出，大自然不断进行试验，只有能够适应和繁殖的生物才能茁壮成长，这预见了达尔文的学说。他认为，宇宙并不是为人类创造的，也不是围绕人类创造的，我们并不特殊，遥远的过去没有宁静而丰裕的黄金时代，只有谋求生存的原始战斗。他真的与现代哲学家和历史学家站在同一个阵营。他跟现代的无神论者一样，主张灵魂会死，没有来世，所有的有组织宗教都是迷信的妄想并且十分残酷，没有天使、恶魔或鬼魂。从道德立场上，他认为，人生的最高目标是提升快乐，减轻痛苦。

多亏格林布拉特神奇的作品《大转向》（*The Swerve*），我最近才知道了卢克莱修，顿生相见恨晚之感：虽然我从前不知情，但我自己分明就是卢克莱修兼伊壁鸠鲁的信徒。在 60 岁的年纪，我读到了 A. E. 斯托林斯（A. E. Stallings）翻译过来的美妙诗文，也为自己少年时代接受的教育感到气愤。他们怎么能让我把宝贵的学习时光浪费在了赞美耶稣基督和恺撒大帝那些单调乏味的、缺乏想象力的陈词滥调里呢？他们怎么就不能向我介绍一下卢克莱修呢？虽然维吉尔[⊖]（Virgil）在著作中对卢克莱修做了部分回应，但从整体上看，他更热衷于重建对诸神、统治者和自上而下观念的尊重。卢克莱修提出，坚不可摧的物质，在形式上不断突变（西班牙裔哲学家乔治·桑塔亚纳称之为"人类提出的最伟大设想"），这个概念是

⊖ 奥古斯都时代的古罗马诗人。——译者注

我自己一贯以来的创作主题。这不仅是物理和化学，也是演变、生态和经济背后的核心概念。要不是基督徒打压卢克莱修，我们大概会提前好几个世纪确立达尔文主义吧。

异端卢克莱修

我们是靠着一条极其微弱的线索，得知《物性论》这本书的。尽管同时代的人提到过它，赞美过它，赫库兰尼姆古城的纸草庄园（这是一座图书馆，可能属于恺撒的岳父）里也曾找到它烧焦的片段，但在历史的大部分时间里，它默默无闻。公元 9 世纪流传下来一些关于它的引言，表明僧侣曾在很偶然的情况下读过它，但截至 1417 年的 1000 多年里，学者当中都不曾广泛流传它的抄本。这本书实际上已经失传了。为什么会这样呢？

这个问题不难回答。卢克莱修蔑视一切形式的迷信，事实上，他的原子论也违背了基督教变体论⊖的教条。基督徒一旦掌权，他就立刻被排斥到了边缘。他对快乐原则（追求愉悦带来善，而痛苦没什么好处）的推崇，也与基督徒对"快乐是罪，受苦是善"的常见执念无法兼容。⊜

基督教可以接纳柏拉图和亚里士多德，因为后两人相信灵魂不朽，支持创造论，而伊壁鸠鲁这类异端学派对基督教教会则危险得多，所以卢克莱修必须遭到打压。他主张明确的无神论，甚至可以说是最直接的达尔

⊖ 基督教变体论是神学圣事论学说之一。——译者注
⊜ 和其他畅销书的遭遇一样，格林布拉特的书遭到了其他学者的严厉批评，主要的理由是，他夸大了中世纪知识分子的文盲和无知，没能指出 9 世纪偶尔有人提到过这首诗，他对宗教思想太过苛刻。但格林布拉特的主要论点无疑是正确的，即基督教压制、攻击《物性论》（哪怕在它重新浮出水面后也是如此）；1417 年广泛流传开来之后，这首诗对文艺复兴和启蒙运动都产生了影响。

文主义。哲学史学家安东尼·戈特利布（Anthony Gottlieb）援引了卢克莱修的一段话，跟理查德·道金斯（Richard Dawkins）《自私的基因》中的段落做对比。卢克莱修认为"每一种组合与运动"都导致了"生物的产生"；道金斯认为"无序原子自行组合成越来越复杂的模式，直至最终产生了人"。约翰·德莱顿（John Dryden）吹毛求疵地说，卢克莱修有时候"太像个无神论者了，（以至于人们都）忘了他是个诗人"。卢克莱修说，人"在迷信的重压下成了齑粉"，"宗教孕育了恶"，希望能赋予我们"力量，以对抗迷信和祭司的威胁"。不足为奇，那些人当然想摧毁他。

他们差一点就成功了。圣哲罗姆[⊖]（St Jerome）热衷于展示罪的代价，他驳斥卢克莱修是疯子，中了爱情魔药的毒变成了疯子，之后还自杀求死。这些诋毁没有任何证据支持，圣人也说不出它们的来源。"所有伊壁鸠鲁派学者都是可耻的享乐主义者"，这些控诉被捏造出来广为流传，延续至今。和其他所有伊壁鸠鲁学派及怀疑论的作品一样，这首诗的抄本被从图书馆里清空并销毁了。这一唯物主义和人本主义的思想痕迹，在欧洲几近彻底消失，直到 1417 年，佛罗伦萨一个名叫吉安·弗朗西斯科·波焦·布拉乔利尼（Gian Francesco Poggio Bracciolini）的学者，丢了教皇内侍的饭碗后，偶然间碰到了这首诗的完整抄本。波焦当时正在德国中部的图书馆搜罗珍贵的手稿，恰巧在一座修道院的图书馆（可能是在富尔达）中找到了《物性论》的抄本。他匆匆忙忙抄了一本，送给自己富有的藏书家朋友尼科洛·尼科利（Niccolo Niccoli），而后，这个抄本被传抄了50 多次。1473 年，《物性论》印刷出版，卢克莱修的异端思想开始影响

⊖ 天主教译作圣热罗尼莫或圣叶理诺，也译作圣杰罗姆，是古代西方教会的圣经学者。——译者注

整个欧洲的知识分子。

牛顿的"轻轻一推"

卢克莱修热情地坚持理性主义、物质主义、自然主义、人文主义和自由精神，在西方思想史上理当占据特殊的地位，甚至超越了他的诗歌之美。文艺复兴、科学革命、启蒙运动和美国大革命，都是由一定程度上受了卢克莱修启发的人发动的。波提切利⊖（Botticelli）的画作《维纳斯的诞生》，就像是在描绘卢克莱修诗作的开篇。布鲁诺接过了火炬，他引用了卢克莱修的原子重组、人不是万物之目的的观点，结果被教会斥为异端邪说，要堵住他的嘴。在对布鲁诺的审讯中，伽利略的卢克莱修式的原子论以及哥白尼的日心说，都成了他的罪名。事实上，科学史学家凯瑟琳·威尔逊（Catherine Wilson）认为，在很大程度上，卢克莱修的突然再度流行，对整个 17 世纪的经验主义——从皮埃尔·伽桑狄（Pierre Gassendi）反对笛卡儿开始，并由那个时代最具影响力的思想家（包括托马斯·霍布斯、罗伯特·波义耳、约翰·洛克、戈特弗里德·莱布尼茨和贝克莱主教）继续推进，产生了推波助澜的作用。

随着卢克莱修思想的渗透，物理学家最先看出了它引领的方向。艾萨克·牛顿在剑桥读书时，偶然间读到了沃尔特·查尔顿（Walter Charleton）详尽论述伽桑狄对卢克莱修阐释的书，了解到了伊壁鸠鲁学派的原子论。后来，牛顿找到了《物性论》的拉丁文版，此书现在还保存在他的图书室中，看得出反复阅读的痕迹。牛顿在自己的多部作品（尤其是

⊖ 意大利文艺复兴时期的画家。——译者注

《牛顿光学》）里，响应了卢克莱修"原子之间隔着虚空"的设想。

牛顿绝不是第一个摒弃天钩的现代思想家，但他是佼佼者之一。他用重力而不是上帝解释行星的轨道和苹果的落下。这样一来，就不需要一位过度劳累的造物主永恒地施加神圣的干预和监督了。重力使得地球围绕太阳公转，无须吩咐。耶和华或许一脚开了球，但球是自己滚下山的。

不过，牛顿的思想解放明显有限，因为要是有人把这解读成上帝并不是最终的掌管者，甚至压根不存在，他会勃然大怒。他坚定地认为："太阳、行星和彗星这么简洁的系统，不经智慧神力的设计和掌控，是不可能出现的。"他的理由是，根据他的计算，太阳能系统最终将遁入混沌。由于它显然并未遁入混沌，那么必然是上帝定期干预，把行星轻轻推回轨道的结果。耶和华到底还是得工作，虽然只是一份兼职。

偏离

天钩依然存在，只是看不见。启蒙运动一次次地展现出折中模式：从上帝手里夺回了一座城池，却仍然坚持上帝永远把持着城池之外的地方。不管事实证明有多少天钩是出于幻想，总有下一个天钩会是真的。实际上，辛辛苦苦做了一大堆工作以说明自然出现更合理，却突然看到了设计（这太常见了），我只好给它借用个名字——偏离（swerve）。卢克莱修是偏离第一人。在一个由运动轨迹可预测的原子所构成的世界里，卢克莱修（顺着德谟克利特和伊壁鸠鲁开辟的道路）无法解释人类明显存在的自由意志。为了做到这一点，他任性地提出，原子必定是偶尔不可预料地偏离，因为诸神命令它们这样做。自此，诗人的这种前后不一就叫作"卢克莱修式偏离"，不过，我打算用这个词进行更一般性的指代：每当我逮到哲学家在自己难于理解的东西上强行解释，违背原本的立场，随意抛下天钩时，我就说，这是"偏离"。在后面的章节中，你将会看到许多卢克莱修式的偏离。

牛顿的对头——戈特弗里德·莱布尼茨在 1710 年的《神义论》中，尝试用数学证据证明上帝存在。他得出结论，罪恶在世上漫步，让人尽可能拿出自己最好的部分来。上帝总是精心地计算怎样将罪恶限制在最小值，如有必要，它会降下大难，杀死更多的坏人，虽然偶尔也杀死好人。伏尔泰嘲笑莱布尼茨的"最优主义"（optimism），当时这个词的意思几乎和现在完全相反：这个世界是完美的、无可改进的（"最优"），因为它是上帝创造的。1755 年，里斯本大地震导致 60 000 多人死亡。万圣节的清晨，教堂里挤满了人，神学家按照莱布尼茨的解释说，里斯本罪恶太多，受惩罚是应得的。伏尔泰认为这太过分了，便写了一首诗讽刺地问："那就是说，陨落于地震的里斯本，比处处骄奢淫逸的巴黎，能找到更多的恶？"

牛顿的法国追随者皮埃尔 – 路易·莫佩尔蒂（Pierre-Louis Maupertuis）前往瑞典拉普兰，证明地球在两极附近趋于扁平，一如牛顿力学所预测的。接着，他又否定了建立在大自然奇迹（或者太阳系运转的规律性）之上的上帝存在的其他论据，从牛顿的立场又往前迈了一大步。但是走了这么远，他突然停下来（他的卢克莱修式偏离症犯了），得出这样一个结论：他自己的"最小作用"原理（用于解释运动）展现了大自然的大智慧，故此，它必然是智慧创造者的产物。或者，用莫佩尔蒂自己的话来说，如果上帝和我一样聪明，那么它必然存在。这是何其不合逻辑的推论呀！

伏尔泰很生气（有可能是因为他那颇有数学天赋的情妇埃米莉，也即夏特莱侯爵夫人，曾跟莫佩尔蒂交往过，还撰文捍卫莱布尼茨），便在自己的小说《老实人》（Candide）里创造了一个杂糅了莱布尼茨和莫佩尔蒂性格的人物——潘格罗斯博士。哪怕一同经历了梅毒、海难、地震、火灾、奴役和绞刑架，潘格罗斯仍然劝服了天真的老实人赣第德，这就是一切可能世界里最好的那一个。伏尔泰对自然神学的蔑视，很明显直接来自卢克莱修，因为贯穿其一生，伏尔泰都在借用卢克莱修的观点，有一阵子甚至自称"卢克莱修转世"。

面团，还是蠕虫

伏尔泰绝不是第一个从卢克莱修汲取灵感的诗人或散文家，更不是最后一个。托马斯·莫尔（Thomas More）在《乌托邦》里就试图把卢克莱修式的愉悦和信仰调和起来。蒙田频繁引用卢克莱修，还与之隔空呼应道："世界在永恒地运动……世间万物也在持续地运动。"他建议我们"重新粉碎为伊壁鸠鲁'无尽的原子'"。伊丽莎白和詹姆斯一世时期的英国诗人，包括埃德蒙·斯宾塞、莎士比亚、约翰·多恩和弗朗西斯·培根，都在明确的唯物主义和原子论主题（间接或直接地来自卢克莱修）上有过发挥。本·琼森⊖（Ben Jonson）为自己的卢克莱修荷兰语版做过大量的注释和批语。马基雅维利（Machiavelli）年轻时誊写过《物性论》。莫里哀、德莱顿和约翰·伊夫林翻译过它，约翰·弥尔顿和亚历山大·蒲柏效仿、呼应甚至试图反驳过它。

⊖ 英格兰文艺复兴剧作家。——译者注

托马斯·杰斐逊收藏了《物性论》的五种拉丁语版本以及其他三种语言的译本，自称是伊壁鸠鲁学派门人，或许，他的"追求幸福"也是对卢克莱修的刻意呼应。诗人兼医生的伊拉斯谟斯·达尔文（Erasmus Darwin），不仅激励孙子提出进化理论，还为许多浪漫主义诗人提供了灵感。他的史诗、情诗、演化诗和哲理诗，都在有意识地模仿卢克莱修。他本有意把自己的最后一首诗——《自然的寺庙》（*The Temple of Nature*）作为《物性论》的再创作版。

玛丽·雪莱构思出《弗兰肯斯坦》的时候，相当完美地反映出这位伟大的罗马唯物主义者的影响已经达到高潮。雪莱听到丈夫珀西和乔治·拜伦勋爵讨论"达尔文博士"实验里留下的发酵的"意大利细面条"（vermicelli）活了过来，猛地产生了灵感。考虑到雪莱、拜伦、伊拉斯谟斯·达尔文都是热情的卢克莱修信徒，或许她听错了，男人们讨论的不是面条的复活，而在引用《物性论》里的段落（达尔文的实验就是在模仿它），因为卢克莱修曾论述植物腐烂会自然产生小虫子"vermiculos"。

一件小事体现了近乎整部西方思想史：一位古典作家，在文艺复兴时代被人们重新发现，启发了启蒙运动，影响了浪漫主义运动，接着又为最著名的哥特小说点燃了灵感，小说中的恶人深受现代电影的宠爱，一而再，再而三地反复出现。

卢克莱修影响了启蒙时代的哲学家，引导自由思想家顺着这条路继续往下走，与创世思维渐行渐远。1860 年，皮埃尔·贝尔（Pierre Bayle）在《关于彗星问题的思考》（*Thoughts on the Comet*）一书中，紧紧地追随卢克莱修《物性论》（第五卷），认为宗教的力量源自恐惧。孟德斯鸠在《论法的精神》（1748 年）开篇第一句话里就引出了卢克莱修："最广义的法，是指源于**物之属性**的必然关系。"德尼·狄德罗（Denis Diderot）在《哲学思想》（*Philosophical Thoughts*）中呼应卢克莱修，认为自然并无目的，并从《物性论》中摘抄了一句话作为自己这本书的座右铭："我们要在光明里，才看得见什么是黑暗。"后来，他又在《论盲人书简》中，提出上帝本身是纯粹的感官产物，他因此言论被判异端罪入狱。1770 年，无神论哲学家保罗 – 亨利·霍尔巴赫男爵（Paul-Henri, baron d'Holbach）在《自然系统论》（*Le Systeme de la Nature*）中把卢克莱修的思想推至极端。霍尔巴赫认为，自然系统中只存在运动中的物质和因果关系："没有必要求助于超自然力量来解释事物的形成。"

在地质学领域中，这种怀疑逐渐站稳了脚跟。1785 年，苏格兰南部的农夫詹姆斯·赫顿（James Hutton）提出了一套理论：我们脚下的岩石是至今仍在进行的侵蚀和隆起过程带来的，山顶上出现的贝壳，不需要诺亚大洪水来解释，"因此，我们得出的结论是，就算不是全部，也是陆地的很大部分，是由地球的自然活动造成的"。他窥视着地质时期的茫茫深处，说了一句名言："我们没有找到创世的遗迹，也没有看到末日的前景。"为此，他被诬蔑成亵渎者和无神论者。爱尔兰顶尖科学家理查德·柯万（Richard Kirwan）甚至进一步暗示，赫顿的思想促成了法国大革命等危险变故，"事实证明"，它们"对各种无神论体制的结构太有利了，因为这些本身就是动荡的、不道德的"。

不需要那种假设

率先动手拆除天钩的物理学家，接二连三地震惊世界。皮埃尔 – 西蒙·拉普拉斯（Pierre-Simon Laplace），借助夏特莱侯爵夫人对烦琐的牛顿几何学的改进，通过逻辑推导出了牛顿主义的结论。拉普拉斯认为，宇宙的现状是"过去的影响、未来的成因"。如果有智者强大到足够计算出每一项因的每一项果，那么，"就没有任何事情是不确定的，未来和过去都将展现在他眼前"。拉普拉斯从数学上指出，在天文领域不需要牛顿所谓的"上帝轻轻一推"的干预，就能维持太阳系的稳定，从而拿走了天钩。"我根本不需要那种假设。"他对拿破仑说。

到了 20 世纪，拉普拉斯决定论的确定性，受到两个方向的攻击（量子力学和混沌理论），最终瓦解了。在亚原子层面上，世界竟然远非牛顿所设想的，不确定性根植在物质的基本结构当中。而在天文尺度上，亨利·庞加莱（Henri Poincaré）发现天体的一些安排导致了永恒的不稳定。而气象学家爱德华·洛伦兹（Edward Lorenz）则意识到，对初始条件的苛刻敏感性，意味着天气系统本质上无法预测。1972 年，他在讲演中提出了一个著名的问题："巴西的蝴蝶拍打翅膀，会导致得克萨斯州刮起龙卷风吗？"

这些对决定论的攻击都来自下方，而非上方；来自内部，而非外部。如果非要说它们给世界带来了什么变化，那就是，世界成了一个更为偏向卢克莱修的地方。不可能预测一个电子的位置，也不可能提前一年预测天气，这些都为这个世界提供了不利于预言家、专家和规划师的证据。

泥浆总是刚好填满泥坑

20 世纪后期，部分天文学家接受了一种新的天钩，名叫"人择原理"

（anthropic principle）。它主张，宇宙的条件、某些参数的特定数值，似乎非常适合生命的出现。换句话说，如果事情稍微有一点不同，就不可能存在稳定的太阳、富含水的世界、聚合起来的碳，故此生命也就永远无法出现。宇宙的这股运气暗示，我们居住在一个特别的世界中，它不同寻常地极其适合我们，这令人不寒而栗，这太酷了。

当然，我们自己的宇宙的确存在一些明显的偶然特征，没有它们，生命就无法起源。如果宇宙常数稍微大一点，反重力的压力就会更大，星系、恒星和行星根本来不及演变出来，宇宙就会把自己炸成碎片。碳的电子与核子的力量刚合适，让它成为最为常见的元素，而碳对生命至关重要，是因为它能够形成多重键。不巧的是，在行星与恒星之间典型距离下展示的温度范围内，分子键的强度刚合适，既可以维持稳定，又可以打破它。稍微再弱一点，宇宙就热得无法进行化学反应了；稍微再强一点，宇宙又太冷了。

的确如此，但对宇宙学家小圈子（他们在望远镜上花的时间太长了）之外的人而言，人择原理这一设想，不是平庸的，就是愚蠢的（看你对它的态度有几分认真）。很明显，它混淆了因果关系。是生命适应物理定律，而不是反过来，让物理定律去适应生命。从一个水是液体、碳能聚合、太阳星系持续数十亿年的世界里，演变出来的生命才会是以碳为基础，水溶性蛋白质充斥在充满液体的细胞里。而如果世界有所不同，那么出现的一定也是不同类型的生物。正如大卫·沃尔瑟姆（David Waltham）在《幸运的行星》（*Lucky Planet*）一书中所说，"我们必然占据了有利的位置，（这是）一个定律里允许出现智慧生命体的罕见区间"，不需要人择原理。

沃尔瑟姆进而提出，地球或许是罕见甚至独一无二的，因为产生一个有着稳定的温度、水在星球表面可稳定维持液体形式长达 40 亿年的星球，需要一连串的巧合，几近荒谬。月亮的形成也特别"幸运"，它是行星碰撞形成的，由于地球潮汐的影响，它缓缓地遁入了太空（月亮现在与地球的距离，是它最初形成时的 10 倍远）。如果月亮稍微大一点或者小一点，碰撞之后，地球的一天就会稍微长一点或者短一点，它的轴线就会不稳定，有可能发生周期性摧毁生命的气候灾难，进而摒绝智慧生命体的出现。上帝或许能为月球的这一巧合邀功，但詹姆斯·洛夫洛克（James Lovelock）的盖亚假说（也即生命本身控制气候）不能。所以，我们或许的确运气好得离谱，好得近乎不可再现，但这并没有增添我们的特别之处，要是最初没有这一系列的巧合，我们根本就不存在。

道格拉斯·亚当斯（Douglas Adams）对人择原理做了最后判决："想象一下，有一摊泥浆清早醒来，它想，'我发现自己所在的世界真有趣啊，我所在的这个坑太有意思了，刚好适合我，不是吗？老实说，它跟我的契合度好得太惊人了，说不定是专门为我造的呢！'"

为自己而思考

政治和经济启蒙运动，跟着牛顿及其追随者的步伐姗姗而来，这并非偶然。一如大卫·博达尼斯（David Bodanis）在《热情的思想家》（*Passionate Minds*，伏尔泰和他情妇的传记）一书中指出，牛顿质疑周围自古以来广为接受的传统，他的这一做法激励了人们。"牧师或者大臣给予你的训诫以及国教和它背后国家的整套建制，都不再具有权威了。方便携带的小小书本，甚至你自己的想法，都有可能变成权威，真是危险啊。"

　　渐渐地，通过阅读卢克莱修，通过实验和思考，启蒙运动投入了"新概念"的怀抱：无须智能设计，你就能解释天文、生物和社会。尼古拉斯·哥白尼、伽利略·伽利雷、巴鲁赫·斯宾诺莎和艾萨克·牛顿迈出了试探性的步伐，从自上而下的思考方式，逐渐走进了自下而上的世界。怀揣着兴奋，洛克和孟德斯鸠、伏尔泰和狄德罗、休谟和斯密、富兰克林和杰斐逊、达尔文和华莱士，也都对设计论犯下了类似的"异端罪"。自然解释取代了超自然解释。新兴的世界出现了。

第 2 章

道德的演变

哦，人悲惨可怜的思想啊！
哦，蒙昧失明的心灵啊！
置身重大危险之下，在晦暗不明当中，
你们度过了多少时光！
你们怎么竟不知道，这浅显的道理，
你们所有的天性，都渴望拥有，
免于痛苦、享受愉悦的身体，
不再恐惧、无须牵挂的头脑？

——卢克莱修
《物性论》第二卷，第 1～5 行

不久，一种更具颠覆性的思想，从卢克莱修和牛顿的追随者中演变出来。如果道德本身，并不是犹太教－基督教的上帝手把手传下来的金科玉律呢？甚至，它不是柏拉图式理想的山寨货，而是人与人之间为寻求相处之道，通过社会互动自发自然产生的东西，那可怎么办呢？1689年，约翰·洛克主张宗教宽容（尽管并不针对无神论者和天主教徒），让那些认为政府规定正统宗教是社会免于陷入混乱唯一途径的人，对他劈头盖脸地发起了抗议。但道德自发产生的观点并没有就此消失，过了一阵子，大卫·休谟以及稍晚些时候的亚当·斯密为它扫去灰尘，向全世界展示：道德是一种自发的现象。休谟意识到，如果人们善待彼此，对社会是有益的，那么，他认为，社会凝聚力的基础是理性算计，而非道德规定。斯密更进一步，认为道德来自人类本性的一个独有特点——同理心，未经计划，也无人指使。

亚当·斯密来自苏格兰柯科迪，是个害羞、拘谨的人，一辈子没结婚，跟母亲住在一起，以海关检察员的身份终老。这样一个人，究竟是怎么对人性得出了这样敏锐、深刻的洞见，是历史上的一大谜团。但斯密在朋友里已经算是幸运儿了。他师从杰出的爱尔兰哲学家弗朗西斯·哈奇森（Francis Hutcheson），经常跟大卫·休谟交谈，熟读狄德罗的新《百科全书》（这套书对自下而上的解释较多），这让他一开始就有了很好的入手点。在牛津大学的贝利奥尔学院，他发现讲师"已经完全放弃了教学，连假装都不肯"，但图书馆是个"了不起"的地方。在格拉斯哥执教的机会让他得以在一个欣欣向荣的贸易港口有了经商体验，"把加尔文的封建世界溶解成了资本主义商业世界"。18 世纪，格拉斯哥与新大陆的贸易增加，出现爆炸式的发展，到处都充盈着创业能量。后来，斯密又出任了年轻的巴克勒公爵的导师，在法国游历，见到了"霍尔巴赫和伏尔泰"，两人都认为斯密是个"出色的人，我们跟他没什么可比的"。但这是在他第一本洞察人性和道德演变的书问世之后的事情。不管怎么说，这位腼腆的苏格兰人偶然得出的见解，探讨了两个远超时代的宏大观念。它们都着眼于自然发生的演变现象：有些事情，来自人类行为的结果，而非人类设计的结果。

斯密一生都在探索和解释这种突发现象，从语言和道德开始，接着进入市场和经济，最后以法律结束，尽管他从未发表自己计划中论述法理学的书。18 世纪 50 年代，斯密开始在格拉斯哥大学讲授道德哲学；1759 年，他将所有的讲演收集成册，即《道德情操论》。今天看来，它没什么了不起的，只是对伦理思想发了一番 18 世纪风格的密集而冗长的絮叨。它读起来全然没有精彩、刺激之感，但在当时，它绝对是历史上最具颠覆性的一本书。要记住，当时的人们认为，道德是必须由别人教给你的东西，没有耶稣对我们的教导，道德就根本不可能存在。抚养孩子而不教他道德，却指望他行为得体，就好像不教他拉丁文却指望他能背诵维吉尔的诗一样。斯密的认识却不一样。他认为，道德跟教导的关系不大，跟理性更毫无关系，而是源自人们从小到大在社会中成长，头脑里产生的互惠交换概念。故此，道德是人类本性的某个方面回应社会环境自然而然带来的结果。

研究斯密的学者詹姆斯·奥特森（James Otteson）观察到，斯密在职业生涯初期曾撰写过天文学史，他认为自己显然是顺着牛顿的脚步在前进：观察自然现象的规律，采用的是"解释要尽可能简单"这一原则。他在自己的天文学史中称赞牛顿："他发现，通过人人熟悉的啮合原理，可以把行星的运动结合起来。"苏格兰还有一种在历史主题中寻求因果的传统，斯密也属于这套传统的一部分：他不追问按照完美的柏拉图理想，道德体系应该是什么样的，而是探索它是怎么形成的。

这正是斯密对道德哲学所采用的手法。他想弄清楚道德从什么地方来，并且简单明了地解释它。而且，斯密还巧妙地避开了后人经常掉进去的陷阱（他常有这样的本事）。他径直看穿了先天与后天、天性与教养的争论，得出了"通过教养体现天性"的解释，远远超越了自己的时代。他借助一个简单的观察现象作为《道德情操论》的开场白：我们都喜欢让别人幸福。

无论觉得一个人有多么自私，在他的天性中显然都还有些道义感会促使他去关心别人的命运，视他人的幸福如同自己的幸福一样必不可少，虽然他除了看到别人幸福自己觉得愉悦之外，从中一无所获。

我们都渴望他所说的"心心相通的愉快"，即"观察到别的人有着跟我们内心中一样的各种情绪，再也没有什么更叫我们愉快的了"。然而，没有子女的斯密还观察到，孩子是没有道德感的，他要经历种种辛苦，才能意识到自己不是宇宙的中心。通过试错，孩子逐渐发现什么样的行为能带来心心相通的愉悦，从而让自己因为他人快乐而快乐。按照斯密的看法，每个人都让自己的愿望去适应他人的愿望，从而带来了共享的道德系统。无形之手（这个说法最初出现在斯密的天文学讲座上，接着出现在《道德情操论》里，再接着才出现在《国富论》中）指引我们走向共同的道德准则。奥特森解释说，手之所以是无形的，部分是因为人们并没有着手去创造一套共享的道德系统；他们的目的只是想在这一刻，跟自己正打交道的人一起获得心心相通的愉悦。从斯密后来对市场的解释里，也能够清晰地看出类似的地方：两者都是从个人行为中自发产生的现象，而非来自蓄意的设计。

斯密道德哲学中最著名的创新是"中立的旁观者"，当我们需要表现出道德的时候，我们会想象它正看着我们。换句话说，一如我们通过判断他人对我们行为的反应来学习道德，我们也会通过设立一个体现我们良知的中立的旁观者来想象别人的反应。如果中立的旁观者了解所有的事实，他对我们的行为会怎么想呢？按照他的建议做，会让我们感到愉悦，没有按照他的建议做，则让我们感到愧疚。伏尔泰简洁有力地说："最稳妥的做法是不做任何违背人良心的事情。知道了这个奥秘，我们就可以享受生活，无惧死亡。"

道德是怎样形成的

请注意，按照这一理念，不需要上帝的存在。斯密是自然神学课程的老师（当然他也教授其他课程），并未自称是无神论者，但偶尔，他会危险地偏向卢克莱修的怀疑主义。他至少在口头上对上帝表示崇敬，倒也没什么可奇怪的，因为他在格拉斯哥大学的三位前任教授，包括他的恩师哈奇森，都因未能坚守加尔文主义的正统观念而被指控为异端。当时的神学家警觉性非常高。他的学生约翰·拉姆齐（John Ramsay）怀着不以为然的态度，讲过一个有趣的故事：斯密"上书元老院……要求免除一上课先祷告的义务"，遭到拒绝后，他的讲座又让学生"得出一个没有根据的结论，也就是，神学的伟大真理以及人对上帝及其邻居的义务，或许无须任何特殊的启示，就能从自然的角度发现"。研究斯密的学者加文·肯尼迪（Gavin Kennedy）指出，《道德情操论》的第6版（1789年）出版于他对待宗教虔诚的母亲去世之后，斯密在书中删除或调整了许多宗教引言。他既可能是一个隐藏着的无神论者，也有可能是有神论者，只是不从字面意义上接受基督教义，而假设某个上帝把良心植入了人类的胸怀中。

按照斯密的观点，道德是一种自发形成的现象，人在社会中寻找心心相通的愉悦，自行决定道德准则，接着道德家再观察、记录这些约定俗成的惯例，反过来又以自上而下的方式将之教导给人们。基本上，斯密的意思是，告诉你应该怎样行事的牧师，他的道德准则其实来自观察真正有道德的人怎么做。

语法老师是个很合适的同类例子，他们的工作基本上就是编辑整理日常用语中所存在的模式，再把整理所得的结果重新教给我们。只有很少的时候（比如"分裂不定式"⊖），他们确定的语法规则才会跟优秀作家的用

⊖ 分裂不定式一般是指，在 to 和动词之间放上一个副词或 please，语法专家通常认为这类结构是不正确的，应该避免使用。比方说，clearly 在下面的句子里不可放在 to 和 read 之间：I want you to read that last sentence clearly，但乔叟、莎士比亚等大作家，自 12 世纪就开始在 to 和动词之间插入副词。这是英语语法中非常敏感的话题。——译者注

法存在矛盾。没错，牧师有可能发明、倡导一条新的道德规范，一如语言学家有可能发明、倡导一条新的词法或语法规则，但这其实是罕见的情况。就这两种情况而言，用法发生了变化，教师逐渐认同了变化，有时候还假装是原创者。

下面举个例子。在我有生之年，从道德上来说，反对同性恋在西方世界越来越不可接受，而反对恋童癖，则日复一日地具有了道德上的强制性。很久以前，男明星或名人可以当众违背不得与未成年少女结交的规矩，且不会遭到非议，放到今天，却会被告上法庭，身败名裂，而另一些男明星，从前跟成年男子约会，会让自己名誉扫地，现在却可以公开说出自己的爱。请不要误会我：对这两种发展趋势，我都举手赞同，但我想要表达的要点不在于此。我的观点是，改变不是来自某些道德领袖或委员会的规定（至少主要原因不在于此），更不是《圣经》上的指示促成了变化的产生。相反，普通人之间的道德磋商，逐渐改变了社会上的普遍观点，而道德教师反映了这些观点一路上发生的变化。毫不夸张地说，道德在演变。同样地，在我这一辈子里，"enormity"和"prevaricate"的词义发生了变化⊖，也不是因为任何委员会考虑要调整词汇的含义，语法学家们也基本上无力阻止它们的改变（事实上，语法学家煞费苦心地谴责语言的创新）。奥特森指出，斯密在其著作中，将"brothers"和"brethren"（也即两者均为"兄弟"的复数形式）互换着使用，而且他还略微偏爱用后者。可到了今天，规则改变了，除非你是装腔作势的老古董，或者是语带嘲讽，你才会用"brethren"来表示"brother"的复数形式。

⊖ "enormity"现在指规模巨大，传统上则仅仅指罪行或者负面事件的规模大，是贬义。"prevaricate"原本的意思是"有意回避某事、推脱闪躲"，近年来新的意思则是"行为拖拖拉拉，不利落"。——译者注

斯密敏锐地意识到了道德和语言的相似之处，故此，他坚持在《道德情操论》的第 2 版及后续版本中，加入自己论述语言起源的短文。文中，斯密提出，语言的规律是发明，而非发现，也就是说，这跟物理定律不一样。但它们始终是规律：如果孩子没能正确地运用"bring"的过去式，说"bringed"而非"brought"，父母或者小伙伴就会加以纠正。所以，语言是一个有序的系统，是靠着人们努力尝试"让各自的需求为彼此所理解"，不断试错而自发产生的。没有人负责，但这套系统是有序的。这是个多么特殊和新颖的想法啊，又是一个多么具有颠覆性的想法啊。如果道德不需要上帝，如果语言是自发产生的系统，那么，有没有可能，国王、教皇和官员，对社会的有序运作，不像他们装出来的那么关键呢？

美国政治学家拉里·阿恩哈特（Larry Arnhart）说过，斯密是自由主义关键原则的奠基人，因为他拒绝西方传统，认为道德必须符合一套超然的宇宙秩序，不管是上帝的宇宙，还是理性的宇宙或者自然的宇宙。"自由主义道德不是这种超然的宇宙道德学，而是建立在实证的人类道德学的基础上，也即道德秩序源自人类经验之内。"

最重要的是，斯密认为道德和语言可以改变，可以演变。奥特森指出，在斯密看来，道德判断是受过去经验的诱导所做的概括。我们会记录对自己及他人行为的态度（赞成或反对），观察其他做相同事情的人。"频繁重复的判断模式逐渐披上了道德义务的外衣，甚至变成了上天所授的诫命，而重复次数较少的模式，（人们对它的）信心就差得多了。"正是在人类经验的混乱实证世界里，我们发现了道德。道德哲学家观察我们的行为，但我们的行为，并不来自他们的创造。

善良天使

天哪！这里竟然有一个 18 世纪的中产阶级苏格兰教授说，道德是人类成长过程中彼此调整行为的偶然副产品；他说道德是人类在相对和平的社会里自然自发产生的现象，又说善良不需要教导，自然更与古代巴勒斯坦地区某个木匠扯不上半点关系，那是道德源于圣人的迷信。在《道德情操论》的部分章节中，斯密听起来有点像是卢克莱修（斯密当然读过），但他听起来更像是今天的史蒂芬·平克（Steven Pinker）在哈佛大学讨论社会走向宽容、远离暴力的演变。

其实这里也存在一个极其有趣的共识。平克的看法实际上和斯密很接近，认为道德是随着时间而发展的。说得直白些吧，按照斯密的解释，在暴力的普鲁士中世纪社会里成长起来的孩子，通过试错培养出来的道德准则，必定与如今在和平的德国郊区长大的孩子截然不同。在中世纪的人眼里，为了捍卫自己或自己城邦的荣誉而杀人，是符合道德的，但今天的人则认为，拒绝吃肉、为慈善事业慷慨解囊符合道德，而出于任何理由（尤其是为了荣誉）杀人则非常不道德。本着斯密的道德演变观，很容易看出道德是相对的，会根据不同社会所处的不同节点而演变，而这正是平克要证明的事情。

平克的书《人性中的善良天使》(*The Better Angels of Our Nature*) 记录了最近几百年暴力行为惊人地持续减少。在我们刚过去的 10 年里，全球战争死亡率创下了历史新低；在西方大多数国家中，凶杀率比中世纪减少了 99%；我们看到的种族、性别、家庭、肉体、资本及其他暴力形式全面撤退；从前视为常态的歧视和偏见，如今变成了可耻行为；我们反对任何以暴力取乐的做法，哪怕是对动物也不行。倒不是说暴力消失了，但平克记录的衰退非常明显，而我们对暴力的恐惧还在，意味着这种衰退还将持续下去。今天我们视为正常的一些事情，我们的子孙会大感惊讶。

为了解释这些趋势，平克借用了最初由诺贝特·埃利亚斯（Norbert Elias）提出的一套理论。1939 年，埃利亚斯在英国以德裔犹太难民的身份发表相关论文，可惜没过多久，英国就因为他是德国人拘禁了他。从当时的情形看，说暴力和胁迫在减少实在不是个好的时机。但 30 年后的 1969 年（那是个远比 1939 年幸福快乐的时代），这套理论被翻译成了英文，得到了广泛的赞赏。埃利亚斯认为，随着人们变得更为城市化，住得更拥挤，更接受资本主义，更世俗化，"文明的进程"剧烈地改变了欧洲人自中世纪以来的习惯。他梳理中世纪欧洲的文献，记录下了当时普遍存在的、随意而频繁的暴力行为，偶然间得出了这一矛盾的认识（我们如今有了强大的统计学证据，但当时还没有）。争执随时都会变成谋杀；肉刑和处死是常见的惩罚；宗教靠虐待和酷刑来执行规则；娱乐往往也很残忍。芭芭拉·塔奇曼（Barbara Tuchman）在《镜中日月》（*Distant Mirror*）中举了法国中世纪一种流行游戏为例：人把手绑在身后，争抢着用脑袋去砸死一只被钉在柱子上的猫，在此过程中，绝望的猫拼命用爪子抓挠，有可能弄瞎游戏者的一只眼睛。这并不好笑……

埃利亚斯认为，道德标准是演变的；为了说明这一点，他记录了伊拉斯谟和其他哲学家公布的礼仪指南。这些指南充斥着似乎根本不必要，其实更能透露实情的餐桌礼仪、如厕礼仪和床事礼仪建议："他人大小便时无须打招呼……不得用桌布、袖子或帽子擤鼻涕，也不要用指头挖鼻孔……吐痰时要背过身，以免唾液吐到他人身上……吃饭时不可挖鼻孔。"简而言之，这些琐碎的行为竟然值得一提，暗示以现代标准来看，中世纪欧洲的生活相当"恶心"。平克评论道："这类指示应该是父母说给 3 岁孩子听的，而不是伟大哲学家对着有文化的读者宣导的。"埃利亚斯认为，当今人们视为第二天性的文明举止、自我控制和慎重考量习惯，必然是习得的。随着时间的推移，"人们越来越多地抑制冲动，预计个人行为的长期后果，并将他人的想法和感受考虑在内"。换句话说，不用桌布擤鼻涕，跟不拿刀子捅邻居是一回事儿。这有点像破窗理论的历史学版：不容忍小罪，也带来了对大罪的不容忍。

甜蜜的商业活动

但这些比较文雅的习惯，是怎么培养起来的呢？埃利亚斯意识到，我们会把违背这些规则的惩罚（以及对更严重暴力行为的惩罚）内在为一种羞耻感。也就是说，一如亚当·斯密所称，我们借助一位不偏不倚的旁观者，并且，随着他越发挑剔，我们在人生中越来越早地学会从他的视角看问题。但为什么会这样呢？埃利亚斯和平克提出了两个主要的原因：政府和商贸。随着政府权力日渐集中到国王及朝廷手里，地方军阀失宠，人们不能再像战士一般行事，而必须要表现得像朝臣一般。这就是说，不光要减少暴力，还要更加有教养。利维坦⊖强行维持和平，以求有更多年富力强的农民纳税。报复杀人变成了国家一级的犯罪，要遭受惩罚；它不再是私人之间血债血偿的恩怨。与此同时，商贸使人们

⊖ 霍布斯以利维坦比喻君主专制政体国家。——译者注

重视在交易中获得陌生人信任的机会。随着陌生人之间的金钱互动越来越多，人们越来越多地把邻居想成潜在的生意伙伴，而不是潜在的猎物。杀死店主毫无意义。故此，同理心、自我控制和道德成为第二天性，尽管道德始终是一把双刃剑，贯穿历史，它既能防止暴力，也很容易引发暴力。

2600年前，老子就理解了这一点："天下多忌讳，而民弥贫。"就贸易抚平人类暴力、不宽容和仇恨的作用，孟德斯鸠说过，这是"doux commerce"（甜蜜的商业活动）。过去几个世纪的历史，充分证明了他这一言论的正确性。社会越是走向富裕，以市场为导向，人们的行为就越是友好。想想1600年之后的荷兰人、1800年之后的瑞典人、1945年之后的德国人。19世纪的长期和平，正好与自由贸易的发展相对应。20世纪上半叶震撼世界的暴力癫狂，则与贸易保护主义相对应。

商业蓬勃发展的国家远比压抑商业活动的国家暴力行为要少。叙利亚、津巴布韦、委内瑞拉等国的战乱，难道是贸易过度发达带来的？美国加利福尼亚和新西兰大体和平，难道是因为它们回避了贸易？有一回，我当着伦敦一群观众的面采访了平克。有一位观众态度坚决地认为，利润也是暴力的一种形式，故此，利润增加，也就是暴力增加。平克对此做了一番热情的回答，让我深受触动。他以自己家族的故事作答。平克的外祖父，1900年出生于华沙，1926年移居到蒙特利尔，为一家衬衫公司（他们全家在波兰都是做手套的）工作，大萧条期间遭到解雇。后来，外祖父在外祖母的帮助下，在自家公寓里缝制领带，最终赚到足够多的钱开了一家小工厂，一直经营到两人过世前一段时间。没错，这家小工厂的确要赚一点点利润（刚好够付房租，养活平克的妈妈和兄弟们），但他外祖父连一只苍蝇也不忍心下手。平克说，商业不可等同于暴力。

"资本主义市场的参与者和小资产阶级的美德，让这个世界变得文明起来，"迪尔德丽·麦克洛斯基（Deirdre McCloskey）在《资产阶级美德》（*The Bourgeois Virtues*，也译作《布尔乔亚美德》）一书中写道："和舆论杂志上有时候的论调相反，人们越富裕，越城市化，跟贫苦的农村人比起来，就**越不那么物质主义，不那么暴力，不那么肤浅**。"

那么，传统上的智慧者（尤其是教师和宗教领袖）怎么会认为商贸是污秽之源，不美好呢？他们怎么会认为，经济越是发展，我们越多地参与"资本主义"，就会变得越自私、越个人主义、越不顾及别人呢？这种观点非常普遍，甚至会让人罔顾事实证据，认为暴力在增多。

我之所以这么详细地介绍平克对埃利亚斯理论的论述，因为它是一个非常彻底的演变观点。哪怕平克认为"利维坦"（此处指政府政策）是减少暴力的功臣，但他暗示，政策只是在改变感性（sensibility）的过程中尝试反映感性的变化。况且，即便如此，利维坦也是在无意中扮演了这样的角色：它的目的不是要带来文明，而是为了垄断。这是对亚当·斯密理论的扩展，利用斯密的历史推理，设想道德感以及暴力和无礼行为习性会有所演变。它们的演变，不是因为有人强制规定它们应该这样，而是自发产生的。道德秩序自然形成，不断变化。当然，它有可能朝着更加暴力的方向演变，事实上，它也会时不时地来上一次，但基本上，它是朝着和平的方向演变的。对此，平克已经做了非常详细的证明。整体上看，过去 500 年，在欧洲以及世界上的很多其他地方，人们逐渐减少了暴力行为，更加宽容，更加讲究道德，同时并未意识到自己变成了这样。直到埃利亚斯从文献中发现了这一趋势，后来又经历史学家从统计学上确认，我们才知道有这么一回事儿。它就这么发生了，并非我们促成的。

法律的演变

有一点非同寻常的事实，大多数人常常记不住：盎格鲁人恪守的法律，完全不是出自政府之手。英美法归根结底都来自普通法，这种道德准则，没有专人撰写，但每个人都要参与。也就是说，和十诫或者大部分成文法不一样，普通法通过先例或对手论证自然形成，不断演变。用法学家艾伦·哈钦森（Allan Huthchinson）的话来说，它是渐进式的演变，既不是痉挛式的跳跃，也不是散漫的停滞。它是一个"永久的进行过程——转瞬即逝、动态、混乱、富有成效、可望而不可即、自下而上"。作家凯文·威廉姆森（Kevin Williamson）提醒我们，这是个让人吃惊的事实："世界上最成功、最实用、最重要的法律体系竟然没有执笔人。没有人计划，没有高尚的法律天才构思。就像语言一样，它通过迭代、渐进的方式形成。"他打趣说，想用理性设计的法律取代普通法，就跟想在实验室里设计出更好的犀牛差不多。

法官逐步修订普通法，一个判例接一个判例地调整法律原则，以求适应实际情况。如果出现了新的难题，不同的法官会得出不同的处理结论，而随着时代有别，前后接续的法庭逐步地选择自己偏爱的路线，最终会形成一种文雅的竞争。从这个意义上讲，普通法是通过自然选择形成的。

普通法是英国的特殊产物，主要应用在英国前殖民地或深受盎格鲁 - 撒克逊传统影响的国家，如澳大利亚、印度、加拿大和美国。这是自发秩序的美妙例子。诺曼人征服英格兰之前，不同的地区有着不同的规则和习俗。但这以后，1066 名法官借鉴全国各地习惯创造出了普通法，外加偶尔认可君主的裁决。亨利二世等强权在手的金雀花王朝国王着手规范法律，使之在全国保持一致，并将大部分的普通法纳入皇家法院，但普通法并不是法官和国王发明出来的。相比之下，欧洲的统治者借鉴的是罗马法，尤其是公元 6 世纪查士丁尼大帝颁布的法典汇编《查士丁尼法典》（在 11 世纪的意大利重现人世）。在欧洲大陆实行的成文法，一般是由政府撰写的。

举例来说，在英美法系下，证明谋杀罪所必需的元素，包含在判例当中，没有具体的法规。为确保一致性，法院会遵循上级法院审理同一问题时所定下的先例。相比之下，在大陆法系下，法令法规旨在涵盖所有的不测事件，法官将法律应用到案例上所发挥的作用有限得多。过去的裁断只相当于宽松的参考。就审理案件而言，大陆法系下的法官倾向于充当调查员，而英美法系下的法官则充当辩论各方的仲裁者。

你喜欢哪种体系，取决于你最看重什么东西。杰里米·边沁（Jeremy Bentham）认为，普通法缺乏连贯性与合理性，是"死人思想"的储藏室。自由主义经济学家、公共选择学派创始人戈登·图洛克（Gordon Tullock）则认为，普通法的裁断方法有着固有的劣势，因为它重复投入成本，查清事实的手段低效，司法能动主义大范围破坏财富。

另有人反驳说，事实证明，较之普通法，成文法传统对自由欠缺友好度，因为它容忍国家任意没收财产，喜欢对并不违法的事情做出规定。弗里德里希·哈耶克（Friedrich Hayek）提出，普通法更有利于经济福祉的发展，因为跟大陆成文法体系比起来，它干预较少，受国家的指导较少，更擅长应对变化；事实上，在他看来，是法律系统带来了自发秩序，就跟市场一样。

英国始终对欧盟感觉不舒服，有很大一部分原因就在于英国自下而上制定法律的传统，跟欧洲大陆自上而下制定法律的传统相矛盾。欧洲议会的议员丹尼尔·汉南（Daniel Hannan）经常提醒同事要注意普通法的自由偏向："法律不由政府颁布，哪怕是国王和大臣也要接受现有法律在民间的适用权，这是一个极为崇高的概念。"

两种传统之间的竞争是健康良性的，但我想强调的关键在于，法律自然形成，而非人为制定，这是完全可能的。对大多数人来说，这让人感到惊讶。他们内心深处隐约认为，法律总归需要有人来发明出来，并非它自己演变而成的。正如经济学家唐·布德罗（Don Boudreaux）所说："法律的管辖范围如此广大，它的细微差异如此之多而繁杂，它的边界又是这样频繁地变化，让'法律是国家设计并执行的一套规则'这种流行神话显得越来越荒谬了。"

不光只有普通法会通过复制、变异和选择而演变，哪怕是成文法和宪法解释，也发生着渐进式变化，有些变化保留下来，另一些没有。决定哪些变化保留，哪些不保留的，不是全知的法官。这些决定也并不是随机的，它们来自整个过程的选择。法律学者奥利弗·古迪纳夫（Oliver Goodenough）认为，这就把演变解释（而不是外部力量的吸引）放到了法律系统的核心。"上帝使然"和"事情无缘无故就变成这样了"都是外因说，而演变则是"一种以规律为基础的成因，时间和空间内化在我们的体验过程当中"。

第 3 章

生命的演变

　　我强烈敦促各位不要犯下一种错误：

　　误以为你们眼里最明亮的光芒，是为了让你们看到前方而设计；

　　我们的大腿和小腿，通过关节铰连在一起，扎在脚上面，是为了让我们能够迈开大步走路；

　　我们的小臂妥帖地配合着粗壮的上臂，身体左右都配备着灵巧的手，只是为了让我们麻利地做完生活所需之事。

　　人们所得出的这一类理由，扰乱了因果，本末倒置……

——卢克莱修

《物性论》第四卷，第 823 ～ 833 行查尔斯·达尔文不是在真空知识环境下成长起来的。在探索科学的过程中，他深受启蒙运动理念的影响，这并非偶然。他身边全是启蒙观念。他读过祖父模仿卢克莱修所作的诗。"我研究的就是洛克和亚当·斯密"，他在剑桥大学曾提到这两位最提倡自下而上理论的哲学家。或许，他当时读的是斯密的《道德情操论》，因为在大学里，这本书比《国富论》更受欢迎。事实上，1838年秋天，达尔文在小猎犬号完成远航后回国，打算对自然选择概念进行具体阐述的时候，读到了杜格尔·斯图尔特（Dugald Stewart）所写的斯密的传记，并从中获得了竞争和自发秩序的观点。同一个月，他读了（或者重读了）政治经济学家罗伯特·马尔萨斯（Robert Malthus）论述人口的文章，着迷于生存竞争（一些物种蓬勃兴旺，一些则相反）这一概念（触发了他日后的自然选择洞见）。当时，他跟哈丽雅特·马蒂诺（Harriet Martineau）交往甚密，马蒂诺是一个激进的废奴主义者，也热情地支持斯密"奇妙"的自由市场理念。她是马尔萨斯的一位红颜知己。达尔文通过母亲和他未来的妻子所属的韦奇伍德家族进入了激进主义、贸易和宗教异见人士的圈子，见到了自由市场议员和思想家詹姆斯·麦金托什（James Mackintosh）等人。进化生物学家斯蒂芬·杰·古尔德（Stephen Jay Gould）甚至略微夸张地说，自然选择"应当视为斯密自由放任经济学的……扩展类比"。古尔德认为，这两种理论都主张，平衡和秩序是从个体行为中自然形成的，而非受外力或神的控制。身为马克思主义者，古尔德在生物学领域赞同这一理念，但认为它不适合经济学领域："真够讽刺的，斯密的自由放任制度在经济学领域并不管用，因为它会导致寡头垄断和革命。"

简而言之，查尔斯·达尔文的思想本身就是从 19 世纪初英国盛行的观点（也即人类社会的秩序自发形成）演变而来的。有关演变的广义理论，出现在狭义理论之前。尽管如此，要让人们理解自然秩序不受指引，达尔文仍然面对着巨大的障碍。这一障碍就是基本上由威廉·佩利（William Paley）提出的创造论观点，而且佩利的提法十分巧妙。

1802 年，神学家威廉·佩利出版了自己最后一本书，并提出了生物设计存在目的的观点。他凭借缜密的心思，为设计逻辑做了一番最为精妙的陈述。他想象自己在穿越荒原时，无意间踩到了一块石头。接着，他又想象自己低头一看，发现自己踩到的不是石头，而是一块手表。他拾起手表，得出了手表出自人工的结论："在某个时候、某个地方，必然存在过一位或若干位技工，他制造了这块表，其目的已通过表本身做了解答；这个人理解手表的构造，设计了它的用途。"如果手表的存在意味着钟表匠的存在，那么，动物的存在，怎能不意味着造物者的存在呢？"存在于手表之上的每一种发明的迹象、每一种设计的表现，同样存在于自然的鬼斧神工之上，只不过，自然更宏伟繁复，超出了人的所有算计。"

佩利的设计论点并不新奇，就是把牛顿的逻辑应用到生物学上。事实上，600 年前，中世纪神学家托马斯·阿奎那（Thomas Aquinas）就提出了五个论点支持上帝的存在："任何缺乏智慧的东西，都不可能朝着终点移动，除非受到某个有知识和智慧者的指引。"佩利的观点只是这五个论点之一的变体而已。1690 年，常识"大主教"约翰·洛克就已经言之凿凿、不容驳斥地重申了同样的想法。洛克认为："无法想象，完全没有思想的物质能够产生一种有思想的智慧存在，就如同无法想象无中生有一样。"思想先出现，而非物质。一如丹·丹尼特（Dan Dennett）指出的，洛克对"上帝是设计师"的观点，给出了一个实证的、世俗的、精确的认可。

休谟的偏离

首先削弱这一惬意共识的是大卫·休谟（David Hume）。在《自然宗教对话录》（于 1779 年他过世后出版）中，休谟写下了一段名言。他让自己虚构出来的有神论者克里安西斯（Cleanthes）用雄辩有力的文字道出了来自设计论的观点：

> 环顾世界，想象它的整体和每一个部分，你会发现，它就是一台了不起的机器，由无限多更小的机器组成……所有这些不同的机器，甚至包括它们最微小的零部件，都精确地调整使彼此契合，让人只要一想起来，就忍不住发出赞叹。手段与目的的神奇匹配，超出了人类谋划、设计、思想、智慧和智力的产物。故此，我们触类旁通地进行推断，倘若结果类似，原因必定也类似。[对话录，2.5/143]

丹尼特指出，这是一种归纳推理：有设计的地方一定有设计师，一如有烟雾的地方就一定着了火。

但克里安西斯的对话者，同样出自休谟虚构的菲罗（Philo）对这一逻辑做了精彩的反驳。首先，它会立即引出"谁设计了设计师"的问题。"这种无限的推导哪有什么喜悦可言？"接着，他又指出了循环论证：上帝的完美解释了世上的设计，而世上的设计又证明了上帝的完美。再接下来，我们怎么知道，上帝是完美的呢？在"无限的创世岁月中"，他难道不能是个"模仿他人的愚蠢技师"，"跌跌撞撞、东拼西凑"地创造了不同的世界？又或者，证明上帝存在的论点，不也可以用来证明存在多个上帝，或者一位有着人类形状的"完美女神"、一头动物、一棵树，甚至"一只蜘蛛，从肚子里织出了整个复杂的世界？"

这一下，休谟找到好玩的东西了。他呼应伊壁鸠鲁学派，开始给自然神学的所有论点挑毛病。菲罗说，一个真正的信徒会强调"人类和神的思想之间存在巨大且不可理解的差距"，所以，把神说成是平平无奇的工程师，是对神的亵渎。反过来说，无神论者说不定倒乐于承认大自然的目的性，只是会用除了上帝智慧之外的类似事物来解释它，查尔斯·达尔文最后就是这么做的。

总之，和伏尔泰一样，休谟没有多少时间去思考神的旨意。等他说完的时候，他的另一个自我菲罗实际上已经破坏了设计论的整个立足点。可就在这时候，休谟看了看七零八落的战场，突然停下了攻击，松手让敌人从战场逃跑了。菲罗到最后突然认同了克里安西斯，这真是哲学史上最叫人失望的一刻。他说，如果我们不把至高无上的存在称为上帝，那么"我们还能怎么称呼他呢，难道叫他思想或头脑吗？"这是休谟的卢克莱修式偏离。又或者说，一切别有内情？安东尼·戈特利布认为，如果你读得足够仔细，应该看出休谟在这里埋下了"思想是物质"的微妙暗示，希望哪怕自己过世之后也不会叨扰那些虔诚的信徒。

丹尼特认为，不能用害怕遭到迫害来解释休谟在最后一刻的怯场，毕竟，他把书安排在自己身后出版。说到底，是纯粹的怀疑，让他在唯物主义的最终结论前止步。因为缺乏达尔文式的洞见，他没能看出目的源自物质的机制。

佩利很清楚菲罗会反对，却仍然推断手表的后面存在思想。佩利要说的不是手表由零部件构成，也不说它的设计接近完美，或者它不可理解，这些是上一代机械唯物论者爱用的论点，休谟已经做了解答。佩利要说的是，它显然是为了完成某一桩来自古老祖先的任务而设计的。佩利换了个比喻，断言："眼睛是为视力而制造的，一如望远镜是为了协助视力而制造的，两者存在的证据完全一样。"他指出，水生动物的眼睛比陆生动物曲度更大，两者各自适应水陆环境的不同折射率：器官适应世界的自然规律而成，而不是反过来。

但如果上帝是万能的，为什么他还要设计眼睛呢？为什么不赐给动物一种无须器官就能视物的神奇力量呢？佩利给出了五花八门的答案。上帝可以"不借助工具或手段的干预，但正是在对工具的构建中，在对手段的选择与适应中，看到了（上帝）造物的智慧"。上帝乐于根据物理定律来工作，以便让我们得到理解物理定律的愉悦感。这样一来，佩利就对护神论点做了现代化的改良，日后发现的自然选择演变规律并不能用来反驳上帝。自然选择同样是上帝安排的，为的就是要让我们发现它，因它感到鼓舞。

佩利的观点可归纳为：你发现的可解释生物世界的自发机制越多，就越应该相信这背后存在智慧。面对这样的逻辑诡辩，我不禁想起了宗教歌舞片《布莱恩的一生》（*Life of Brian*）。布莱恩一角由巨蟒剧团（Monty Python）的约翰·克里斯（John Cleese）扮演，他拒不承认自己是救世主弥赛亚："只有真正的弥赛亚才会否认自己的神性。"

达尔文对眼睛的解释

佩利的书传世 60 年之后，查尔斯·达尔文给出了一个意义深远又具有毁灭性的答案。他借助来自爱丁堡教育的自下而上的思路，周游世界，收集了化石和动植物证据，经过长期细致的观察和归纳，一砖一瓦地整合出了一套惊人的理论：生物在互相竞争中分化繁殖，足以累积产生形式与功能相适应的复杂器官，无须任何人事先在思想上理解其原理。哲学史上最具颠覆性的概念之一由此诞生。丹尼尔·丹尼特在《达尔文的危险思想》（*Darwin's Dangerous Idea*）里将达尔文主义比喻成一种通用酸；它能把用来盛装它的每一种物质都腐蚀掉。"苦苦反对达尔文主义的神创论者说对了一件事：达尔文的危险思想切开了我们最为基础的信仰体系，它下刀之深，远远超出了许多传统观念辩护者的想象，他们甚至对自己都不敢承认。"

达尔文解释的美妙之处在于，自然选择能召唤起比任何设计师都更强大的力量。它无法预知未来，但对过去的信息，能运用得出神入化。用进化心理学家勒达·科斯米德斯（Leda Cosmides）和约翰·图比（John Tooby）的话来说，自然选择对"现实世界里数千次代际更替中数百万个个体的不同设计方案带来的结果"做了调查，"并根据结果的统计分布来权衡方案"。对于什么样的情形最适合近期，它无所不知。它能够忽略杂散和局部结果，它无须猜测、推理或建模，以对生物在实际环境范围中留下的真实生命的统计结果为基础。

对达尔文主张最具洞见力的总结，来自它的一位最激烈的批评者。1867年，一个叫罗伯特·麦肯齐·贝弗利（Robert Mackenzie Beverley）的人留下了一句他自信能彻底驳斥自然选择论的话。他指出，除非造物者绝对无知，才会在创造世界的过程中放弃绝对智慧。行文至此，贝弗利在愤怒中留下了一行大字："要制造一台完美的机器，并不需要知道怎么制造它！"丹尼尔·丹尼特看到这条引言觉得很有意思，隔空回应说："没错，的确如此！"这正是达尔文思想的精髓所在：美丽而复杂的生物，竟然无须任何人知道怎么制造，就能制造出来。一个世纪之后，经济学家伦纳德·里德（Leonard Reed）写了一篇文章，《我，铅笔》（I, Pencil）。他认为技术也是如此。为了制造一台完美的机器，真的不一定非得知道怎么制造它不可。就比如制造一支简单的铅笔，无数人为之付出了心血。可从开采石墨的矿工、伐木工人，到装配线工人再到管理人员，还有那些种植咖啡供大家饮用的农民，没有一个人知道怎么从无到有地制造一支铅笔。知识保存在"云"里，保存在大脑之间，并非保存在每一个单独的大脑里。我会在后面的章节中指出，这是技术同样源于演变的原因之一。

查尔斯·达尔文的危险想法是从生物学中彻底拿掉故意设计的概念，用一种"从原始简单形态中构建有序的复杂性"（这是道金斯的话）的机制取而代之。无须任何目标，结构和功能就能在一点一滴的渐进发展中自然产生。这是一个"耐心又无意识的过程"（丹尼特语）。没有一种生物从一开始就在精神上有意要"看",然而,眼睛却作为让动物能"看"的一种手段出现了。诚然,自然界存在适用目的性(举个例子,"眼睛存在功能"这一说法是完全合理的),但我们没有合适的语言来形容功能是在一个仰赖后见之明的过程(而不是先有设想、以目标为导向的前瞻过程)中自然形成的。达尔文说,眼睛的演变是因为,在过去,能提供一点点视力的单眼为拥有者带来了生存优势,帮助他们进行繁殖,而不是因为某人故意想要获得视力。我们所有用来描述功能的说法,都采用的是自上而下的视角。眼睛是"为了看",有了眼睛的存在,我们"才能"看,看之于眼睛,就如同打字之于键盘。语言及其隐喻,仍然暗示着天钩。

达尔文承认,眼睛的进化的确是一道难题。1860 年,他写信给美国植物学家阿萨·格雷(Asa Gray):"迄今为止,眼睛让我感到不寒而栗,但一想到那些已为人所知的精妙渐变阶段,我的理性就告诉自己,我必须克服这种不寒而栗。"1871 年,他在《人类的由来》(*Descent of Man*)中写道:"我坦率地承认,要假设眼睛及其各种独特的设计,如根据不同距离、不同摄光量调整对焦,球差和色差的校正,都可以通过自然选择形成,这似乎无比荒唐。"

但他随后便着手为荒唐进行辩解。首先,同样的话,也可以用来形容哥白尼。人们通常会认为,世界静止不动,太阳围着地球转。接下来,达尔文阐释眼睛是怎样一步一步地,从无到有地自然形成的。他说,从简单而不完美的眼睛到复杂的眼睛,中间存在"无数的过渡形态","每一级形态对拥有者都是有用的"。如果在现存的动物身上能够找到这样的过渡形态,那么,就没有道理"因为我们无法想象"而拒绝自然选择。他在 27 年前最早论述自然选择但未发表的一篇文章里说过类似的话:眼睛"有可能是通过逐步选择获得的，每一次选择都存在有用的差异"。对此，他的妻子艾玛，在文章空白处心存疑虑地留下了回应："了不起的假设。"

感光基因

我们现在知道，实际情况确实如此。因为每一级过渡形态在现实中都的确存在着，而且对它的主人有用。每一种类型的眼睛，都只比此前类型的眼睛略有改进。帽贝[○]（limpet）根据皮肤上的光敏区域判断哪个方向是上；一种名叫"翁戎螺"的软体动物，通过感光外壳来判断光从哪个方向来；在充足的光线下，鹦鹉螺利用感光细胞针孔膛聚焦出简单的图像；紫蜗牛（murex snail）有一只透镜结构的单眼，光线较暗时也能形成图像；章鱼的眼睛是可调式透镜（有虹膜，能控制通光口径），能感知到光学细节丰富的世界（透镜的发明很容易解释，因为眼睛里的任何透明组织，都可以充当局部折射媒介）。因此，哪怕仅限于软体动物范畴，眼睛的每一级过渡形态对其拥有者都是有用的。这样一来，章鱼的祖先身上存在眼睛的多级形态，也就很容易想象了。

理查德·道金斯把这些过渡形态的推进比喻成爬山（"攀登不可能之峰"），在攀爬的整个过程中，任何一个坡度都不会斜到无法翻越。山必须从下往上攀爬。他指出，这样的山峰有无数座，不同类型的动物有不同类型的眼睛，如昆虫的复眼、蜘蛛奇特的多眼，每一种都有着幅度独特的部分发展阶段，表明动物是怎样一步一步地爬上来的。计算机模型证明，没有任何一个阶段会带来竞争劣势。

○ 一种海洋贝类。——译者注

此外，自从发现 DNA 之后，生物学进入数字化阶段，基因中字母序列的逐渐改变，为渐进式演变提供了毫不含糊的直接证据。我们现在知道，昆虫的复眼和人类的单眼，其发展都由同一种基因（Pax6）所触发。两种眼睛遗传自一个共同的祖先。还有一个版本的 Pax 基因，指导了水母单眼的发展。促使眼睛总对光做出反应的"视蛋白"分子，可以追溯到所有动物的共同祖先身上（海绵类动物除外）。大约 7 亿年前，视蛋白基因复制了两次，产生了我们今天拥有的三种感光分子。故此，眼睛演变的每一个阶段，从感光分子的发展、透镜和色觉的自然形成，都可以从基因的语言里直接读取。科学史上还从来没有哪道难题，像达尔文的眼睛之谜一样得到了如此全面而实证的解决呢。再也不用不寒而栗了，查尔斯。

概率太渺茫，所以不可能吗

DNA 数字语言的阶梯式调整，为视蛋白分子渐进式无向自然形成提供了有力的证据，但有人从数学上提出了不同的意见。视蛋白分子由来自恰当基因指定序列中的数百种氨基酸构成。要想通过试错，让视蛋白产生具有光检测特性的恰当序列，要么得花很长的时间，要么得找一个足够大的实验室。假如现实中存在 20 种类型的氨基酸，则基因链里含有 100 个氨基酸的蛋白分子，可以存在于 10^{130} 种不同的序列里。这个数字远远大于宇宙中的原子数，甚至远远大于宇宙大爆炸以来流逝的纳秒数。故此，不管自然选择调动多少种生物，尝试多长时间，从零开始设计视蛋白分子，在道理上是不可能的。再说了，视蛋白只是身体内数万种蛋白质里的一种。

这样，我是朝着卢克莱修式偏离去了吗？难道我要被迫承认，蛋白质的潜在组合库浩大无边，进化不可能找到合适的组合？远非如此。我们知道，人的发明创造很少是从无到有开始设计的，相反，它是从一种技术跳转到"邻近有可能"的技术上，对现有功能进行重组。因此，它迈出的是渐进式的小步子。我们知道，自然选择同样如此。所以，数学概率是误导。借用一个常用的比喻来说，你并不是在废品收购站用老式双翼飞机组装波音747，而是为现有设计再增加一枚铆钉。科学界最近的一项重大发现，大幅简化了自然选择的任务。

几年前，在苏黎世的一个实验室里，安德烈亚斯·瓦格纳（Andreas Wagner）让学生若昂·罗德里格斯（João Rodriguez）用一套巨大的计算机集群运算出不同的代谢网络图，看看每次只改变一步能走多远。他选择了一种常见肠道细菌的葡萄糖系统，他的任务是改变整个代谢链中的一环，使之仍能运作，也即该细菌仍然可以从这种糖中制造出60多种身体成分。他的尝试能进行到何种程度呢？除肠道细菌之外的物种里存在数千种不同的葡萄糖通路。它们中有多少种仅相隔一步呢？罗德里格斯发现，在第一次尝试中，他只改变了一步，就得到了包含1000种不同代谢途径的库里的80%，而且，改变这一步所得的结果均是可行的代谢通路。"罗德里格斯给我答案的时候，我的第一反应是不相信"，瓦格纳写道。"因为担心这可能纯属侥幸，我让罗德里格斯进行更多次的随机漫步，大概进行了1000多次，每一次都保留代谢意义，每一次都尽量走远，每一次都选择不同的方向。"结果还是一样。

瓦格纳和罗德里格斯偶然发现了细菌（和人类）生物化学内置的大规模冗余。用"孟德尔图书馆"的比喻来说，在一栋储存着所有潜在可行基因序列（数量庞大到难以想象）的虚拟建筑里，瓦格纳发现了一种惊人的模式。"代谢图书馆密密麻麻地陈列着以不同方式讲述相同故事的图书。"他写道。"无数有着相同含义的代谢文本,无数倍地提高了找到其中一本的概率。更妙的是,演变不像一个随随便便的浏览者那样探索代谢图书馆。它使用众包模式,让数量众多的生物体涌入图书馆,寻找新文本。"生物体就是浏览孟德尔图书馆、寻找合理文本的读者群体。

瓦格纳指出,生物创新必须既保守又渐进,因为在它重新设计身体的过程中,它绝不能产生没有功能的生物体。在数百万年间,把微生物变成哺乳动物,有点像一边重新设计飞机,一边飞越大西洋。比如,植物和昆虫的球蛋白分子三维形状大体相同,功能也大体相同,但两者的氨基酸序列有 90% 的不同。

仍然对达尔文保持怀疑

然而,尽管支持自然形成的证据这样有力,对设计的向往还是让数百万人怀疑达尔文的正确性。美国的"智慧设计"运动直接源自一派支持宗教重回学校的宗教激进主义者,外加一场狡诈的迂回战术,想回避美国宪法确立的政教分离原则。它把焦点基本放在设计论上,以求表明:生物复杂的功能安排,不依靠上帝根本无法解释。2005 年,宾夕法尼亚州的法官约翰·琼斯(John Jones)在"奇兹米勒诉多佛学区案"的判词中写道,虽然智慧设计论的支持者"偶尔暗示设计师可能是外星人,或者从时间旅行来的细胞生物学家,但除了上帝之外,他们并未对设计师提出其他严肃人选"。多佛地区有一些家长反对学校向孩子传授"智慧设计"论,也反对学校把这一观点与达尔文主义相提并论,塔米·奇兹米勒(Tammy Kitzmiller)

就是其中一位家长。家长把学区告上法庭，最终推翻了学区的规定。

150 多年来，美国的基督教宗教激进主义一直在挑战学校里的达尔文主义。他们推动州级立法机关制定法律，禁止公立学校传授进化论，这一倾向在 1925 年的斯科普斯"猴子审判"中达到高潮。被告约翰·斯科普斯（John Scopes），故意非法教授进化论，好让公众关注田纳西州的反进化论法案。案子的检控官是威廉·詹宁斯·布莱恩（William Jennings Bryan），辩护方是克莱伦斯·丹诺（Clarence Darrow），结果是斯科普斯被判有罪，并处 100 美元的罚款，上诉时辩方找了技术性漏洞才翻盘。有一种甚为流行的说法是，布莱恩的胜利得不偿失，因为这让他显得无比荒唐，对斯科普斯的处罚也很轻微，但这只不过是沿海城市自由派人士自我安慰的神话罢了。在美国中部腹地，斯科普斯被判有罪，让批评达尔文的教徒信心大增。宗教激进主义者非但不因遭到讥讽而陷入沉默，反而在斯科普斯一案后扬眉吐气，继续把持了数十年教育系统。教科书提到达尔文的进化理论时，态度变得非常谨慎。

直到 1968 年，美国最高法院才推翻所有禁止在学校传授进化论的法律。宗教激进主义者转而教授创世学，这是一门意在为《圣经》中的故事（如诺亚大洪水等）搜罗科学证据的大杂烩。1987 年，最高法院下了禁令，规定学校不得传授创世学，因为它是宗教，不是科学。

这时候，宗教激进主义者又重新发明了所谓"智慧设计"论，重点强调形式最为简单的阿奎纳－佩利设计论。神创论者迅速改写了教科书《熊猫与人》（*Of Pandas and People*），为智慧设计论使用与创世学一样的定义，并将 150 处"神创"和"创世"字眼，系统性地改为"智慧设计"。但这使书里的一个地方出现了奇怪的拼写错误——"cdesign proponentsists"（正确的拼写方式应该是"design proponents"，意思是"设计论支持者"），日后，这被称为两场运动之间的"缺失环节"。两种思想流派之间"惊人"的相似之处，是约翰·琼斯法官认为智慧设计是宗教而非科学的关键点。2005 年，他否决了多佛学区使用同等时间传授智慧设计论和进化论的要求。按照教科书《熊猫与人》里的说法，智慧设计论认为物种通过智慧主体突然形成，物种从一开始就具有各自的鲜明特点，比如鱼有鳍和鳞，鸟类有羽毛。

2005 年，琼斯所撰写的长篇判词，对天钩做了不可推翻的决定性驳斥，说服力极强，因为它出自一位布什总统任命的基督教徒，在政治立场上偏于保守，又未经科学训练。琼斯指出，科学革命拒绝用非自然原因来解释自然现象，拒绝诉诸权威，拒绝启示，并支持实验性证据。他系统地反驳了迈克尔·贝希（Michael Behe）教授提交的证据，贝希是智慧设计论的主要科学证人，为被告作证。贝希在《达尔文的黑匣子》（*Darwin's Black Box*）一书及其后发表的论文中，使用两个主要论点支持智慧设计师的存在：无法化简的复杂性、零部件的针对性安排。他认为，细菌的鞭毛，受一种极为复杂的分子旋转马达的推动，删除系统中的任何一部分，它将无法运作。同样地，哺乳动物的血液凝固系统由一连串的演变事件构成，缺失任何一环，其他的就全无意义。免疫系统不仅复杂到了莫名其妙的程度，也不可能用自然形成来解释。

在多佛审判中，支持演变理论的科学家，如肯尼斯·米勒（Kenneth Miller）等，毫不费力地辩驳了这些观点，让法官心满意足。细菌鞭毛的前身叫作Ⅲ型分泌系统，同样功能齐全，有着不同的任务，存在于某些有机体当中，很容易改造成螺旋马达，同时仍部分保留其原有的优势作用

（同样地，哺乳动物现在用来听声音的中耳骨，直接源于早期鱼类的一部分颌骨）。鲸鱼、海豚的血液凝固级联系统缺失了一步，河豚缺失三步，但仍然正常运作。用自然自发的观点来解释，免疫系统神秘的复杂性也可以一点一滴地产生；除了自然选择以外，并不需要智慧设计师或者穿越时空而来的遗传工程师。在庭审过程中，原告向贝希教授展示了 58 篇经同样审议的论文和 9 本关于免疫系统进化的书籍。

至于零部件的有目的安排，琼斯法官发表了直言不讳的意见："基于'零部件显得像出自有目的的安排'推理出了设计论，这是一种完全主观的主张，由旁观者的眼睛以及他在考虑系统复杂性时所持的观点所决定。"对牛顿、佩利、贝希以及本案涉及的阿奎纳，这句话做出了真正的最终裁定。

2000 多年前，卢克莱修等伊壁鸠鲁派学者似乎已经理解了自然选择的力量，他们或许是从华丽的西西里哲学家恩培多克勒（Empedocles）（卢克莱修还效法了他的诗歌风格）那里得到这个概念的。恩培多克勒出生于公元前 400 年前后，他说存活下来的动物"都自然自发地采用了适应的组织形式，而长成其他样子的动物，要么已经灭绝，要么走向灭绝"。如果恩培多克勒泉下有知的话，这恐怕是他最精彩的设想了，不过，他好像从未对它继续展开。达尔文重新发现了这一设想。

古尔德的偏离

为什么达尔文确立进化理论近 150 年之后，琼斯法官还有必要再次做出裁决呢？对进化理论这种持久猛烈的抵抗（重新包装为自然神学，接着又打扮成创世学，再接着又化身为智慧设计论），从未有人做出过满意的解释。《圣经》的字面意思无法完全解释人们为什么如此讨厌生物复杂性自发形成的观念。毕竟，穆斯林并未坚持地球只有 6000 岁，当然，他们也发现创造论观点很有说服力。在伊斯兰教为主要宗教信仰的国家，大概只有不到 20% 的人认为达尔文的进化理论是正确的。比方说，土耳其创世论者阿德南·奥克塔（Adnan Oktar，曾用名哈伦·叶海亚）采用设计论观点"证明"真主创造万物。他将设计定义为"不同部件以有序形式和谐地组装在一起，以求达到一个共同的目标"。接着，他指出，鸟类展现出被设计过的证据，它们有着空心的骨骼、强健的肌肉和羽毛，"明显是特定设计的产物"。只可惜，形式和功能之间的契合，也是达尔文观点的重要组成部分。

世俗人士同样经常不愿意接受"复杂器官和组织可以没有计划地自然形成"的观点。20 世纪 70 年代末，达尔文阵营内部发生了一场辩论。论战的一方是化石专家斯蒂芬·杰·古尔德为首的美国主流学派，另一方是行为学专家理查德·道金斯为首的英国主流学派，围绕适应普遍性这一主题，双方展开了一番激烈而残酷的交流。道金斯认为，几乎现代生物的每一种特点，恐怕都受制于对功能的选择，而古尔德认为，很多变化或许出自偶然原因。到了最后，古尔德似乎说服了许多外行人，让他们相信达尔文主义误入歧途了；形式和功能契合的论调说得太流畅、太顺口了；生物体通过自然选择适应环境的观点被驳倒了，至少也遭受了重创。在媒体上，约翰·梅纳德·史密斯（John Maynard Smith）呼之为"相信达尔文理论不成立的强烈愿望"，并以在《卫报》上宣布达尔文主义已死而告终。

可在进化生物学领域内，古尔德却打输了这场论战。生物学家在阐释解剖学、生物化学和行为时，采用的主要途径仍然是询问器官是怎么演变而来的。恐龙体格庞大，很可能是"为了"实现稳定的体温，躲避天敌，而夜莺歌唱则可能是为了"吸引"雌性。

这里不是复述那场辩论故事的好地方，故事里有许多曲折和反转（他们扯到过威尼斯圣马可大教堂的拱肩，也扯到过重型工程履带车辆跟鸟粪的部分相似）。我在这里提到这个故事，是出于另一个不同的目的：我想把古尔德攻击适应性的动机，跟它在科学界之外大受欢迎这两者分离开来。这是古尔德的卢克莱修式偏离。坚持达尔文理论最重要的哲学家丹尼尔·丹尼特认为，古尔德"遵循了杰出思想家立志寻找天钩的悠久传统，结果找到了起重机这个好例子"，又说古尔德对"达尔文危险观念"的反感，"从根本上来自保护或恢复约翰·洛克'先有设想、自上而下'主张的渴望"。

不管这种阐释公平与否，达尔文及其追随者都有一个很难对付的对手：这个世界里充满了蓄意设计的例子，手表也好，政府也好。一些例子甚至根本就来自设计：达尔文很喜欢提到的不同品种的鸽子，从筋斗鸽到扇尾鸽，都是通过"先有设想"的选育繁殖出来的，选育和自然选择一样，但是半蓄意甚或故意为之。达尔文通过养殖鸽子来讲述自然选择的故事，这种做法充满危险，因为他的比喻，实实在在是智慧设计的形式。

华莱士的偏离

一次又一次地，达尔文的追随者被偏离挡住了去路。例如，阿尔弗雷德·拉塞尔·华莱士（Alfred Russel Wallace）和达尔文共同发现了自然选择。在很多方面，他对达尔文主义的态度比达尔文本人还要激进。华莱士很早就把人类囊括在自然选择的范围里了。19 世纪 80 年代，进化论突然间受到冷遇，他几乎是一个人单枪匹马地捍卫它，认为这是自然演变的主要机制。但此后，他也走上了卢克莱修式的偏离之路。他说，"野人的大脑比生存所需显得要大一些"，这是因为"有一种超级智慧出于特殊的目的，指引人类朝着明确的方向发展"。为此，达尔文在一封信中语带责怪地回应说："但愿你别把我俩的孩子彻底杀死，它也是你自己的骨肉⊖。"

后来，1889 年，华莱士出版了一本书，坚决支持达尔文主义（而且书名就叫《达尔文主义》），结尾时却来了个 180 度大转弯，就跟休谟等人一模一样。他拆掉了一个又一个天钩，最后却又突然架起了三个。他声称，不借助神秘力量不可能解释生命的起源。认为动物的意识有可能是复杂性自发带来的结果，这种观点"简直荒谬"。人类"最具特色和崇高的才能，不可能源自决定整个有机世界渐进式发展的同一套定律"。此时的华莱士已经成了狂热的唯心论者，用了三个天钩来解释生命、意识和人类的精神成就。他说，这三个发展阶段表明存在一个看不见的宇宙，即"一个灵性的世界，物质世界完全从属于它"。

拉马克的诱惑

直至今天，拉马克学说的再次复兴，点燃了人们对将"先有设想"重新塞给达尔文主义的渴望。早在达尔文之前，让 – 巴蒂斯特·拉马克（Jean-Baptiste de Lamarck）就提出，生物或许会遗传后天习得特性，比如铁匠的儿子或许会继承父亲强有力的胳膊，哪怕这些特性是通过锻炼（而非先天遗传）得来的。然而，如果父母是后天截肢的，人们显然不会遗传

⊖ 指进化论。——译者注

这样的特性，所以，拉马克认为，一定是身体里存在某种智慧，判断什么样的特性值得遗传，什么样的特性不值得。但你一定看得出来，这样的设想，对那些因为达尔文主义驱逐了上帝这位设计师而迷失了方向的人有多么大的吸引力。就连达尔文自己，在生命的最后时刻，在努力理解遗传的过程中，也认同过拉马克主义的部分原则。

19 世纪末，德国生物学家奥古斯特·魏斯曼（August Weismann）指出拉马克理论存在的一个问题：生殖细胞（最终成为卵子或精子）在动物生命之初就跟其他身体细胞分离了，它几乎不可能将动物日后的身体状况信息反馈到自己的配方当中。魏斯曼认为，由于生殖细胞并不是缩影版的生物体，告诉它们要采用后天习得特性的信息，必然在性质上完全有别于该习得特性。换句话说，蛋糕烘焙好以后改变了蛋糕，并不会改变所用的烘焙配方。

但拉马克学派并未放弃。20 世纪 20 年代，维也纳一位名叫保罗·卡默勒（Paul Kammerer）的爬虫类学家声称，产婆蟾（midwife toads）的生活环境改变，会令其生物特征发生改变。他所用的证据比较分散，而且阐释得太过主观。他被控欺诈，自杀身亡。事后，作家阿瑟·库斯勒（Arthur Koestler）企图把卡默勒渲染成烈士，却只凸显了许多非科学界人士绝望地想要挽救自上而下的进化论解释。

战斗仍在继续。表观遗传学是遗传学下值得尊重的一条分支，它考察的是，生命初期为响应外界体验而对 DNA 序列所做的修正对成年体有什么样的影响。不过，故事还有一个更为投机的版本。精子和卵子产生的时候，大部分对 DNA 所做的修正都已经被打扫干净了，只有少数有可能在通往新一代的跃进中保存下来。比如，某些遗传性疾病，似乎会根据突变染色体是继承自母亲还是父亲而呈现不同的表现，这意味着，基因里存在性别特异性的"印记"。还有人根据祖父母一代人年轻时的饥饿程度，似乎找到了瑞典人死亡率的性别特异性效应。从为数不多的此类案例（它们无一具有强大的结果）出发，一些现代拉马克学说支持者夸张地要求为这位 18 世纪法国贵族平反。"达尔文的进化论可以将拉马克的过程包括在内"，2005 年，伊娃·雅布隆卡（Eva Jablonka）和玛丽昂·兰姆（Marion Lamb）写道，"因为遗传变异性（选择在其上展开行动）并非完全无视功能；一些遗传变异性是为响应生活环境而诱发或'习得'的"。

但支持这些说法的证据依然不充分，所有的数据都表明，DNA 的表观遗传状态每一代都会重置，即便并未重置，表观遗传修正所提供的信息量，也仅占遗传携带信息量微不足道的一小部分。此外，巧妙的小鼠实验表明，重置表观遗传修正所需的信息本身已经包含在遗传序列当中。故此，表观遗传机制本身必然是通过良好的老派达尔文式随机突变和选择演变而来的。实际上，这里找不到什么意图。即便如此，渴望相信拉马克表观遗传学背后的动机十分清楚。哈佛大学的大卫·黑格（David Haig）说："雅布隆卡和兰姆对新达尔文主义的无可奈何，在于无指导、随机的遗传变异表现实在太过出色。"他说，就"不可遗传的后天习得特性本身怎样成为意图的来源"，他"尚未听到一套连贯的解释"。换句话说，就算你能够在表观遗传学里证明部分拉马克式观点，也不可能抹杀随机性。

文化驱动的遗传进化

事实上，有一种将后天习得特性纳入基因遗传的途径，但它需要很多代的更替，而且毫无疑问符合达尔文的理论，它叫作"鲍德温效应"（Baldwin effect）。如果一个物种有许多代都反复遭遇相同的体验，那么，它的后代最终会选择某一种能应对这一体验的遗传素质。为什么会这样呢？因为那些碰巧一开始就获得了能应对该环境的素质的后代，会比其他后代更好地生存下来。于是，基因借此体现了过去的体验。从前需要后天学习的东西，有可能成为本能。

消化牛奶中乳糖的能力，阐述了一个类似但并不完全相同的现象。许多祖先来自西欧和东非的人都具备这种能力。能消化乳糖的成年哺乳动物非常少，因为在婴儿期之后，动物一般是不饮奶的。可在世界上有两个地方，人类逐渐演变出了将乳糖消化能力保留到成年之后的能力（也即不关闭乳糖酶基因）。这两个地方，正好也是最先驯服奶牛产奶的区域。多么有趣的巧合啊！是因为人们可以消化乳糖，才发明出奶牛养殖吗？哦，不对，遗传"开关"明白地显示，它是养殖奶牛发明带来的结果，而非原因。但它仍然必须首先来自随机突变，之后才有了非随机的生存。那些出生时偶然带有持续消化乳糖突变的人，往往比不擅长消化牛奶中有益成分的同胞或敌手更强壮、更健康。因此，这样的人茁壮成长，乳糖消化基因也迅速蔓延开来。经仔细审视，将祖先体验融入基因的情况，都属于起重机而非天钩。

生物世界的复杂性如此不可思议，复杂性自启动、自发生的概念如此违背直觉，就连对达尔文主义最坚定不移的信徒也必然曾在孤独的深夜里产生过片刻的怀疑。就像在《地狱来鸿》（The Screwtape Letters）中，魔鬼对着信徒的耳朵窃窃私语，"私心里的怀疑"（理查德·道金斯的话）也有着十足的诱惑，哪怕你提醒自己，因为无知而去寻找神性，是公然违背逻辑的推论。

第 4 章

基因的演变

事物并非出于巧妙的智慧而收集自身元素，形成秩序；

它们的运动，也并非出于约定或目的；

它们靠着大爆炸带来的无尽混乱与折腾，奋斗着穿越过往的宇宙，尝试每一种运动与组合，最终，落入了宇宙如今所展现出来的形式。

——卢克莱修
《物性论》第一卷，第 1021 ～ 1027 行

有一件十分重要的事情，人们目前还不知道但又始终渴望知道，这就是生命的起源。生物学家跟踪到了从简单的原细胞到复杂的器官和生物体的形成过程，这固然带给了他们极大的信心，但原细胞最初是怎样出现的，依然笼罩在黑暗当中。只要人们困惑不解，就容易屈服于神秘的解释。20 世纪 70 年代，科学家里最坚定的一位唯物主义者、分子生物学家弗朗西斯·克里克（Francis Crick）开始提出"有生源说"，也即生命或许起源于宇宙的其他地方，是通过微生物播种来到地球的。许多人都担心他走上了神秘之路。其实他只是提出了一个概率上的观点：地球相对于宇宙是很年轻的，那么，很有可能，其他星球先于地球出现了生命，并传播到了其他恒星系统。不过，他也强调了问题的不可测知性。

生命在于利用信息消耗能量，从混乱中制造局部秩序，逆转（至少局部地）朝着无序混乱（也即熵）状态漂移的能力。有三种特别的分子形式，对这三种能力至关重要：存储信息的脱氧核糖核酸（DNA）、制造秩序的蛋白质、充当能量交换平台的腺苷三磷酸（ATP）。它们怎样结合到了一起，是个类似于鸡生蛋还是蛋生鸡的说不清的问题。没有蛋白质，无法制造 DNA；

没有 DNA，也无法制造蛋白质。说到能量，有一种细菌每一代消耗的 ATP 分子是自身重量的 50 倍。早期生命显然会更为挥霍，因为它们还没有驾驭和存储能量的现代分子机制。那么，它到底是怎样找到足够的 ATP 的呢？

让这三者就位的起重机，有可能是核糖核酸（RNA），这种分子在细胞中至今仍扮演着许多重要的角色，既能够像 DNA 一样存储信息，也能够像蛋白质一样催化反应。此外，RNA 和 ATP 一样，由碱基、磷酸和核糖构成。故此，主流理论认为，从前存在一个"RNA 的世界"，也就是生物有着 RNA 基因的 RNA 身体，利用 RNA 成分作为能量货币。问题在于，就算是这样一套系统，也无比复杂且高度相互依存，很难想象它是从无到有形成的。比方说，它要怎样避免损耗呢，即没有细胞膜作为界限，它怎样把自己的成分维持在一起，聚集能量呢？在"温暖的小池塘"（这是达尔文设想的生命开始的地方）里，生命很容易就溶解了。

别着急。就在不久之前，RNA 世界的起源，似乎是一个难得无法解答且让神秘学腾起希望的问题。2011 年，约翰·霍根（John Horgan）在《科学美国人》上写了一篇文章，名叫《嘘！科学家还没找到生命起源的线索，可别告诉创世论者》。

可短短几年后的今天，人们似乎有望找到答案了。DNA 序列表明，生命家族之树的根源是简单的细胞，不像我们其他生物那样要消耗碳水化合物，而是将二氧化碳转换成甲烷或有机复合醋酸盐，有效地为它们自带的电池充电。如果你想找到一种化学环境，与化学渗透微生物的细胞内环境相呼应，不妨看看大西洋海底。2000 年，探险家发现了大西洋中脊的深海热泉，与从海底其他地方发现的很不一样。此前发现的海底"黑烟囱"喷出的是极热酸性液体，而新发现的热泉喷出的则是温热的高碱性物质，喷发过程似乎已经持续了数万年。两位科学家尼克·莱恩（Nick Lane）和威廉·马丁（William Martin）着手列举这些喷泉和化学渗透细胞内部环境的相似之处，发现它跟生命存储能量的方法存在不可思议的呼应关系。基本上，细胞存储能量是靠泵动带电粒子（通常是钠或氢离子）穿过细胞膜，有效地产生电压。这是生物中普遍存在且独有的特征，但它似乎是借用于"迷失城市"之类的热泉。

40 亿年前，海洋呈酸性，二氧化碳饱和。热泉喷出的碱性液体与酸性的水相汇之后，一道陡峭的质子电化学阶梯穿透了喷口形成的铁镍硫化矿薄壁。这一阶梯的电压幅度，跟现代细胞里的非常类似。在矿物孔中，化学物质有可能困在能量充沛的空间里，用于构建更为复杂的分子。反过来说，当它们利用质子阶梯的能量，偶然开始自我复制时，逐渐会变得更容易采用适者生存的模式。至于剩下来的部分，就是算法了，丹尼尔·丹尼特会这么说。总之，生命自然形成的解释，几乎近在咫尺了。

全是起重机，没有天钩

一如我在前文所述，生命的诊断特点是，它捕获能量以创造秩序。这也是文明的一个标志。人使用能量来构建房屋、设备和观点，而基因则使用能量来制造蛋白质结构。细菌能长到多大，受制于每个基因可用的能量多少。这是因为，能量是靠泵动质子穿过细胞膜来获得的，细胞越大，相对于体积的细胞表面积就越小。唯一能长到肉眼可见大小的细菌，是那些内部有着巨大空洞的类型。

然而，生命起源之后的 20 亿年左右，有着复杂内部结构的巨大细胞开始出现，我们称之为真核生物，我们（动物、植物、真菌和原生动物）就是真核生物。

尼克·莱恩认为，合并带来了真核生物演变（甚至革命）的可能：一群细菌开始在古菌细胞（一种不同的微生物）内部生活。今天，这些细菌的后代被称为线粒体，它们产生我们生活所需的能量。在你生命的每一秒钟，你的 1000 万亿个线粒体带动 10 亿兆个质子穿越细胞膜，捕获所需电能，用来制造你的蛋白质、DNA 和其他巨分子。

线粒体仍然有自己的基因，只是数量很少，我们的线粒体只有 13 个基因。它们基因组的简化至关重要，这让它们得以产生多余的能量来维持"我们基因组"的运作，从而使我们能够拥有更复杂的细胞、组织和身体。因此，我们真核生物每个基因都有数万倍可用的能量，能够发挥更强大的生产力。这让我们有了更大的细胞、更复杂的结构。实际上，我们为线粒体提供了大量内部细胞膜，又简化了维持这些细胞膜所需的基因组，克服了细菌细胞大小的限制。

工业革命（说成是工业演变也无不可）对这一现象产生了神奇的呼应。在农业社会，一个家庭能种植的粮食只够养活其家庭成员，很少有余粮能用来养活别人。于是，只有极少数人能拥有城堡、天鹅绒外套、盔甲，或者其他任何需要多余能量才能制造出来的东西。借助牛、马、风和水，能够产生稍微多一点的盈余能量，但也不会太多。木头没有用，它只能提供热量，但不能做功。于是，一个社会能够制造多少资本（社会的结构、社会的物品），始终是有上限的。

到了工业革命时期，对煤炭的利用带来了近乎取之不尽的能量。不像农民，煤矿工人生产了远远超过个人消耗的能量。他们挖出的煤炭越多，就越是精通挖煤。随着第一台蒸汽发动机的出现，热和功之间的壁垒得以攻破，煤炭的能量放大了人所做的功。突然之间，就像真核的演变大大增加了每个基因的能量，工业革命也大大增加了每个工人的能量。能源经济学家约翰·康斯特布尔（John Constable）认为，靠着这些多余的能量，我们制造出了今天极大丰富了生活的房屋、机器、软件和小工具。盈余能量对现代社会不可或缺，是财富的表现。一个美国人，消耗的能量大约是一个尼日利亚人的 10 倍多，换句话说，前者比后者富裕 10 倍。"有了煤炭，所有的壮举都变得容易实现起来，"威廉·斯坦利·杰文斯（William Stanley Jevons）写道，"没有它，我们早就被扔回早期岁月的艰苦贫困里去了"。真核生物及工业化带来的盈余能量演变，均是自然出现、未经规划的现象。

不过，我跑题了。说回基因组。基因组是极为复杂的数字计算机程序。稍有失误，单一基因组内 20 000 个基因（人类）的表达模式、剂量或序列就会改变，或者影响数十万个受控序列的基因开关，导致可怕的畸形或突发疾病。在我们大多数人身上，这套计算机程序能全无差错地顺畅运行 8 ～ 10 年，委实让人难以相信。

想想看，你身体里每一秒必须发生些什么才能维持这场持续的"巡演"。你有差不多 10 万亿个细胞，还不算构成了身体大部分的细菌。每个细胞随时都在转录着数千个基因，这个过程涉及几百种蛋白质以特定方式聚合到一起，为数百万碱基对催化数十种化学反应。每一个转录本都会进入一个核糖体（核糖体是一台有着数十个活动零部件的机器，能够催化各种化学反应），生成一个蛋白质分子，长达数千个氨基酸。接着，蛋白质本身在细胞内外进出，加速反应，运输货物，发射信号，支撑结构。如此复杂的事情，每一秒钟在你体内发生着数百万兆件，以维持你的生命，极少出差错。这就像是微缩的世界经济，只不过更加复杂而已。

人总觉得计算机运行这样一套程序，必须要有个程序员。这是个很难动摇的错觉。在人类基因组计划的初期，遗传学家还认为存在"主控基因"为下属序列发号施令，可惜并没有主控基因，也没有聪明的程序员。整场大戏不光是通过演变一环一环自然出现的，而且还以完全民主的方式运行。每个基因都只扮演了小小的角色，没有基因领会整套计划。然而，这种重重叠叠的精确互动，却带来了在复杂性与秩序性上无可匹敌的自发设计。再也没有什么能更好地阐释启蒙时代梦想的正确性：秩序来自一个没有人负责的地方。基因组（现在已经测出了序列）就是无须任何管理也能出现秩序和复杂性的有力证据。

为谁做代表

假设我已经说服你相信：进化并非自上而下有指导地进行，而是自行组织的过程（这个过程，为事物提供了丹尼尔·丹尼特所谓的"漂浮性理由"）。也就是说，杜鹃宝宝把宿主巢⊖内其他的蛋给推出去，好让它的养父母只给它喂食，这么做的理由，既不来自杜鹃的头脑，也不来自杜鹃设计师的头脑。它只存在于你我的头脑当中，而且是事后的阐释。身体和行为充斥了此类明显有目的的功能，但从未有过预见或计划。你肯定同意这种模式也适用于人类基因组。你的凝血基因存在的作用就是制造凝血蛋

⊖ 杜鹃是巢寄生的，也即将卵产在其他鸟的巢中，由其他鸟代为孵化和育雏的一种特殊的繁殖行为。——译者注

白，让伤口的血液更好凝固，但这一功能设计并不意味着有智慧设计师预见到了凝血的需求。

现在，我要告诉你，你没有理解错。上帝并非唯一的天钩。哪怕最坚定的无神论科学家，看到基因组的相关事实，也会被绕进指挥和控制的思路里。马上就让你看一个例子：有人假设，基因是耐心等着身体厨师使用的食谱。基因是为整个生物体的集体需求效劳的，它们是心甘情愿的奴仆。你能在几乎所有遗传学阐释背后看到这一假设（包括我所做的阐释），然而这是一种误导，因为把这幅图像颠倒过来同样成立，既可以说基因是为身体效力的，也可以说身体是基因的玩物和战场。每当有人问，某个基因存在的目的是什么，他们会自然而然地以为这个问题涉及身体的需求：从身体的需求角度来说，基因是为了什么目的呢？但也有很多的时候，这个问题的答案是"基因本身"。

第一个发现这一点的科学家是理查德·道金斯。早在因无神论主张出名很久以前，道金斯就在《自私的基因》（The Selfish Gene）一书中着手阐述过这一设想："我们是生存的机器，为保护名叫基因的自私分子，而盲目形成的机器人载体。"他写道："这个真相至今仍然让我充满惊讶。"他说，理解生物体的唯一方法是，把它们看成是不可避免死亡的暂时性载体，其用途是有效地保护写在 DNA 中的数字序列，使之永存不朽。雄鹿不顾性命地与另一头雄鹿战斗，或者雌鹿耗尽体内的钙为孩子产奶，罔顾自己身体的生存，而要把基因传给下一代。因此，这一理论并不是在赞美自私的行为，而是要解释我们为什么经常会无私地利他：是基因的自私，促成了生物个体的无私。蜜蜂自杀式地去蜇威胁蜂巢的动物，为了自己的蜂巢而死，好让基因存活下去。只不过，在这个例子中，基因是通过带有毒刺的母亲、蜂王间接传递的。把身体视作为满足基因需求而运作，比反过来想更合理，这是一种自下而上的视角。

道金斯的书里有一段话，当时乏人关注，但现在值得我们特别留心。事实已经证明，它是一套极其重要的理论的奠基文本。他写道：

> 一旦我们学会从自私的基因角度去思考问题，性这种明显的悖论，就变得没那么令人费解了，而且，去除了神秘感的不光只有性而已。举例来说，生物体中的 DNA 含量似乎比构建生物体所必需的量要多一些：有很大一部分 DNA 从未翻译成蛋白质。从个体的观点来看，这似乎很奇怪。如果 DNA 的"目的"是监督身体构造，那么，发现大量 DNA 并不做这件事就很奇怪了。生物学家绞尽脑汁地思考这么多额外的 DNA 是为了开展什么有用的任务，但从自私基因自己的角度看，根本就没有任何矛盾的地方。DNA 的真正"目的"是为了生存，仅此而已，不多也不少。解释多余 DNA 的最简单方法，就是把它们看成是寄生虫，往好了说，也无非没害处但也没用处的乘客，蹭了其他 DNA 创造的生存机器的便车。

加利福尼亚州索尔克研究所（Salk Institute）里有一个人读到了这段话，并开始思考，他叫莱斯利·奥格尔（Leslie Orgel）。他向弗朗西斯·克里克做了转述，克里克又在一篇文章里提到了它。这篇文章讲的是"分裂基因"这项惊人的新发现，也就是说，大部分动物和植物都包含了名为"内含子"的长长 DNA 序列，"内含子"在转录之后就遭到了丢弃。之后，克里克和奥格尔又写了一篇论文，将道金斯自私的 DNA 解释扩展到了所有多余的 DNA 上。与此同时，加拿大分子生物学家福特·多利特（Ford Doolittle）和卡门·萨皮恩扎（Carmen Sapienza）也做了同样的工作。"唯一'功能'就是自我保存的序列必然会出现，而且会维系下去。"后者写道。这两篇论文于 1980 年同时发表。

事实证明，道金斯是正确的。他的理论到底预言了些什么呢？多余 DNA 擅长自我复制，重新插入染色体，这就是它的功能。人类基因组中最常见的基因是逆转录酶配方，这种酶人体内很少，也没有需要，它的主要功能通常是帮助逆转录病毒的传播。然而，有这种基因的副本或者半副本，比其他所有人类基因加起来还要多。为什么会这样呢？因为逆转录酶是任何可自我复制并围绕基因组分发副本的 DNA 序列的关键部分。这是数字寄生虫的征兆。如今，此类副本大多都是惰性的，有些甚至具有良好的用途，帮助调节真正的基因或者绑定蛋白质，但是它们的存在，是因为它们擅长存在。

这里的天钩是洛克"先有设想"看法的表亲，也即假设人类的利益是我们身体内追求的唯一利益。道金斯精辟地阐释了另一种观点，站在基因本身的角度来看：DNA 在力所能及的条件下会有怎样的行为。人类基因组里有近一半由旨在利用逆转录酶的所谓转座因子构成。其中最常见的叫作 LINE（占基因组的 17%）、SINE（11%）和 LTR 逆转录转座子（8%）。相比之下，实际的基因仅占基因组的 2%。这些转座子是擅长自我复制的序列，不必怀疑，它们就是数字寄生虫（不过主要是惰性的）。它们的存在，完全不是为了满足身体的需求。

废物和垃圾不一样

这跟计算机病毒很类似，不过，在道金斯提出数字寄生虫基因版的时候，前者尚未出现。一些转座子，如 SINE，似乎是寄生虫的寄生虫，因为它们利用更长、更完整的序列来散播自己。从提供变异性的角度来看待它们的功能，这些英勇的尝试或许有一天能带来一种全新的突变，但实际上，它们更为直接也更常见的作用是偶尔扰乱基因的解读。

当然，这些自私的 DNA 序列能茁壮成长，完全是因为基因组有极小部分进行着更具建设性的工作：创造出一具能够充分生长、学习、适应物理及社会环境的躯体，最终茁壮成长，吸引配偶，生育下一代。到了这时候，自私的 DNA 可以说："非常感谢，我们可以去占据你孩子的一半基因序列了。"

除了援引自私的基因理论，目前没有办法解释人类基因组里怎么会有这么大比例的此类转座子，没有其他理论更符合事实。然而，评论员一贯拒绝、辱骂该理论，还把它"埋葬"在遗传学的边缘地带。最惹他们生气的说法是"废物 DNA"。阅读一篇相关主题的文章，不碰上几句对"基因组里部分基因没有用"概念的大力声讨（并且认为这个概念有失体面），简直不可能。"我们早就感到，对'废物 DNA'和假基因这两个名词（俗语意义）的失礼态度，"早在 1992 年，于尔根·布罗修斯（Jürgen Brosius）和斯蒂芬·杰·古尔德就双双表态，"掩盖了演变的核心概念，也即眼下没有用的特性，或许是未来变化的补充源头，有着关键的进化重要性"。每当我写到这个主题，我就会淹没在科学家义愤填膺的谴责声里，说我否定了 DNA 序列的未知功能。为此，我的回答是：针对谁的功能？身体，还是基因序列？

对"所谓的"废物 DNA 从道德上表示不满，这很常见。人们似乎真的被这种说法冒犯了。他们听起来非常像是面对演变捍卫信仰的人，他们就是不喜欢这个故事自下而上的性质。然而，我将证明，自私 DNA 和废物 DNA 都是十分准确的比喻，而且，废物和垃圾的意思并不一样。

有什么可大惊小怪的呢？我之前提到过，20 世纪 60 年代，分子生物学家开始知道，细胞似乎拥有远远超出制造所有内部蛋白质所必需的 DNA。当时，研究人员大大超估了人类基因组里的基因数量（认为有 10 万个以上，现在所知大约为 2 万个）。可即便根据这个颇有水分的数字，基因及其受控序列也仅占细胞染色体 DNA 总重量的极小一部分（至少哺乳动物是这样的）。人体内这一比例还不到 3%。更糟的是，新出现的证据表明，我们人类似乎并不拥有最重的基因组或者最多的 DNA。不起眼的原生动物、洋葱和蝾螈都拥有大得多的基因组。蚱蜢的基因组是人类的 3 倍；肺鱼的基因组则是人类的 40 多倍。这种神秘现象有个晦涩的名字，叫"c 值悖理"，当时一些最杰出的科学家为此大惑不解。其中一人叫大野乾（Susumu Ohno），他创造了"废物 DNA"的提法，认为大部分 DNA 恐怕并不在选择范围内，也就是说，或许不会受进化的持续打磨，以适应身体的功能。

他没有说那是垃圾。一如西德尼·布伦纳（Sydney Brenner）后来的直白解释，各地的人们都懂得区别两种破烂：一种叫"垃圾"，它没有用处，必须加以处置以免腐烂发臭；另一种叫"废物"，它没有直接的用途，但也没有坏处，可以保存在阁楼里，兴许有一天还能拿出来用。你把垃圾扔进垃圾桶，而把废物弃置在阁楼或车库。

可废物 DNA 的概念仍然遭到了强大的阻力。20 世纪 90 年代到 21 世纪初，随着人类基因的数量稳步缩小，人类越来越迫切地想要证明基因组的其余部分必须是（对生物体）有用的。人类基因组这么简单，让那些喜欢把人类当成地球上最复杂生物的人大感困扰。废物 DNA 成了一个必须受到质疑的概念。RNA 编码基因的发现、调节基因活性的多个控制序列的发现，似乎让这部分人找到了一些充满希望的救命稻草。等事情的面貌逐渐清晰，基因组有 5% 似乎受到了专门保护，不会在人类及相关物种之间变化，另外 4% 表现出了受到选择的部分证据，著名的《科学》杂志就忍不住宣布："再也没有废物 DNA 了。"还有另外 91% 的 DNA 呢？

2012 年，"反废物"运动达到了顶峰，一大群科学家联合起来，以 ENCODE 团队的名义发表了大量的论文。一如预期，媒体竞相庆祝，宣称废物 DNA 已死。按照定义，非废物 DNA 指的是任何在正常生命期里存在生化反应的 DNA，这样一来，他们得以断言，基因组的 80% 都是功能性的。（连癌细胞也可以算进来，哪怕它有着 DNA 超活跃的异常模式。）就这样，还是剩下 20% 什么事情也不做的 DNA。不过，这种对"功能"的宽泛定义存在很大的问题，因为 DNA 发生许多事情并不意味着 DNA 要为身体做实际的工作，只不过，它要参与内务（housekeeping）化学过程。ENCODE 团队意识到自己走得太远了，在后来的采访中逐渐缩小数字。有人先说，只有 20% 的 DNA 是功能性的，之后却又坚持认为，不管怎么样，"废物 DNA"应该彻底从"词典里删掉"。2013 年年初，休斯敦大学的丹·格劳尔（Dan Graur）和同事有点不留情面地还嘴说，这就像是发明了一种新的算法，让 20% 活生生地大于了 80%。

如果这一切看起来有点玄妙，或许比喻能帮上忙。我们想必都同意，心脏的功能是泵血，这是自然选择磨炼它要做的事。心脏当然还要做其他的事，比如增加体重，发出声音，防止心包收缩，可把这些叫作心脏的功能有点愚蠢。同样，虽然废物 DNA 有时会转录或改变，但是并不意味着它有身体方面的功能。实际上，ENCODE 团队争辩说，蝗虫的 DNA 比人类复杂 3 倍，洋葱的 DNA 比人类复杂 5 倍，肺鱼的 DNA 比人类复杂 40 倍。一如进化生物学家瑞安·格雷戈里（Ryan Gregory）所说，任何人要是认为自己能为人类基因组里的每一个字母分配功能，都该好好想想，为什么洋葱的 DNA 需要 5 倍于人类的 DNA。

这里，是哪一方借助了天钩呢？不是大野乾、道金斯或格雷戈里。他们说，多余的 DNA 是自然产生的，生物体并没有足够的选择性激励清除自己的基因组阁楼。（当然，如果你认为，要是什么也不做，你阁楼里的废物会翻倍，那倒是挺吓人的！）细菌，因为数量众多，又为了轻身上阵好比竞争对手生长得更快，一般会保持基因组的清洁干净，不让废物 DNA 产生。大型生物体却不然。然而，很明显，许多人都有一种渴望，想要看到"多余 DNA 对人体有目的"（而非只对自己有目的）的解释。格劳尔说，批评废物 DNA 提法的人受制于"人类的惯有倾向，总是想要从随机数据中看出有意义的模式，对基因也是如此"。

这些年来，每当我提到废物 DNA 的话题，科学家和评论员总会激烈地告诉我，我错了，它们的存在已经被否定了。这让我很吃惊。我徒劳地指出，首先，转座子基因组充斥着"假基因"，死掉基因的斑斑残迹，更不必说 96% 的 RNA 转录自蛋白质还没合成之前就丢弃掉的基因（丢弃的部分就是"内含子"）。就算内含子和假基因里有一部分用来控制序列，很明显，大部分也只是用来占用空间，其序列可随意改变，对身体不会造成后果。尼克·莱恩认为，就连内含子，也是数字寄生虫的后裔，来自古生菌细胞吞噬细菌，将之变成第一代线粒体（结果古生菌发现自己的

DNA 反遭被吞噬细菌的自私基因序列入侵）的时期：内含子的剪接方式，暴露了它们的祖先是来自细菌的自我剪接的内含子。

废物 DNA 提醒我们，基因组是由 DNA 序列建立的，也是为了 DNA 序列建立的，它不是身体所建立的，更不是为了身体而建立的。身体是 DNA 序列竞争求生而自发产生的现象，也是基因组自我延续的途径。尽管带来演变变化的自然选择绝非随机，但突变本身是随机的。它是一个盲目试错的过程。

红皇后比赛

就算是在遗传学实验室的核心地带，研究人员也有着悠久的历史，拒绝接受"突变是纯粹随机、没有意图（尽管选择并非随机）"的设想。定点突变的理论来来去去，虽然证据渺茫，但是许多享有很高声誉的科学家信奉它们。分子生物学家盖比·多弗（Gabby Dover）在《亲爱的达尔文先生》（*Dear Mr Darwin*）一书里，试图解释某种身体分 173 节的蜈蚣不是完全依靠自然选择出现的。他的论点基本上是这样的：较之腿的数目较少的蜈蚣，随机生成 346 条腿的蜈蚣不太可能生存下来，繁育下一代。他认为，蜈蚣如何变成了这么多节，还需要其他一些解释。他在"分子驱动"中找到了这样一种解释：在多弗的书里，这个设想仍然模糊得令人沮丧，但是带有强烈的自上而下的色彩。自多弗提出分子驱动这个概念以来，它跟其他许多定向突变的理论一样，已经渐渐湮灭，几乎没有留下什么痕迹。倒也难怪，如果突变都是定向的，那么就需要有人指引，我们就回到了老问题上：指引者是怎么形成的？是谁指引了指引者？洞悉未来，赋予一个基因规划合理突变的能力，这种知识是从哪里来的？

在医学界，对基因层面演变的理解，既是问题，也是解决方案。细菌对抗生素产生耐药性，以及化疗药物在肿瘤内部产生耐药性，都是纯粹的达尔文演变过程，即通过选择自然出现了生存机制。使用抗生素，就选择了细菌基因里的罕见突变，使之得以抵抗药物。抗生素耐药性的出现是一个渐进演变的过程，也只能通过渐进演变的过程予以对抗。期待有人发明出完美的抗生素，并找到不会引发耐药性的使用方法，这不是什么好事。不管我们喜不喜欢，这都是一场人与细菌之间的军备竞赛。红皇后那句口头禅（来自刘易斯·卡罗尔的《爱丽丝镜中奇遇记》）很适合放在此处："你看好了，在这里，你要拼尽全力奔跑才能保持原位。如果你想到其他地方去，你必须至少再跑快一倍！"寻找新抗生素的任务，必须赶在前一种抗生素失效之前早早开始。

说到底，这就是免疫系统的运作方式。它不光能产生最佳的抗体，还实时地进行实验和演变。人类的世代时间很长，不能指望通过让易感人群的选择性死亡，迅速演变出对寄生虫的抵抗性。我们必须允许身体内在数天或数小时内发生演变，而这就是免疫系统想要实现的目的。它包含了一套系统，能重组不同形式的蛋白质以提升多样性，并且快速繁殖任何突然能发挥作用的抗体。此外，该基因组包括一套基因，名叫主要组织相容性复合体（MHC），它们的唯一目的似乎就是维持形式的庞大多样性。这 240 多种 MHC 基因的任务，就是向免疫系统提供来自入侵病原体的抗原，以便引发免疫反应。它们是迄今所知变数最大的基因，有一种（HLA-B）在人类种群中存在近 1600 个不同的版本。有证据表明，许多动物会寻找携带不同 MHC 基因（通过气味检测）的配偶，努力维持或者进一步提高该基因的变化性。

如果说，对抗微生物的战斗是一场永不结束的演变军备竞赛，对抗癌症的战斗也是一样。转为癌化，逐渐长成肿瘤，然后扩散到身体其他部分的细胞，必然是在这个过程中，通过遗传选择演变出来的。它必须获得鼓励自己生长、分裂的突变，获得无视停止生长或自杀指示的突变，获得让血管生长进肿瘤、为之提供养分的突变，获得推动细胞挣脱、迁移的突变。这些突变很少出现在第一个癌细胞里，但肿瘤通常能获得其余的突变，它大规模重新排列自己的基因组，进行规模庞大的尝试，无意识地用试错来寻找出路，获得所需的突变。

肿瘤"试图"成长，"试图"获得血液供应，"试图"传播散布。当然，实际上的解释还是自发自然：肿瘤中的许多细胞存在资源和空间上的竞争，获得了最有用突变的细胞最终会胜利。这跟生物种群里的演变非常类似。近来，癌细胞往往需要其他突变（即能智胜化疗或者放疗的细胞）才能茁壮成长。在身体某处，有一个癌细胞碰巧获得了能抗击药物的突变。癌变的其余部分死掉，而这个流氓细胞的后代却逐渐繁殖，使癌症复发。让人心碎的是，这种情况经常见于癌症治疗过程中：治疗最初取得成效，最终却还是失败了。这是一场演变军备竞赛。

我们对基因组学越是了解，它就越是证实了演变。

第 5 章

文化的演变

假设有一个人，
为万物赋名，
其他所有人都知道，
这就是信口开河。
为什么一个人能够用自己的语言为事物命名，
其他人却没有权力做类似的事情呢？

——卢克莱修
《物性论》第五卷，第 1041～1045 行胚胎发育成身体的过程，或许对自发秩序做了最美丽的展示。我们对这一过程出现的认识和理解，已经越发偏向它无须指导。正如理查德·道金斯在《地球上最伟大的表演》（*The Greatest Show on Earth*）一书中写的："关键的一点是，这里没有编导，没有领袖。秩序、组织、结构，所有这些都是局部服从的规则经多次重复带来的副产物。"没有总体规划，只有细胞对局部效应做出反应。这就好像，整座城市都是从混乱中自发形成的，因为人们在安家置业时响应局部刺激因素。（嘿，稍等，城市不就是这么形成的吗？）

　　以鸟巢为例，精美的"设计"，为幼鸟提供保护和伪装，每一种鸟的鸟巢都有一致（且唯一）的设计。然而，它们是鸟通过最简单的本能建起来的，没有整体规划，只有一连串与生俱来的冲动。有一年，一只槲鸫打算在我办公室外的金属火灾逃生梯上筑巢，为我做了一次很好的展示。结果很惨痛，由于火灾逃生梯的每一级台阶看起来都一模一样，这可怜的鸟儿始终搞不明白自己的巢到底是修在哪一级上。有 5 级台阶都筑了一部分巢，中间的两个最接近于完工，但每一个都没能最终筑好。它在一个半完工的巢里产下两枚蛋，在另一个巢里产了一枚。毫无疑问，火灾逃生梯提供的局部线索，让它糊涂了。它的筑巢方案依赖于简单的规则，比如"在金属台阶的角落里放更多的筑巢材料"。椋鸟整洁的鸟巢来自最基础的本能。

又或者以树为例。树干努力在宽度和强度两个层面上快速生长，以承担树枝的重量，而树枝本身也要在强度和灵活性之间实现精彩的平衡。树叶薄、轻，以最大的面积暴露在阳光下，背面颜色较深，带有气孔，灵巧地解决了这个问题，这样它们就可以捕捉阳光，吸收二氧化碳，同时尽量少地丧失水分。整套结构可以历尽千百年不毁，在此期间还能不断生长，即便是最能干的人类工程师也实现不了这样的梦想。所有这一切的实现，都不靠计划，更没有策划师。树连大脑都没有，它的设计和执行，出自其万亿个细胞的决定。与动物相比，植物不敢依靠以大脑为导向的行为，因为它们不能靠逃跑躲开食草动物，而如果食草动物把植物的大脑吃掉，对后者来说就意味着死亡。没有大脑的植物几乎可以承受任何损失，能够轻松再生，它们是彻底去中心化的。这就好像整个国家的经济，源自局部经济刺激和人民对此的响应。（哎呀，稍等……国家经济不就是这样形成的吗？）

再来看看澳大利亚内陆地区的白蚁堆。它高，带拱壁，通风，朝向太阳，温暖而舒适，是容纳这群小昆虫的完美系统，就像大教堂一样，经过工程师的精心设计。然而，并没有工程师。本例中的单位是整窝白蚁，不是细胞，但该系统并不比树或者胚胎更加集中化。用来构建白蚁堆的每一粒沙土、每一捧泥巴，都由白蚁运输就位，可是白蚁并没有接收到指令，思想上也没有计划（它们压根就没有思想）。白蚁根据局部信号做出反应。就像人类的语言一样，它有句法和语法，从每一个说话者的行动中自发形成，且没有人预先设定好规则。（哎，等一等……）

语言的确就是这样出现的，就跟 DNA 语言的发展一样——通过演变。演变并不局限于 DNA 上运行的系统。近几十年来，最伟大的一项重要文化研究突破（由两位进化理论家罗布·博伊德（Rob Boyd）和皮特·理彻森（Pete Richerson）牵头），就是意识到达尔文的导致累积复杂度出现的选择性生存机制适用于人类文化的方方面面。我们的习惯、制度、语言甚至城市，都在不断变化，而变化的机制竟然惊人地符合达尔文主义：它是渐进的、无指向的、突变的、不可阻挡的、组合的、有选择性的，在某些模糊的意义上，也是进步的。

科学家曾经提出反对，认为文化里不存在演变，因为文化不来自分散的粒子，它也不像 DNA，会忠实地复制或随机突变。事实证明，并非如此。在任何信息传输系统中，只要传输的东西存在一定的团块分化，传输具有一定的保真度、一定的随机性或者一定的创新试错性，达尔文式的变化就不可避免。文化的"演变"，不是比喻，而是切切实实的。

语言的演变

DNA 序列的演变和书面、口头语言的演变，几乎呈现完美的平行。两者均由线性数字代码构成。两者均通过序列（至少部分由随机变化生成）的选择性生存来演变。两者都是能够利用少量离散元素有效产生无限多样性的组合系统。在一支充满了无规划之美的芭蕾舞曲中，不同的语言经过修正和融合，延续后代，不断产生突变、多样性和演变。

然而最终所得到的结果却是完全符合你想象的严谨、正规的结构、语法和句法规则。"不同语言的形成、不同物种的形成以及两者都通过渐进过程发展的证据，呈现出好玩的平行类似状态。"查尔斯·达尔文在《人类的由来》(*The Descent of Man*) 中写道。

这令人们可以把语言想成一件基于规则设计出来的东西。一代又一代，人们就这样传授外语。我在学校就像学板球、国际象棋那样学拉丁文、希腊文：对动词、名词和复数形式，你可以这么做，但不能那么做。象可以斜着走，击球手可以触身得分，动词可以使用宾格。由全国最优秀的教师讲授，每个星期的课时比其他任何活动的时间都多，这种基于规则的东西我学了 8 年，可我却远远无法流利运用。实际上，一等我不用再学拉丁语和希腊语，我很快就忘得一干二净。自上而下的语言教学效果不佳，就好像从理论上学骑自行车，却从来没真正骑过一样。然而，两岁的孩子学习英语，却根本不用人教，哪怕英语的规则和用法跟拉丁语一样多，甚至更多。青少年靠沉浸式学习掌握一门外语，了解各种约定俗成的用法。依我看来，语法训练没办法让你学习一门新的语言。多年来，我们就是不肯正视现实：学习一门语言的唯一办法就是自下而上地学。

语言是自发组织现象的一个极端例子。它不光会自我演变，文字还会在不同的语境下发生意义上的变化，哪怕专业人士建立一套语言规范，但它只能靠学，教是教不会的。所有受过学校教育的人都在声讨语言标准的降低、标点符号的不讲究、词汇量的缩水，但这都是废话。哪怕是最新冒头的俚语，也是有规可循的语言，就跟古罗马时代一样复杂。只不过，不管是现在还是当时，语言的规则都是自下而上书写的，不是自上而下。

语言的演变或许有完全合理的规律，但它无须得到委员会的认同、专家的推荐。例如，常用的单词往往短小，如果它们被频繁使用，单词会

越变越短：如果我们经常要用到长单词，就会创造缩写形式。这是一件好
事，意味着减少呼吸、时间和纸张的浪费。这是完全自然自发的现象，我
们基本上意识不到。同样，常用单词的变化非常缓慢，而生僻单词的意思
和拼写有可能变得很快。这仍然合乎情理，对"the"这样的单词重新设
计，让它变出不同的意思，这会给全世界说英语的人都带来可怕的问题；
可"prevaricate"（以前用来指"说谎"，但现在的意思基本上是"拖延"）
有点变化，却不是什么了不得的大事，整个变化过程也发生得很快。没有
人会细细琢磨这一规律，它是演变的产物。

语言表现出了演变系统的其他特点。例如，马克·帕格尔（Mark
Pagel）指出，热带地区的动植物物种更多样化，而极地附近较少。其实，
许多极地物种往往有着巨大的活动范围，覆盖南北极的整个生态系统，而
热带雨林的物种可能只在很小的地区能找到，如山谷、山脉或者一座小岛
上。新几内亚的热带雨林是有着数百万物种的庞杂动物园，但每一物种的
活动范围都极小，而阿拉斯加苔原则是少数有着巨大活动范围的物种之家。
对植物、昆虫、鸟类、哺乳动物和真菌来说都是一样，这是一条生态铁律：
赤道附近的物种多，但活动范围小；两极附近物种少，但活动范围大。

有趣的是，这里又一次存在迷人的平行类似现象。语言同样符合这一
铁律。阿拉斯加人说的母语，用一只手就能数清。新几内亚则有数以千计
种语言，有些只在若干山谷里通用，而且，后一个山谷里所用的语言，跟
前一个山谷里所用语言的区别，比英语和法语之间的区别还要大。在瓦
努阿图的火山岛加瓦岛上，语言密度更加夸张，岛上面积仅有 13 平方英
里[⊖]，人口数量为 2000，却使用 5 种不同的母语。在热带森林和山区，人

⊖ 1 平方英里 = 2.590 平方公里。——译者注

类的语言多样性达到了极端。

帕格尔的图表显示，语言多样化随纬度降低的程度，跟物种多样性随纬度降低的程度几乎一致。目前，两种趋势都不太容易解释。热带森林庞大的物种多样性，跟热带雨林生态系统里有丰富的热量、光和水相关，能量流动大。它也可能跟寄生虫的丰富性有关系。热带生物不断受到寄生虫的入侵，盛产的物种会变成靶子，反过来说，少见（rarity）是一种优势。它说不定还反映了气候较平静地区里较低的灭绝概率。至于语言，在季节性极其分明的地理区域，随季节迁徙的需求拉平了语言的多样性，而在热带地区，种群分散成规模较小的群体，每一种无须移动就可生存。但无论怎样解释，这种现象恰好说明了人类语言是自动演变的。它们显然是人类的产物，但并非出于有意识的设计。

此外，帕格尔研究了语言的历史后发现，如果一种新的语言从一种祖先语言分离出来，一开始似乎会发生非常迅速的变化。生物物种好像也是这样。如果一个物种的地区性子集跟其他地区断绝了沟通，隔离起来，它最初会非常迅速地演变，自然选择带来的选择似乎隔三岔五地发作，这种现象叫作"间断平衡"（punctuated equilibrium）。语言和物种的演变，似乎存在十足的类似之处。

人类革命实际上是一场演变

大约 20 万年前，在非洲的某个地方，人类开始改变自身的文化。我们之所以知道这一点，是因为考古记录清晰地显示，这是该物种的一场重大转变，叫作"人类革命"。在此前的 100 多万年里，这些非洲人都只会制作设计简单的石制工具，可到了这时候，他们开始制作大量不同类型的工具。起初，变化是局部、渐进而且短暂的，所以"革命"一词存在误导。但随后，工具的变化出现得明显更为频繁、强烈和持久。到了65 000 年前，使用新工具的人开始走出非洲，很可能是穿过红海最南端的狭窄海峡，开始相对较快地在欧亚大陆进行殖民扩张，取代当地原有的原始人类，如欧洲的尼安德特人、亚洲的丹尼索瓦人（偶尔也与之交配）。这些新的人有些特别之处：他们并不困守自己所处的生态环境，如果猎物消失，或者出现更好的机会，他们能轻松地改变自己的习惯。他们到达澳大利亚，并迅速占据了这一充满挑战的大陆。他们到达欧洲，在冰河时代，取代了本来适应得很好的优秀尼安德特猎人。他们最终扩散到了美洲，一转眼（演变历史上的短暂一瞬），从阿拉斯加到合恩角，从热带雨林到沙漠，每一种生态系统里都出现了人。

是什么引发了非洲的人类革命呢？这是一个难得几乎不可能回答的问题，因为整个过程开始得非常缓慢，最初的触发因素可能微不足道。不同类型的工具最早出现在东非部分地区，其蛛丝马迹似乎可追溯到 30 万年前，按照现在的标准，变化大概是和冰川的缓慢推进有些关系。这是一条线索。人类革命的标志性特点不是文化，因为从传统通过学习代际传承这层意义上来说，许多动物都有文化。标志性的特点是文化的累积，也即增加创新却又不丢失原有习惯的能力。从这个意义上说，人类革命完全不是一场革命，而是一轮非常缓慢的积累式变化，它稳定地迈开步伐，缓缓地加速，临近了今天让人眼花缭乱、五花八门的快速创新的奇点。

这是文化演变。我认为，变化是通过交换和专业化的习惯启动的，它能自我维持：你越是进行交换，专业化就越是有价值，反过来说也成立。

这一趋势孕育出了创新。大多数人更倾向于认为变化的原因是语言。语言同样是自我建立的：你说得越多，就有越多可说的。不过，这一理论的问题在于，遗传学证明，尼安德特人几十万年前就经历了语言革命，与语言相关的特定版本基因普遍存在于该物种中。所以，如果语言是触发因素，为什么革命未曾提前发生，出现在尼安德特人的族群里呢？还有人认为，在这些最初"行为现代化的人类身上"，一定有着某种不同的人类认知方面，比如前瞻式规划、有意识模仿等。但到底是什么启动了语言、交换或预见能力呢？在什么时候？在什么地方？

几乎所有人都会从生物学角度回答这个问题：某个基因突变，改变了大脑结构的某个方面，让我们的祖先得到了一种新技能，使得他们能够建立累积式文化。比如，理查德·克莱因（Richard Klein）提出，有一种基因的改变"培养出了独特的现代能力，可以适应大范围的自然及社会环境"。其他人则谈到人类大脑在体积、神经网络和生理上的改变，有可能带来了从语言、工具到科学、艺术的一切。还有人认为，少量的突变改变了发育调控基因的结构或表达，触发了文化爆炸。进化遗传学家斯文特·帕博（Svante Paabo）说："我敢肯定，这场文化和技术爆炸，是有着遗传基础的。"

有没有遗传基础，我说不准。不过，我倒是认为他们都有点本末倒置。在我看来，说造就积累式文化演变的独特人类能力来自复杂的认知，这是错误的，应该是反过来才对。文化演变推动了嵌在我们基因里的认知变化。基因的变化是文化变迁的后果。还记得之前我举过的一个例子吧：成年人消化牛奶的能力，在其他哺乳动物里闻所未闻，但在欧洲和东非人身上却很常见。遗传变化是对文化变革的响应。这件事发生在 5000～8000 年前。遗传学家西蒙·费希尔（Simon Fisher）和我都认为，出现在很久以前的其他人类文化的特点，也一定是这样的。促进人类语言技能的相关基因突变（在过去几十万年里表现出了"选择性横扫"的证据，暗示它们迅速在人类中扩散），不太可能是让我们说话的触发因素，而更有可能是，基因对我们开始说话的事实做出的响应。只有在使用语言的动物身上，更流利地使用语言的能力才会是优势。因此，寻找 20 万年前人类革命的生物触发因素会是一场徒劳，因为我们只能找到对文化的生物响应。一个习惯，经环境的力量，被特定部落偶然采纳，有可能足以选择出让部落成员更擅长说话、交换、规划或创新的基因。就人类而言，基因兴许是文化的奴隶，而非主人。

音乐同样在演变。它惊人地改变着自己的流向，一路携卷走了音乐家。巴洛克古典音乐带来了浪漫派，浪漫派带来了拉格泰姆，拉格泰姆带来了爵士，爵士带来了蓝调，蓝调带来了摇滚，摇滚带来了流行。没有此前的风格，新的风格将无法形成。一路上还会出现许多融合，如非洲传统音乐跟蓝调结合，带来了爵士乐。乐器演变很少是彻底的创新，而是其他乐器改良带来的结果。钢琴是羽管键琴的后代，羽管键琴跟竖琴有着共同的祖先。长号是小号的女儿，是喇叭的表亲。小提琴和大提琴是由琵琶改进而来的。如果没有巴赫等人的作品，就没有莫扎特，而如果没有借鉴莫扎特，贝多芬也写不出作品。技术很重要，概念同样重要：毕达哥拉斯发现了八度音阶，这是音乐历史上的一个关键时刻。切分音同样如此。扩音电吉他的发明，让小规模的乐队，也能像大型管弦乐团一样，轻松为大规模的听众同时提供娱乐。这里的要点在于，音乐的演变有着不可避免的必然性。随着每一代音乐家学习音乐，用音乐做实验，它的变化是不可阻挡的。

婚姻的演变

演变的一个特点是，它能产生事后回想起来有意义的变化模式，但当初看不出一丁点有意识设计的端倪。以人类配偶系统为例。过去数千年婚姻的出现、衰落、崛起和再次衰落，就是这种模式的一个很好的例子。我说的不是交配本能的演变，而是文化里的婚姻习俗史。

毫无疑问，本能是存在的。人类交配模式基本上反映了数百万年非洲大草原磨砺出来的根深蒂固的遗传倾向。按男女体格和力量的小幅差异来判断，我们显然不是为大猩猩类的纯粹多配偶制设计的。在大猩猩种群里，体格庞大的雄性争夺对一群雌性的所有权，一旦抢到手，就杀死前任雄性的婴儿。另外，从人类睾丸的适度大小来看，我们也不适合黑猩猩和倭黑猩猩的纯粹性自由，后两者的雌性滥交（或许是出于一种避免杀婴的本能努力），使大多数雄性之间的竞争在精子层面上展开，而不是个体争斗，从而模糊了父权。我们和这两个物种都不一样。根据始于 20 世纪 20 年代的研究，狩猎采集社会主要采用一夫一妻制。男性和女性结成特定的伴侣纽带，如果哪一方渴望寻找多样性生活，基本上都是偷偷摸摸地私下做。父亲密切参与抚养后代的一夫一妻制，似乎在过去数百万年里，都是为人类男女所采用的独有模式。在哺乳动物中，这很不寻常，在鸟类里反倒更常见。

但 10 000 年前，农耕降临，有权力的男性能够积累资源，收买、恐吓其他男性，吸引地位较低的女性成为自己的妻妾。从古埃及到印加帝国，从西非洲的农耕文化到中亚的游牧社会，一夫多妻制成为常态，无关本能。这适合有权力的男性和地位低的女性（她们可以去当富裕男性的第 9 个妻子,过养尊处优的生活,而不是做贫穷男人唯一的妻子忍饥挨饿),但这对地位低的男性不是笔划算的交易(他们只好单身),对地位高的女性也不适合(她们必须要跟其他女性分享自己的伴侣)。为了让地位低的男性得到满足,允许一夫多妻大范围存在的社会,邻居之间往往非常暴力。在依靠绵羊、山羊或牛的游牧社会尤其如此,因为财富是流动的,并表现出规模经济:照料 1000 只羊并不比照料 500 只羊困难多少。因此,从亚洲到阿拉伯的游牧民族,不光要经历周期性的暴力,更不断侵扰欧洲、印度和非洲,杀死男性,掠夺女性。阿提拉、帖木儿、阿克巴⊖等都来自游牧民族。他们的习惯就是征服一个国家,杀掉男人、孩子和老人,将年轻女性掠为妾室。

关键在于,游牧民族自然产生的一夫多妻制度,事后回想起来具有经济和生态上的意义,但这并不意味着这是某些聪明的发明家有意设计出来的。理由从不来自发明它的聪明人的脑袋,这就是丹尼尔·丹尼特所谓的"漂浮性理由"。它是一组选择条件带来的自适应演变结果。

在埃及、西非、墨西哥和中国等农业社会里,一夫多妻制有着不同的形态。地位高的男性比地位低的男性拥有更多的妻子,但是,除了帝王之外,并不像游牧社会里那么极端。通常,富裕的男性就像寄生虫一样,靠一群他们称之为妻子的女性辛勤工作过活(西非就是这样)。女性为了换取保护(免遭其他男性掠夺),必须在丈夫的土地上生活,为之耕作。

然而,在一些定居文明里,贸易城市逐渐发展出来,带来了一种来自忠贞、一夫一妻制和婚姻的全新的选择压力。你可以从《伊利亚特》

⊖ 莫卧儿帝国的第三位统治者,帖木儿的后代。——译者注

（*Iliad*，全是一夫多妻的男人们之间的争斗）和《奥德赛》（*Odyssey*，善良的珀涅罗珀等待基本上忠实的奥德修斯的故事）之间的差异看出这种转变来。出身高贵、贞洁的女性坚守正当的婚姻，不肯向丈夫纳妾屈服，这样的传统似乎也出现在罗马，卢克蕾提亚被强奸的悲剧（王子强奸了贵族妇女卢克蕾提亚，后者将王子的丑行告知家人，自己愤而自杀）里可以看出端倪。这个故事和建立罗马共和国、推翻国王有着密切的联系。它暗示，国王垮台，是因为他们有着强行占有别人妻子的傲慢倾向，招致了其他男女的怨恨。

这种朝着一夫一妻制的转变，是基督教的一大主题，也是早期传道教父的当务之急，尽管早期的圣徒并不都推荐一夫一妻制。经过耶稣的教导，他们发现了这项使命：坚持一个男人只娶一个妻子，与之生死相依，无论好坏。据说，按基督的教导，婚姻是一种神圣的状态：两人合二为一，成为"一体"。近古时代一夫一妻制的重新出现，胜利者是那些出身高贵的女性（她们得以垄断丈夫），以及大量社会地位低下的男性（他们终于能享受性生活了）。故此，一夫一妻制对这些社会地位低下的男性极具吸引力，早期的基督徒简直像是捞到了宝贝。

一夫多妻制并未完全消失。贯穿整个黑暗时代、中世纪和近现代历史，奉行多妻制的贵族（对出身贫寒的女性具有吸引力，这是她们避免饿死的一条出路）和他们出身高贵、坚守贞洁立场的妻子及自耕农追随者，始终在进行战斗。有时候这边占上风，有时候那边占上风。在 17 世纪初英格兰奥利弗·克伦威尔（Oliver Cromwell）的统治下，一夫一妻制占上风。到了查理二世，一夫多妻制非正式地回归了。著名战士、法国的萨克森公爵莫里斯·冯·萨克森（Prince Maurice de Saxe）的简介是这样开头的："萨克森选侯、波兰国王、萨克森公爵弗里德里希·奥古斯特，尊贵的大元帅 354 位私生子里的长子，出生于 1696 年 10 月 28 日……"莫里斯本人在行使性权上也毫不懈怠，在图尔奈战役时，年方 15 岁的他就当上了第一个孩子的父亲，此后靠着挥霍妻子的财富，维持"他的马匹和情妇军团"。

这种行为招来的怨念不难想象，因为市镇相对免于承担封建义务，小资产阶级的儿女无法容忍它。这并非偶然，18 世纪通俗文学的常见主题之一，就是一个财产不多的男性，反抗贵族的领主权（法国有《费加罗的婚礼》、英国有塞缪尔·理查逊的小说《帕梅拉》）。

随着商人阶层的崛起，一夫一妻制最终征服了贵族。到了 19 世纪，维多利亚女王已经驯服了贵族的欲望，每个男人至少表面上会装作对自己的妻子忠诚、关照、奉献终生。威廉·塔克（William Tucker）在其杰作《婚姻与文明》（*Marriage and Civilization*）中说，欧洲的整体和平随之到来，这并非偶然。除了继续实行一夫多妻制的社会（如大部分的伊斯兰国家），以及突然重新发明了一夫多妻制的地方（如耶稣基督后期圣徒教会），一夫一妻制带来了和平。摩门教的一夫多妻制，引发了邻里之间的巨大怨念，也在圣徒当中造成了紧张的关系，在他们一路前往犹他州的过程中，可怕的暴力循环始终如影随形。这种情况在 1857 年的山地草场屠杀事件中达到最高峰：一个摩门教徒将一名有夫之妇纳入后室，愤怒的丈夫为了报复而大开杀戒。直到 1890 年废除了一夫多妻制，暴力行为才渐渐平息。（时至今日，在少数宗教激进主义社区，私下里的一夫多妻制仍然存在。）

文化演变阵营知名人类学家乔·亨里奇（Joe Henrich）、罗布·博伊德和皮特·理彻森在颇具影响力的论文《一夫一妻制婚姻之谜》(*The Puzzle of Monogamous Marriage*) 中指出，现代世界一夫一妻制的传播，用它对社会带来的有益影响，能够进行最好的解释。这就是说，一夫一妻制不是一群聪明人围坐桌边，为了带来和平与团结，商讨出了这样的政策，相反，它很可能是达尔文式的文化演变的结果。选择了"规范性一夫一妻制"（或坚持婚内性行为）的社会往往把年轻男人调教得更为驯服，提高了社会凝聚力，平衡了性别比例，降低了犯罪率，鼓励男性去工作而不是打架。这样一来，此类社会拥有了更强的生产力和更少的破坏性，更容易扩张。这三位人类学家认为，这解释了一夫一妻制的最终胜利。美国20世纪50年代的小家庭形态是它最完美的体现：爸爸去上班，妈妈在家打扫卫生、做饭和照看孩子。

塔克还顺便介绍了工资谈判史上的一段迷人小插曲。20世纪初曾涌现了一场极为成功的运动，强迫雇主向男性支付更高的工资，好让员工的妻子不必工作，这就是"家庭工资"运动。社会改革家非但不希望女性加入劳动力大军，还支持完全相反的做法：让妇女离开就业市场，花时间和孩子在一起，靠收入更高的丈夫来抚养。他们提出的理由是，如果雇主能支付更高的薪水，那么，劳动阶层的妇女就能跻身中产阶层，不必外出工作了。

后来，伴随着福利国家的崛起，到20世纪末，一夫一妻制又逐渐解体了。当福利金取代了男性养家糊口的角色，许多女性就开始认为，一夫一妻制是对自己的契约奴役，没有它，女性也能过活，从实证的角度来说的确如此。社会的某些领域放弃了婚姻，并选择做单身母亲的做法，靠一夫多妻的不忠的男性来维持。或许，这是因为越来越多的女性倾向于认为，让持女权主义立场的姐妹们团结起来，对年轻母亲给予社会扶持，是一种更长久、更进步的做法，否则，就是男性认为自己不再需要陪伴孩子左右，照料他们安全长大，进入成年，也可能两者兼而有之。不管你优选哪一种解释来说明近些年来婚姻的解体，毫无疑问，这种人类制度就在我们的眼前演变着，到 21 世纪末，它的形式肯定会大有不同。婚姻并没有经过重新设计，它在演变。我们直到事后才注意到它的发生。当然，这种变化并不是随机的。

城市的演变

一旦你开始注意到演变在人类事务中的运作，你会发现它无处不在。以城市为例。1740 ～ 1850 年，英国在全无规划的状态下成为全世界最为城市化的国家。曼彻斯特、伯明翰、利兹和布里斯托尔等小城镇膨胀成了大城市。典雅的巴斯和切尔滕纳姆、伦敦西区和布卢姆斯伯里、爱丁堡的新城、纽卡斯尔泰恩河畔的格兰杰城，都兴建于这一时期。这不是国家或公共机构创造的。所有这一切都发生在一个没有规划法、没有监管机构、没有公共建筑规范、没有分区或土地使用法、没有提供住房或服务等直接公共行动的社会里。

直到 19 世纪下半叶，城市发展才更多地由国家控制。早期的城市发展受个人主动和投机性驱动，由产权和私人契约指导，经分散的市场力量塑造和决定。这种城市化进程井井有条，但毫无规划。这就是演变。

城市首次出现在青铜时代，人借助驮畜和船只，把足够多的食物运送到比村庄更大的定居点。到铁器时代，有轮大车和帆船带来了更大的市场，城市也变得更大。等马拉公共运输车和蒸汽火车出现后，人们有了更大的通勤范围，城市向外蔓延。等到轿车、卡车载着数量更多的人前往更大的城市地区，城市迅速扩张。接着，它们开始从生产中心变为消费中心。在美国，从整体上来讲，在杂货店工作的人的数量是在餐馆工作的人的数量的两倍。可在曼哈顿，餐馆工作人员是杂货店员工的近五倍之多。根据年龄、教育程度和婚姻状况进行校正后，城市居民参观博物馆的概率，比农村美国人高44%；去电影院的概率则高98%。

社会学家简·雅各布斯（Jane Jacobs）第一个认识到，城市生活的密度"远非邪恶，而是城市生命力的源头"（借用了约翰·凯（John Kay）的说法）。她成功地抵制纽约城市规划者及其乌托邦式的计划，倡导受人们喜爱的城市无规划、有机发展的性质，它们跟人为规划出来的城市，如巴西利亚、伊斯兰堡和堪培拉的刻板空间形成了截然的对照。纳西姆·塔勒布打趣道，没人会像在伦敦那样，在巴西利亚购买一套备用住房。

今天，最成功的城市，如伦敦、纽约和东京，集中了各种美食、休闲娱乐和求偶交欢（哎，就是俱乐部啦）的场合，为心怀远大理想的穷人提供了施展拳脚的机会。从里约到孟买，城市都是繁荣的发动机，是人们从贫困走向小康甚至富裕的转折之地。而互联网和手机所促成的"距离的消失"，非但未曾鼓励人们撤退回蒙大拿或者戈壁荒漠的孤独田园梦想里，反而有着完全相反的效果。现在，至少在年轻的时候，我们能够在任何地方工作，但我们最想待的地方，基本上是人口密集、高楼大厦林立的繁忙城市。我们还愿意为之支付溢价。那些鼓励在市中心修建高大住宅楼的城市（如香港、温哥华）成长迅速，而那些坚持低矮建筑的城市（如孟买），则举步维艰。关键在于，这不是人类有意识选择出来的政策。城市的持续发展是一种无意识的必然势头。

同样的进程，在世界各地持续。一如爱德华·格莱泽（Edward Glaeser）观察到的那样，繁荣和城市化之间几乎有着完美的相关性：国家越是城市化，它就越是富裕。如果把世界分成两种：一种是大部分人居住在城市的国家，另一种是大多数人生活在农村的国家，你会发现，前者的人均收入是后者的四倍。随着越来越多的人涌进城市，城市规模越来越大，一些科学家逐渐注意到，城市本身是以可预见的方式演变的。它们的发展和变化存在自发的秩序。这些规律中最引人注目的一点是城市展现出来的"比例缩放"，也即城市特点随着规模有些什么样的变化。例如，加油站的数量，始终以略低于城市人口的增长速度增加。城市存在规模经济，这种模式在世界上的每一个地方都一样。电网也是一样。它跟国家、市长采用什么样的政策无关。不管在什么地方，城市始终趋向于汇聚到相同的发展模式上。从这一点上讲，它们跟身体很像。一只老鼠每千克体重消耗的能量比一头大象要多；一座小型城市消耗的汽油，从比例上比大型城市多。和城市一样，随着体格的变大，身体在能耗上变得更高效。城市的人口规模每翻一倍，人均基础设施成本就降低 15%。

对经济和创新来说，城市越大，两者增长的速度就越快。城市的规模翻倍能让收入、财富、专利数量、大学数量、创作人数量增加大约 15%，不管这座城市在哪里。用术语来说，"比例缩放"是"超线性"的。圣菲研究所（Santa Fe Institute）的杰弗里·韦斯特（Geoffrey West）发现了这一现象，认为城市具有"超级创造性"。人类的创新多来自城市：城市越大，创新就越多。这一现象的原因很清楚，至少轮廓分明。人类通过对概念的组合和重组来进行创新，网络越大越密集，冒出来的创新就越多。还是那句话，请注意，这和政策无关。事实上，就在不久前，还没有人意识到超级创造性效应，故此，没有任何政策制定者能够以之为目标。这是一种演变现象。

这也是城市几乎不会消亡的一个原因。除了今天的底特律、古代的锡巴里斯（意大利的一个古希腊城市），城市萎缩的例子很少，像公司那样消亡的例子就更没有几个了。

机构制度的演变

有些物种非常迅速地演变到新形式，另一些物种则数亿年地保持原有形式。后者叫作活化石。腔棘鱼是一个很好的例子，这种深海鱼在形式上，跟其 4 亿年前的祖先非常相似。文化的演变同样如此：有些机构制度变化得非常快，而另一些则数百年保持不变。英国早就是一个现代化国家。它拥有几乎所有的现代技术，为大量的科学发现做出了贡献，从社会的角度来看，它与时俱进，批准了同性婚姻，又任命女性主教。但出人意料的是，英国的政治制度，在 300 年里都没怎么变过。社会学家加里·朗西曼（Garry Runciman）在《大同小异》（*Very Different, But Much the Same*）中指出，如果观察并描写英国 18 世纪初生活的小说家丹尼尔·笛福（Daniel Defoe）回到今天的伦敦，他会发现有些事情保持了惊人的一成不变。只要他习惯了飞机、厕所、汽车、手机、摄影、养老金、互联网、宗教多样性、疫苗、女律师、电，以及穷人生活水平的大大提高，他就能够非常轻松地理解英国政治。古老的英格兰教会⊖仍然有着世

⊖ 此头衔代表英国君主对英格兰圣公会的象征性领导权。——译者注

袭的君主[⊖]，下议院由选举产生，上议院由任命产生。有政党、派系，有丑闻，还有至少外观上明显是汉诺威王朝风格的恩庇制度[⊜]。而在笛福的年代，英国的人口和人均收入，大致只相当于现代西非的多哥共和国。

朗西曼热心研究文化演变理论，他提出：新的做事方法会逐渐出现，如果适应社会，就能得以保存，它们不是伟大设计强加给社会的。但为什么技术、服装、语言、音乐和经济活动的变化这么迅速，政治体制的变化却这么缓慢呢？在文化演变的水流里，英国的制度是文化意义上的腔棘鱼，也即基本保持不变的活化石，而它们周围的世界不断变化。显然，英国在这方面可谓佼佼者。在过去的300年里，其他大多数国家通过革命、战争或实现独立，改变了自身的政治制度。但在各个地方，政治体制都表现出一种比周围社会改变慢得多的倾向，就算真正有所改变，也充满痛苦和创伤，步履维艰，这也就是所谓的革命。

政治体制的这种缓慢演变，可归结到权力的集中上吗？又或者，是权力的分散所致？是既得利益者太多，还是精英担心发生的变化？我说不准答案。毫无疑问，让人们投票支持宪法改革很困难。如果是在市场上选择商品或服务，人们会疯狂地热爱新设想，但要是让人们公投支持新的政治形式，他们（用作家西莱尔·贝洛克（Hilaire Belloc）的话来说）"总是牵着护士不放手，生怕碰到什么更糟糕的东西"。

城市、婚姻、语言、音乐、美术，这些文化的表现形式，都经常发生着变化，而且从事后的角度来看，似乎可以预见，但事实上，没有人能预料到，更没有人能够指挥。它们自然而然地进行着演变。

⊖ 亦称英国国教圣公会，是基督教新教的宗派及教会之一。——译者注
⊜ 英国的一种文官制度。——译者注

第 6 章

经济的演变

你会发现，凡是我们起了名字的东西，不是两者的性质，就是两者的结果。

性质指的是，不经毁灭的震撼，无法隔离或去掉的：一如重量之于石头，热之于火焰，湿之于水。可触摸之于一切物质，无形之于虚空。

而诸如奴役、赤贫和财富、自由、战争与和平，它们来来去去，性质总归不变，我们理所当然地倾向于视之为"结果"或"事件"。

——卢克莱修
《物性论》第一卷，第 449 ～ 457 行

当今世界，一个普通人一年的收入，按实际价值计算，是1800年的10～20倍，至于具体的倍数，看你选择谁做出的估计，也看你对通货膨胀做怎样的修正。也可以这么说，如今的人，能买得起较之于以前10～20倍之多的商品或服务。经济学史学家迪尔德丽·麦克洛斯基（Deirdre McCloskey）称之为"大丰盛"。她说，这是"经济史的基本事实或主要发现"。事实上，麦克洛斯基还说，自1950年来，在香港这样的地方，生活水平说不定提高了100倍。当然，这要看你怎样衡量钢梁、平板玻璃和医药进步了。根据经合组织的数据，从世界经济增长的速度（它并未表现出放缓的迹象）看，到2100年，普通人的收入有可能达到今天的16倍：用今天的币值来算，这相当于175 000美元。2008～2009年的大衰退，在全球范围内只是昙花一现：在这一年里，全球经济缩水不到1%，第二年这一数字就增长了5%。

到目前为止，这种进步的最大受益者是（目前仍然是）普通工人和穷人。正如麦克洛斯基所说，富人固然越来越富有，但"数百万人有了燃气采暖、汽车、天花疫苗接种、室内水管、廉价旅游、妇女权利、更低的儿童死亡率、充足的营养、更高的个头、翻了一倍的预期寿命、报纸、选票、上学的机会和尊重"。全球不平等正在迅速缓解，因为贫穷国家民众的致富速度，比富裕国家更快。修正了通货膨胀之后，1960 年，全世界有 65% 的人每天仅靠 1.25 美元过活，而今天仅为 21%。

说来奇怪，大丰盛的原因竟仍然是个未知数。19 世纪初，世界某些地方的收入开始迅速增长，接着又传播到了世界各地（总是有人预测这种发展趋势会停止，现实却是收入的增长一直持续到了今天），相关的理论汗牛充栋。这些理论提出的观点也并不一致。一些人归功于制度，一些人归功于创意，一些人归功于个体，也有一些人认为是因为人们驾驭了能量，还有人认为是纯属走运。不过，有两件事，他们是同意的：没有人规划了此种趋势，也没有人预料到了它。繁荣自然出现，不是因为人类的政策。它通过非常类似演变的选择性进步形式，从人类的互动中不屈不挠地发展出来。最重要的是，它是一种分散现象，通过数百万单独的决策实现，基本上无关统治者的行动。诚然，达龙·阿西莫格鲁（Daron Acemoglu）和詹姆斯·罗宾逊（James Robinson）等人认为，英美等国的富裕，正是因为公民推翻了垄断权力的精英，但是分布较广的政治权利，使得政府敢于对公民承担责任，大规模的民众得以利用经济机遇。

人的行动，而非人的设计

大丰盛是一种演变现象。让我们回到处于大丰盛的 18 世纪末的英国，重访伟大思想家亚当·斯密的演变综论。1776 年，斯密出版了自己的第二本书《国富论》。书中，他支持一种有别于《道德情操论》所述的演变概念。如果上帝不是道德的原因，政府是繁荣的原因吗？在斯密的时代，贸易是一个受严格监管的行业，国家向股份公司颁布专门的特许状，准许垄断；重商主义的贸易政策也只希望促进某些特定的对外出口；就连职业，也由政府严格限制。在监管和政府干预路基的缝隙之间，个人可以买卖，但显然，没有谁认为这是繁荣的源泉。财富意味着囤积珠宝。

法国的"重农主义者"至少已经开始认为，生产性工作是财富的源泉，而非成堆的黄金。斯密接受了重农学派的领袖弗朗索瓦·魁奈（Francois Quesnay，两人于 1766 年见过面）的设想：重商主义的贸易方向是个错误，政府掠夺贸易的所有收入，用在毁灭性的战争和无益的奢侈品上也是个错误。他们呼吁："放手吧，放手吧，让世界自己运转！"奇怪的是，重农学派坚信，只有务农，才是生产性的工作。制造和服务是浪费挥霍。斯密则认为，"土地的年产出和社会的劳动"都算数。今天，我们称之为国内生产总值（GDP）。

故此，更加繁荣的意思，就是变得更具生产力，种植更多的小麦，制造更多的工具，为更多的客户服务。"劳动生产力的最大进步，"斯密指出，"似乎是分工的影响。"如果农民向铁匠供应食物，换取工具，两者的生产力都会提高，因为前者不必停止工作，拼命制造工具；后者不必停止工作，狠命耕地。伴随着交换而来的专业化，是经济繁荣的源泉。

以下是我对斯密主张所做的现代版阐释。首先，商品和服务自愿自发的交换，带来了劳动的分工，人们专注于自己擅长的事情。其次，反过来，这促成了交易各方交换收益的提升，因为每个人都做着最大程度发挥自己生产力的事情，对自己所选择的任务，有了学习、实践甚至推行机械化的机会。于是，人利用自己的手法和知识并不断加以改进，这是任何专家、统治者都做不到的。再次，贸易带来的收益鼓励更多的专业化，更多的专业化鼓励更多的贸易，实现了良性循环。生产者的专业程度越强，消费越是多样化：人从自给自足，变成了生产更少的东西、消费更多的东西。最后，专业化必然激励创新，这也是思想交流与结合所推动的合作过程。事实上，大多数创新都来自对现有概念（怎样制造东西、组织事物）的重组。

人们交换得越多，劳动分工得越细，就越是在为彼此工作。他们越是为彼此工作，生活水平就越高。劳动分工带来的结果是陌生人之间建立起了庞大的协作网络，它把潜在的敌人变成了可敬的朋友。白班工人穿的羊毛大衣（斯密说）是"各种劳动者的产物。牧羊的、拣羊毛的、清理梳洗羊毛的、染工、混纺工、织工、编工、漂洗工、成衣工……"花钱买一件大衣，劳动者的财富并未减少。贸易带来的收益是相互的；如若不然，人们不会自愿参与贸易。市场越是开放，越是自由，剥削和掠夺的机会就越少，因为从消费者的角度看，他们更容易抵挡掠夺者；从竞争对手的角度看，他们削减了掠夺者的超额利润。故此，理想形式的自由市场，是这样一种机制：它在人与人之间建立了合作网络，提高了彼此的生活水平；它协调了生产；它利用价格机制传递了需求信息。自由市场也是鼓励创新的机制。它是疯狂、自私的个人主义的对立面，虽然许多牧师和其他人似乎把自由市场当成了坏东西。它是市场大众合作的体系。诚然，你要和对手在生产上展开竞争，但你也必须与客户、供应商和同事合作。商业需要信任，也孕育了信任。

不完善的市场好过没有市场

上面的构想，不同意的人并不多；只不过，也很少有人意识到，理想在现实中很难彻底实现。而这就是有关市场的所有分歧所在（牧师除外）。理论很美好，实际上没有用处，大多数头脑清醒的人对市场主体也是这么看的。

故此，问题变成了：贸易是否只在完美条件下才能发挥作用？半自由的市场是否好过没有市场？经济学家威廉·伊斯特利（William Easterly）认为，毫无疑问，无形之手并非乌托邦，"正是在这个过程中，不胜任的企业被合格的企业淘汰，中庸企业被优秀企业淘汰，优秀企业被卓越企业淘汰"。浮光掠影地看看经济史就知道，按照商人利益运作的国家或地区并不完美，但它们始终比暴君统治下的国家更繁荣、更和平、更有文化：腓尼基与埃及、雅典与斯巴达、意大利的城邦与查尔斯五世的西班牙、荷兰共和国与路易十四的法国、小店东之国（英格兰）与拿破仑的法国、当代的加利福尼亚州与当代的伊朗、19 世纪 80 年代的德国和 20 世纪 30 年代的德国。

较之发号施令的政府，自由贸易有着更好的经济成绩和人道主义表现，这一点没有什么可怀疑的，而且例子越来越多。就拿瑞典的历史来说吧。与传统看法相反，瑞典走向富裕并不靠实行社会民主的大政府。19世纪 60 年代，它从封建经济里走出来，强烈奉行亚当·斯密式的自由贸易和自由市场，国家迅速发展，并在接下来的 50 年里，孵化出了大批伟大的企业，包括沃尔沃和爱立信（自此以后，这两家公司不断演变出新产品）。到 20 世纪 70 年代，瑞典政府大扩张，导致货币贬值、停滞、发展缓慢，并于 1992 年全面爆发了经济危机。此后，瑞典在世界经济排名表的相对位置迅速下跌。到 21 世纪初，它减税，实行教育私有化，开放私营医疗行业，进而重新实现发展。

当然，主张自由贸易比政府规划能带来更多的繁荣，并不等于主张废除所有的政府。政府在维持和平、强制规范、帮助有需要者等方面，发挥着至关重要的作用，但这也并不是说政府应当规划、指导经济活动。同样的道理，贸易固然有着种种的美德，但也并不完美。它鼓励破坏性的浪费挥霍，不光是因为它助长了炫耀性消费信号的传播。

贸易的核心特征在于分散，这也是它与集中规划的区别所在。这里无须中央指导（central direction）告诉经济需要多少件呢子大衣、多少台手提电脑、多少杯咖啡。事实上，如果有人真的打算这么做，最终只会搞得一团乱。只要允许价格自由上下浮动，它就会把竞争朝着降低生产成本的方向拉，好让需求与供给匹配起来。供应商会努力提供眼下最贵重的产品，压低价格，满足最强烈的需求。这套系统，由数百万个人的决策运行。

通过这种方式，繁荣无须任何上层指引，就有机地发展起来。无须邀请，劳动分工自然地从社会中产生。它逐渐演变，受我们天然交换意愿的刺激。用斯密的话来说，"互通有无、物物交换、彼此交易的倾向"，自然而然地出现在人类身上，但其他动物并非如此，"没人见过狗有意识地与另一条狗交换骨头"。"所以，是这种倾向，使得或者鼓励了繁荣的发展。政府的角色是促进，而非指挥。"

指挥及控制系统的主要问题在于知识。从弗雷德里克·巴斯夏（Frederic Bastiat）到弗里德里希·哈耶克，历代自由市场的拥护者都指出，组织人类社会所需的知识，多到令人瞠目结舌的程度。它不可能容纳在任何人的脑袋里。然而，人类社会却妥善地得到了组织。1850 年，巴斯夏在《和谐经济论》（*Economic Harmonies*）中指出，像巴黎这样人口众多、口味繁杂的城市，怎么可能有人想得出该怎样为它提供饮食呢？根本不可能。可是每一天，生活在巴黎的人都被喂得饱饱的，从未饿过肚子（到今天，巴黎有着更为庞大的人口、更多挑剔的食物口味）。在演变方面，这里有一个平行的例子。为巴黎提供伙食和人类眼睛的运作，是同等复杂的秩序表现。可是这两个例子中都不存在中央指挥员。知识分散在数百万人或基因之间。它是分散的。斯密在《国富论》里率先指出："这样君主就被完全解除了监督私人产业，指导私人产业，使之最适合于社会利益的义务。要履行这种义务，君主极易陷于错误，要行之得当，恐不是人间智慧或知识所能做到的。"

无形之手

1776 年，亚当·斯密具体论述的演变概念的实质，就是这种秩序和复杂性的去中心化分散的产生。斯密做了一个著名的比喻，认为指挥之手是无形的：每个人"只是盘算他自己的安全；他管理产业的方式，是为了使生产实现最大的价值，他所盘算的也只是他自己的利益。这样一来，和其他许多情况一样，他受着一只无形之手的指导，去尽力达到一个并非他本意想要达到的目的"。然而，斯密在撰写《国富论》的时候，他提出的中心概念（也即商品和服务的自由交换，能带来普遍的繁荣）尚无充分证据支持。直到 18 世纪末，大部分的财富创造，仍然是通过这样那样的掠夺，全世界还没有哪个国家是由支持自由市场的政府掌权。

可《国富论》出版之后的几十年里，尤其是英国（以及欧洲和北美的大部分地区）上演了一出极为精彩的故事：民众的生活水平提高，不平等减少，暴力缓和，这主要归功于采用了斯密药方（虽然采用得并不彻底）。怀疑论者可能会说，帝国掠夺的资本积累才是财富之源，但这显然是无稽之谈。斯密清楚地看出，对外殖民其实是一种外耗，也分散了军事力量。资本也无法解释大范围的生活水平提升。迪尔德丽·麦克洛斯基指出，按实际价值算，过去200年间，英国的平均收入从每天大约3美元提高到了100美元。光是资本的积累实现不了这样的成就，这就是为什么她（还有我）拒绝用"资本主义"来形容自由市场，因为这个词充满了误导。两者从根本上讲就是不同的东西。

斯密并非完人。他犯了很多错误，他的劳动价值理论很蹩脚，漏掉了大卫·李嘉图对比较优势的见解（解释了为什么哪怕一个国家或者一个人在制造上比贸易伙伴糟糕，对方仍然会邀请它或他制造并供应点什么）。但他的核心见解（用亚当·福格森（Adam Ferguson）的话来说就是，我们在社会里见到的大部分事情，是人类行为的结果，而非出于人类的设计），迄今仍然成立，而且遭到了低估。它对于语言、道德和经济同样成立。斯密式经济，是一个普通人之间进行交换和专业分工的过程。这是一种自然产生的现象。

收益在递减吗

不过，斯密、李嘉图，还有英国当时所有的政治经济学家，比如罗伯特·马尔萨斯、约翰·斯图亚特·穆勒（John Stuart Mill）错过的真正大事件，在于他们置身其中的工业革命时代。他们完全没有意识到，他们正站在"人类有史以来最壮观的经济发展的门槛上"。一个世纪之后，约瑟夫·熊彼特这样说："就在他们眼前，无限多的可能性成为现实。可除了局促的经济体步履蹒跚，越来越难弄到每天所食的面包，他们什么也没看见。"这是因为，他们的世界观以收益递减概念为主。比如，在 19 世纪头 10 年，看到当地的农民因为庄稼歉收而苦苦挣扎，李嘉图认同了朋友马尔萨斯的看法：玉米产量一定是停滞了，因为最好的土地已经得到了耕种，新开垦出来的边边角角，肯定没以前的土地那么好。因此，斯密的劳动分工、李嘉图的比较优势，只能对民众的生活起到一定程度的改善。可还有一种更有效的办法，能从有限的系统里"拧出"繁荣来。就算到了 19 世纪 30 年代，英国的生活水平开始飞速提升，穆勒仍认为这是昙花一现。收益递减很快就会出现。20 世纪三四十年代，约翰·梅纳德·凯恩斯（John Maynard Keynes）和阿尔文·汉森（Alvin Hansen）把此前的大萧条视为人类繁荣已达到极限的证据。对汽车和电力的需求饱和了，资本回报率在下降，所以，等军事开支带来的兴奋褪色，世界将要面临长期失业的未来。第二次世界大战（以下简称二战）的结束会带来停滞和苦难。到了 20 世纪 70 年代以及 21 世纪的最初 10 年，舆论又开始大谈社会耗尽了现有财富，对生活水平继续走高不抱期待。每一代人里都有停滞主义的粉丝。

只可惜，一次又一次，出现的都是相反的情况。收益非但未曾递减，反而因为机械化和廉价能源的应用，不断提升。工人的生产率，非但没有进入平台期，反而不断地上涨。钢材生产得越多，价格就越便宜。手机越便宜，我们用得也就越多。随着英国和当时的世界人口增长，要喂的嘴巴越来越多，饿死的人越来越少：在一个拥有 70 亿人口的世界里，饥荒变得越来越没什么人听说过了，可在人口是 20 亿的时候，饥荒可是个常客。就连李嘉图看跌的小麦产量，到了 20 世纪下半叶，在英国被耕作了数千年的土地上，也因为化肥、农药和作物育种的出现，开始加速增长。到 21 世纪初期，工业化把较高的生活水平扩展到了近乎全球的每一个角落，狠狠地打了悲观论调（也即担心较高的生活水平永远是西方人的特权）的脸。数百年来积贫积弱的中国，重新焕发了活力，见证了十多亿人口造就了全世界最大的市场。

这是怎么回事？没有人有意造就这一全球经济发展的现象，连预言它能实现的人都没有。随着 19 世纪和 20 世纪的展开，它就这么简简单单地出现、扩散了。它自然而然地演变着。

一直以来，经济学家努力地想要提出解释，现在也仍然在努力。卡尔·马克思说中了部分实质，他意识到了产业变化的事实，但他同时又接受了李嘉图的想法，认为机械化会让失业工人的大军受到资本家的剥削。实际情况是，在工业经济体中，岗位数量和工人所得的报酬比重，都在稳定上涨。由卡尔·门格尔（Carl Menger）、里昂·瓦尔拉斯（Léon Walras）和斯坦利·杰文斯（Stanley Jevons）等人领导并最终由阿尔弗雷德·马歇尔（Alfred Marshall）集大成的经济学边际革命，把定价的焦点从生产者转移到了消费者上，但收益增加的问题基本上仍未得到解答。在发生收益递减的地方，他们提出了均衡的概念：一旦信息易得，经济系统就会趋向于完全竞争的稳定状态。

随后，约瑟夫·熊彼特不懈地关注创新，坚持没有均衡状态，只有动态变化的连续展开。1909 年，他在切尔诺夫策国立大学任教期间，写出了《经济发展理论》（*Theory of Economic Development*）一书，强调企业家的角色是关键。大多数商人远非靠剥削工人寄生，而是创新家，靠着把事情做到更好或更廉价来制胜对手，在这个过程中，他们必然会带来消费者生活水平的提高。大多数所谓的强盗资本家，靠的是对商品减价而非抬价来发财致富的。创新是自由企业的主要后果，和创新比起来，从交易中所得的收益、靠专业分工实现的效率、通过实践获得的进步都变得黯然失色。1942 年，熊彼特在《资本主义、社会主义与民主》（*Capitalism, Socialism and Democracy*）中把"创造性毁灭"视为经济进步的关键，认为它是"资本主义的基本事实"。随着新企业和新技术的涌现，旧有的必然衰亡。"创造性破坏的大风常年不断。"或者，用纳西姆·塔勒布的说法，整体经济要想实现反脆弱（通过承担风险来强化），个别的企业必须是脆弱的。餐饮业是稳健而成功的，正是因为个别的餐馆脆弱而短命。塔勒布希望，社会要充分尊重失败的企业家，就像尊重为国阵亡的将士那样。

熊彼特在推理中明确地提及了生物学，将经济变化称为"产业突变"的过程。他认为，经济体就像生态系统，生存斗争使得企业和产品互相竞争，有所改变。他还认为，没有愿意承担风险的企业家，这种经济演变就不会发生。企业家尼克·哈诺尔（Nick Hanauer）和经济学家埃里克·拜因霍克（Eric Beinhocker）最近扩展了熊彼特的演变视角。他们提出，市场的运作，跟生态系统一样，不是因为它效率高，而是因为它有效果，能解决消费者（或生物体）所面临的问题。商业的美妙之处在于，一旦它运转起来，就会奖励那些解决了他人问题的人。"最好把（市场）理解成一个演变系统，（市场）就像自然界的演变一样，不断地针对问题创造并尝试新的解决办法。有些解决办法更'适应'适者生存，得到传播。不适者则灭亡。"

这种观点的一个推论是，没有完美的市场、均衡状态或终结状态这种东西。有趣的是，生态学家已经逐渐得出了和经济学家一样的结论。近年来，他们对生态系统的认识，开始从均衡状态转入更为动态的观点。他们不光体会到气候变化的方式（如冰川时代的降临和衰落），甚至还开始意识到森林也处在不断变化的状态中，在一个特定的位置，一种树木接替另一种树木兴起。没有稳定状态的"高潮"，只有不断变化。不过，大多数的政策制定者尚未接触到这样的信息。生态学家丹尼尔·博特金（Daniel Botkin）抱怨说，虽然生态学家认同自然界在变化，可是若受邀设计政策，他们又几乎总会拿出一套"让大自然保持平衡的政策"来，假装存在均衡状态。不妨就把这称作经济学和生态学里的原动力革命吧。

创新主义

自熊彼特以来，经济学家主动揽下了挑战，想要解释创新的出现和它对生活水平的提升。20世纪50年代，罗伯特·索洛（Robert Solow）梳理出了创新的贡献：他计算了资本和劳动力的贡献，推断出生活水平的其余变化（87.5%）必然是来自技术变革。技术变革是收益递增的主要源头：世界整体的经济发展没有表现出达到平原期的迹象。

这就难怪迪尔德丽·麦克洛斯基把造就了过去两个世纪大丰盛的制度称为"创新主义"而非"资本主义"了。关键的新要素不再是有资本可用，而是出现了受过市场检验、以消费者为导向的创新。她把工业革命的原因归结到生产的分散化、对新思路的检验上：普通人能够做出贡献，选择自己喜欢的产品和服务，推动持续创新。要让工业革命顺利出现，试错必须变得受人尊敬。2014年，她在印度的一场讲座中指出，穷人的富裕不是慈善机构、规划、保护、监管或工会带来的，所有这一切仅仅是在重新分配资金，事实上，穷人的富裕来自市场造就的创新，这对穷人绝非坏事："相反，穷人唯一靠得住的福祉，就是把得到市场检验的进步和供给释放出来，并给予尊重。"

但创新是自然产生的，还是说，它本身就是可以创造出来的产品呢？20 世纪 90 年代，保罗·罗默（Paul Romer）提出了内生增长理论，试图解答这个问题。他认为，技术进步不仅是发展的副产品，也是公司能够有意识进行的投资。有了合适的体制（销售你产品的市场；防止盗窃的法律；为你带来经济刺激的合理财政和税收制度；一定的知识产权保护，但又不能太多），你就可以着手进行创新，收获它带给你的奖励了，与此同时，你还可以和世界分享它，整个方式就跟你设计、制造了一台机器差不多。基本上，这就是世界各地诸多提供汽车出租服务的企业（Uber、Lyft、Hailo、滴滴、快车等）正在做的事情——向创新本身投资。但除去一些模糊的友好制度，经济学家仍然说不出创新的处方，他们只知道创新会出现在开放、自由的社会，这样的社会通过贸易和世界其余部分建立联系，不同的点子彼此相遇并融合。

不过，这些解释是在现象出现很久以后才提出的。创新的激增降低了满足人们需求的成本，减少了人为满足需求而付出的必要工作时间，几十年来不断提高着生活水平，却没有任何人能够解释为什么会出现创新，它怎样出现，更没有人知道它的成因。所以，你明白我为什么对专家、政策和战略一类的东西不怎么热心了吗？我们是一群不知情的豚鼠，生活在巨大的全球化演变浪潮里，这种演变来自最神秘的人类制度——市场。

我怀疑，我们永远无法彻底解释创新，充其量能提出卢克莱修式的理

由——因为解释需要无所不知，也就是把四处分散的知识加以集中。一如
工业革命出人意料地席卷世界，因为它来自千千万万零星的局部知识，而
非来自一套计划。创新也是一样，今天的创新是千百万人交流思想所得的
结果。我们永远无法预知创新，我们只能说，每当人们可以自由交换的时
候，它就会神秘出现。经济学家拉里·萨默斯（Larry Summers）告诉学
生："组织得当的努力会带来奇迹，无须指挥、控制和规划。这是经济学
家的共识。"

斯密和达尔文

斯密主义和达尔文主义一样，是一套演变机制的理论：是对什么东西
导致了非随机无指挥变化所提出的假说。我曾在 2012 年的一次讲演中指出，
今天几乎没有人意识到斯密和达尔文两人提出的观点有多么类似。整体而
言，政治上的右翼人士支持亚当·斯密，而左翼人士往往支持查尔斯·达尔
文。比如，在得克萨斯州，斯密的自发性分散经济学大受欢迎，达尔文则
因为反对神创论频招谩骂。反过来说，在英国的大学里，有许多狂热信徒
信奉自发且分散的基因组和生态系统观，但他们要求国家干预，为经济和
社会带来秩序。可是如果生活并不需要智慧的设计师，市场又为什么该需
要集中规划者呢？一如达尔文抛弃了上帝，斯密同样抛弃了利维坦式的大
政府。斯密说，社会是一种自发有序的现象。斯密跟达尔文面对的是同一
种怀疑情绪：没有指挥，社会怎么可能为了所有人的福祉而运作呢？

经济演变是突变和选择的过程，就跟生物演变一样。事实上，它们存
在一种更为接近的类似之处。我在《理性乐观派》中提出，在经济演变

中，交换扮演着跟性在生物演变中等同关键的角色。没有性，自然选择就无法形成一股累积的力量；发生在不同谱系的突变无法结合到一起，在生存斗争下必须二选一。举个例子，在某一代哺乳动物祖先里，有两个不同的个体，在大致同一时期，一个出现了毛发，另一个出现了母乳（两者都是了不起的哺乳动物创新）。如果哺乳动物是通过克隆形式无性繁殖的，那么，这两项创新会保留在互为竞争的不同的谱系之下。自然选择必然（实际上也是）要在两者中挑选它最喜欢的。而在有性繁殖的情况下，人可以继承来自母亲的产乳基因和来自父亲的皮毛基因。性使个体得以汲取来自同一物种中任何地方的创新。

交换对经济演变起到了同样的作用。假设有个不允许进行交易的社会，一个部落可能发明了弓和箭，另一个部落则可能发明了火。两个部落正在竞争，如果拥有火的部落胜出，则拥有弓箭的部落就得灭亡，他们的发明也一并陨落。可在能够进行交易的社会，拥有火的部落也能得到弓和箭，反过来也一样。交换让创新成了累积现象。其他方面都很聪明的尼安德特人，说不定就是因为缺乏交换而发展受阻的。许多孤立的人类部落与能借鉴更广泛创新的部落竞争失利，原因也在于此。你用不着只靠自己的村子进行创新，还可以参考来自别处的灵感。我每天都利用着成千上万精彩的创新。它们当中只有区区几种出自我的祖国，出自我家乡村庄的，当然就更是几乎没有了。

至高无上的消费者

说到经济学，大家基本上仍跳不出创世主义的思想束缚。经济学家唐·布德罗认为，大多数人都是世俗神学家，相信社会秩序来自"权力更高者的设计、意图、计划和规定，是他们造就了我们所见的秩序"。他们认为："我们所体验到的大部分经济和社会秩序，是政府带来的结果，故此，要是政府消失，或者无法妥善履行职责，这一切就必然消失或崩坏。"

你经常看到有人一边衣冠楚楚地坐在椅子上，喝着咖啡，发着手机短信，一边说，自由市场早就名声扫地了。可不管是椅子、衣服、咖啡还是手机，无不是成千上万的生产者通过无须计划的"市场力量"，实现了巧妙的协调合作才得以供应的。你会听到人们说，没有政府提供道路、交通信号灯、空中交通管制、警察、促成贸易的法律，这一切是不可能实现的。没错，而且，亚当·斯密第一个观察到，让贸易免受海盗、掠夺者和垄断者的侵袭，是国家的责任。他并不是无政府主义者，但从这一点跳跃到社会秩序来自有意的设计或执行，不免太过荒谬。是谁命令咖啡馆采用现在这种经营形式的？顾客。

正如路德维希·冯·米塞斯（Ludwig von Mises）于 1944 年指出的，市场经济中真正的老板是消费者：

他们通过购买和放弃购买的行为，决定了什么人应该拥有资本、运营工厂。他们决定了要制造什么东西，采用何种质量，生产的数量。他们的态度导致了企业家的盈利或亏损。他们使穷人致富，富人变穷。他们可不是容易伺候的老板。他们有着各种突发奇想的念头，多变且不可预测。他们不关心过去的功德。只要有东西能更好、更便宜地提供给他们，他们就立刻投入新人的怀抱，哪管旧人的哭闹。

看看大公司有多脆弱吧：只要它们做了客户不喜欢的事情，立刻就会吃苦头。可口可乐的新可乐瞬间招来大祸，公司颜面扫地进而撤下新品。面对客户的反复无常，大公司很容易受伤，对于这一点，它们自己清楚。自由市场贸易是人类迄今为止设计出的唯一一套由普通人负责的制度，和奴隶制度、封建制度、法西斯制度都不同。

对许多持右翼立场的人来说，有很多东西市场无法提供，故此必须由国家提供。这种想法的内核，蕴含着一种纯粹的神秘主义，但很少有人加以审视。就因为某件事情市场无法做到，为什么我们就必须认为国家知道怎么做呢？用唐·布德罗的话来说，很多时候，这是"自作多情地认为奇迹存在"。然而，从过去几个世纪的政府历史记录来看，如果国家插手提供民众自己供应不足的东西，局面不一定发生改善，很多时候，会变得更加糟糕。市场失灵是口头禅，政府失灵却没人说。

人有 6 种基本需求：衣、食、住、行、医疗和教育。粗略地说，在大多数国家中，市场供应衣食，国家供应医疗和教育，住房和交通由两者共同提供（有着半垄断地位特权的私人企业，这些企业的半垄断地位是政府授予的，用一句常见的话来说，这叫裙带资本主义）。

过去 50 年，衣食的成本稳步向下，医教的成本却稳步向上，这难道不叫人吃惊吗？1969 年，美国家庭平均把 22% 的消费支出用于食物，8% 用于衣物。现在则是把 13% 的消费支出用于食物，4% 用于衣物。可自 1969 年以来，食物和衣物的质量与款式，有了不可估量的改观。相比之下，医疗保健的消费翻了一倍多，从家庭支出的 9% 涨到了 22%，教育消费也翻了三番，从 1% 增加到 3%。两者质量还经常遭到人们的抱怨和感叹。成本不断上涨，质量不如人意，创新步履维艰。至于交通和住房，从广义上讲，属于市场供应的部分，如廉价航空公司、住房建设，都变得更便宜、更好了，而属于国家提供的部分，如基础设施和土地规划，却变得更昂贵、更缓慢了。

这样一来，初看上去，市场能更好地提供人们生活所需（它还比较擅长提供人们喜欢的东西，比如娱乐），但或许这样不够公平。医疗保健的成本上涨，是由新的治疗手段问世、人类预期寿命更长导致的。教育大概也存在类似的借口，但我暂时还不能确认它们。

再说了，医疗和教育必须由国家提供，这个事实是因为……好吧，到底是为什么呢？因为市场不愿意涉足？难说。因为市场会欺骗不了解情况的消费者？在衣服和食物上，它并没有这么做，至少手脚动得并不厉害。因为市场将只满足富人的需求？从食物和衣服的情况看来，并不是这样，医疗行业的历史状况也不是这样。过去，医生往往会从富裕的客户身上多收钱，贴补穷苦的客户。美国政客、前医生罗恩·保罗（Ron Paul）提出，在医疗补助和医疗保险出现以前，"每一位医生都知道，他对不幸的人承担着责任，免费治疗穷人是常态"。

取代利维坦

如果消费者能通过市场发挥主事权，而不是靠政府官员通过国家来指挥，医疗服务会不会变得更便宜、更好呢？为检验这一主张，我们手边有着活生生的反面例证，也即如果靠国家负责而非消费者负责，食物供应会变得更贵、更糟糕。"要是我们都听从华盛顿的指挥什么时候播种什么时候收获，很快，面包就会变成抢手货了。"托马斯·杰斐逊颇有先见之明地写道。在当年的苏联，从田间到餐桌，粮食都是垄断供应的。结果，粮食产量惨淡，经常出现短缺，质量糟糕得可怕，还得排队（或者靠特权）配给。而这正是过去几年里，主导着英国医疗保健大辩论的重点。在食品供应方面，消费者是更好的监管者，他们执行了更好的做法，降低了成本；在医疗保健服务方面，"天高皇帝远"，政府的问责制滞后或管辖不到，监管机构经常被生产方牵着鼻子走。

但最惊人的反面例证，来自历史上的互助会。正如社会科学家大卫·格林（David Green）指出的，19 世纪末到 20 世纪初，英国的互助会组织像野草般发展起来。到 1910 年，英国有 3/4 的体力工人都是互助会会员。互助会是小型地方性工会，代表会员从医生和医院那里购买医疗保险，磋商医护服务条件。做不好工作的医生直接遭到淘汰，因为他们直接对患者负责，今天就不一样了，他们对佣金和管理人员负责。竞争使得医生的薪资不会高得离谱，但待遇仍然优厚。因此，这成了一种大范围（尽管并非全民性质）的全国性医疗服务，发展非常迅速。而且，它为工人群众带去了宽慰，因为它保证会员能获得自己购买不起的昂贵治疗。它自发产生，有序发展，短短 15 年间，会员翻了一倍。这是社会主义，只是国家并未出场。毫无疑问，它本来能继续壮大发展的。

但互助会也有对头。商业保险公司，被组织成了一个名叫"联运"（Combine）的卡特尔[⊖]，认为互助会的竞争安排对自己造成了威胁，便使出了反对的手段。医生工会、英国医学会（British Medical Association）也属于反对派。用作家多米尼克·弗里斯比（Dominic Frisby）的话说："在互助会系统下，客户或者说患者，掌握控制权，而医生受制于此，（医学会）讨厌这种情况。"傲慢的医生不愿意被工会呼来喝去，更不喜欢

⊖ 卡特尔（cartel）是由一系列独立企业所构成的组织，相当于同业联盟，目的是垄断市场，以获取高额利润。——译者注

互相竞价。这些对手成功地游说财政大臣戴维·劳埃德·乔治（David Lloyd George）推出了"国民保险"系统，当然，这实际上不是什么"国民保险"，而是从薪资里就扣除的人头税。劳埃德·乔治利用税务收入把医生的最低工资翻了一倍，"卓有成效地"把财富从穷苦工人手里转移到了富裕的医生手里。由于医生的服务越来越贵，整个互助会系统立刻开始萎缩。到 1948 年，医疗行业收归国有，政府开始提供所有的医疗服务，交付时免费，并由政府里懂得最多的人替你做决定。

当然，国有制度下有好医生，互助会制度下同样有坏医生。自互助会时代以来，在科学和技术的推动下，医疗行业已经发生了翻天覆地的变化，但制度应该不断演变、创新，跟上工资的增长，鼓励新发现。我们永远无法知道 21 世纪的互助会医疗制度会是什么模样，但根据我们对市场驱动发展型系统的认识，它会以一种进步极其迅速的方式，迎合所有人的需求，尤其是穷人的需求。两者之间的区别，大概就像 1910 年的街边杂货铺和如今的超市。

最糟糕的是，英国国民医疗服务体系并未完全国有化。医疗服务的提供方是国有化的，并由委员会替你决定，但为你提供服务的工人、医生，则来自享受慷慨条件的私人承包商。和现代生活的许多领域一样，政府把成本分摊给社会，回报却落入私囊。封建君主收了土地税以后是这么干的，教会收了什一税以后是这么干的，海军船长为了拿奖金是这么干的，腐败的殖民地长官是这么干的，今天的播音员、艺术家、科学家、公务员和医生，也都是这么干的。他们的工资、预算或拨款，极度依赖国家。这是当代知识阶层的真实情况。

其中，许多人的收入来自私人执业，但也有让人咋舌的比例（银行家、律师、建筑师、环保人士等）直接来自奢侈的国库。我惊讶（也并不完全惊讶）地发现，各寻租职业占据了议会，要求大政府利维坦朝着它们开闸发钱，无论涉及的是监管法规、探求动向、裁断案件，还是修建发电站。商人是其中最恶劣的，说他们热爱演变的自由市场只是个神话；在实践中，他们追求的是立法机关施舍的特权和垄断。亚当·斯密说得一点也不错："同一行业的人很少碰面，即便是在消遣之余也是这样。在为数不多的交流中，他们也总是想着怎么赚钱，变着法子涨价。"

第 7 章

技术的演变

当时，由于黄金软，容易弯折，人们认为它没有用，而青铜则是有着崇高地位的金属。现在正好相反：青铜便宜，黄金贵重。

故此，万物兴衰有时：原来贵重的，最后落得一文不名；起初被人轻视的，却逐渐享得尊贵。

——卢克莱修
《物性论》第五卷，第 1272 ～ 1277 行

灯泡既可用来比喻发明创造，本身也是一项巧妙的发明创造。想想看，你必须先想出接通电流后让灯丝发亮（但又不燃烧）的点子来。接着你必须把它放进玻璃，接着泵出空气，造成局部真空。从任何角度来看，这都不是一个直截了当的设想。作为一项发明，它或许比其他任何点子都表现更好，危害更少。它为数十亿人带来了廉价的光明，照亮了黑夜，驱散了寒冷；它消除了蜡烛和煤油的烟火风险；它让更多的孩子接触到了教育。一如我在前一本书中所说，按平均工资来算，你只需要工作不到 1 秒钟，就可换到 1 个小时的人造光，而在煤油灯的时代，你要工作数分钟；在蜡烛的时代，你要工作几小时。当然了，刑讯逼供时也会用到电灯泡，但我们姑且还是保持正面态度，感谢托马斯·爱迪生的贡献吧。

　　假设说，托马斯·爱迪生还没想到灯泡的点子之前就触电身亡了，历史会完全不同吗？当然不会，会有其他人想出这个点子来的，而且的确也有其他人想出了这个点子。在英国，我们爱把纽卡斯尔的英雄约瑟夫·斯万（Joseph Swan）称为白炽灯泡的发明者，这可不是胡说八道。他展示了自己稍早于爱迪生的设计，两人还通过成立合资公司来解决争议。俄罗斯人则把发明灯泡的荣誉归于亚历山大·洛德金（Alexander Lodygin）。事实上，根据罗伯特·弗里德尔（Robert Friedel）、保罗·伊斯雷尔（Paul Israel）和伯纳德·芬恩（Bernard Finn）合著的发明史，有不少于 23 人在爱迪生之前发明出了某种形式的白炽灯泡。虽然许多人不以为然，但一旦电力成为常态，灯泡就不可避免地会发明出来。爱迪生当然是天才的发明家，但他并非不可取代。再举个例子，伊莱沙·格雷（Elisha Gray）和亚历山大·格雷厄姆·贝尔（Alexander Graham Bell）是在同一天申请的电话专利。就算其中一人在前往专利局的路上被马撞死，历史也基本上还是那个样子。

我想要提出的观点是，发明是一种演变现象。从前，人们教育我说，技术是那些像神一般的天才发明的，他们在偶然间冒出了改变世界的点子。蒸汽机、电灯、喷气发动机、原子弹、晶体管，它们的问世，是因为有斯蒂芬森、爱迪生、惠特尔、奥本海默和肖克利，他们是创造者。我们认为发明家改变了世界，向他们提供大量的奖金和专利。

但他们真的配得上这些荣誉吗？诚然，我对谢尔盖·布林的搜索引擎、史蒂夫·乔布斯的苹果电脑、婆罗摩笈多（经花拉子米和斐波那契转手）的"0"都心怀感恩，但我真的相信，如果这些人不曾出生，搜索引擎、好用的笔记本电脑和"0"的概念就不会出现吗？一如灯泡属于 19 世纪 70 年代的发明，搜索引擎属于 20 世纪 90 年代的发明。1996 年谷歌出现的时候，市面上其实已经有了许多搜索引擎：Archie、Veronica、Excite、Infoseek、Altavista、Galaxy、Webcrawler、Yahoo、Lycos、Looksmart，这还只是其中最有名的几种。或许，它们当时不如谷歌出色，但随着时间的推移，它们肯定会变得更好。

事实上，几乎所有的发明和发现都曾同时出自不同人之手，为此还使得竞争对手愤怒地互相指责，都说对方盗窃了知识产权。《电力时代》（*The Age of Electricity*）一书作者帕克・本杰明（Park Benjamin）指出，在电力时代之初，"任何一项重要的电力发明，都曾有一个人以上的人宣称是原创者"。

这种现象如此常见，它向我们表明了发明创造的必然性。凯文・凯利（Kevin Kelly）在《科技想要什么》（*What Technology Wants*）一书中说，我们知道温度计有 6 位不同的发明者，皮下注射针头有 3 位，疫苗有 4 位，小数有 4 位，电报有 5 位，摄影术有 4 位，对数有 3 位，蒸汽船有 5 位，电气铁路有 6 位。这要么是大规模的冗余，要么是强大的巧合。只要到了该来的时候，这些东西就必然会被发现或发明。历史学家阿尔弗雷德・克鲁伯（Alfred Kroeber）写道，发明史是"一根充斥着类似实例的无尽链条"。

不光技术如此，科学也是这样。英语国家的波义耳定律和法语国家的马略特定律是一回事。艾萨克・牛顿愤怒地痛斥戈特弗里德・莱布尼茨，因为后者说自己独立发明了微积分——莱布尼茨没说谎。听说阿尔弗雷德・华莱士有了跟自己相同的想法，查尔斯・达尔文受了刺激，终于发表了自己的理论。两人是在读了同一本书（马尔萨斯的《人口论》）之后产生灵感的。19 世纪 40 年代，英国的约翰・亚当斯（John Adams）和法国的奥本・勒维耶（Urbain Le Verrier）在媒体上激烈争论到底是谁发现了海王星，害得两国差点打仗，其实他们都发现了这颗星球。1979 年，伦敦、巴黎、新泽西和纽约的 4 家实验室，分别独立地发现了肿瘤抑制基因 p53（它若是受损，大多数癌症就会转为恶性）。

就连爱因斯坦也不是唯一的发现者。他于 1905 年整理为狭义相对论的设想，已经有其他人想到了，尤其是亨利·庞卡莱和亨德里克·洛伦兹（Hendrik Lorentz）。这无损爱因斯坦的天才。毫无疑问，他比其他任何人都更快、更深刻地得出了结论。但无法想象，在 20 世纪上半叶，没了爱因斯坦，相对论会长时间地无人发现；就如同无法想象，在 20 世纪下半叶，遗传密码会长时间地无人发现。直到今天，人们仍然为 1953 年双螺旋的发现感到困扰，认为太多荣誉落到了最初解开这一结构的两个人身上，而那些为获得这一洞见付出辛苦努力的人却遭到了忽视。弗朗西斯·克里克在阐述双螺旋结构时，这样提到搭档詹姆斯·沃森（James Watson）："要是詹姆斯被网球给砸死了，我有理由相信，我恐怕无法一个人解决这一结构。可谁又能呢？"候选人其实很多，如莫里斯·威尔金斯（Maurice Wilkins）、罗莎琳·富兰克林（Rosalind Franklin）、雷蒙·葛斯林（Raymond Gosling）、莱纳斯·鲍林（Linus Pauling）、斯文·弗伯格（Sven Furberg）等。双螺旋和遗传密码不会长时间保持神秘的。

遗传学之父孟德尔，是"多人同时发现"这一规律的有趣例外。19世纪 60 年代，他独立地分离出了明显不可再分割的遗传粒子（基因），尽管你可以举出一个叫托马斯·奈特（Thomas Knight）的人，早在几十年前，奈特就注意到紫花豌豆跟白花豌豆交叉育种，生成的后代主要是紫花豌豆。但有趣的是，孟德尔和奈特一样，都远远领先于时代。孟德尔的设想并未成熟，由于它既不符合预想，也不满足科学家的需求，所以遭到了忽视，更确切地说，是遭到了遗忘。然而，到了 35 年之后的 1900 年，3位不同的科学家同时偶然地提出了相同的遗传设想，经过一番斟酌后，把荣誉归给了孟德尔。这成了同时再发现的一个例子。我在这里想要指出的关键是，遗传学在 1900 年才做好了开始的准备，1865 年还太早了。一如你无法阻止某件事的发现，你或许也无须着急地催促它赶快到来。

如果你仍然认为许多科学发现同时提出的故事有着挥之不去的抄袭气味，不妨想想核链式反应的概念。有一个"四因子公式"，可以计算引起连锁反应所必要的临界质量。来自美国（有 3 支团队）、法国、德国和苏联的 6 支不同团队，在完全保密的条件下各自独立地发现了四因子公式。日本只差一点点，英国则为美国帮了忙。

不可抵挡的技术进步

同时做出发现和发明，意味着专利和诺贝尔奖从根本上就不够公平。事实上，诺贝尔奖很少不留下遗憾，让一长串投身伟大事业的人与奖项擦身而过。不光科学和技术是这样。凯文·凯利举出过许多例子，事关有着类似情节的电影、类似主题的书籍同时上市。他罗列了一长串跟《哈利·波特》系列小说主题大同小异而且 J. K. 罗琳从未读过的冷门书，语带讽刺地评论说："因为有大把的钞票围着《哈利·波特》转，我们发现，在这个时代的西方文化里，出现魔法师小男孩带着宠物猫头鹰到魔法学校就读、通过火车站进入异世界的故事，根本不可避免，虽然说这听起来有些奇怪。"

还有两种现象强调了技术进步势不可挡的必然性。首先是和生物学家所说的"趋同演变"等效的现象：不同的地方都出现了对特定问题的相同解决方案。古埃及人和古澳大利亚人未经商量，都发明了回旋镖。亚马孙和婆罗洲的狩猎采集部落都发明了可朝着猴子和鸟儿发射毒箭的吹箭枪。

尤其值得注意的是，两者都想到了一个违背直觉的点子：要想吹射准确，持箭筒的双手不能完全静止，而是要靠近面部，缓缓划圈。

技术发展必然性的另一条线索，来自进步是渐进的、不可逆转的，因此也就无法阻止。这方面最明显的例子是摩尔定律。1965 年，电脑专家戈登·摩尔（Gordon Moore）以时间为轴，绘制了硅片上"每集成功能元件"的数量图。他根据 5 个数据点做出推断，芯片上的晶体管数目，每隔一年半似乎就会翻倍。他咨询了朋友兼同事卡弗·米德（Carver Mead）。米德做了一些计算，试图找出这一发展趋势的极限。米德发现，晶体管的体积越来越小，不光让芯片变得更加密集，也使之更为高效。速度上升，功耗下降，系统的可靠性提高，成本下降，用摩尔的话来说，"把东西造得更小，其他的一切同步变得更好。几乎不需要进行权衡"。

诡异的是，计算机的进步几乎完全符合摩尔定律，偏差极小。摩尔本人认为，等每个晶体管的尺寸跌到直径 250 纳米时，就到极限了，但在 1997 年，晶体管越过了这一极点，尺寸继续快速缩小。这一被人成功预见到的了不起的规律性，应该怎么加以解释呢？你可能会说，这是一套自圆其说的预言，因为技术人员知道会有这样的进步，所以就保证按照这样的速度来加以实现。但这样一来，要是有企业家告诉员工，赶紧向前狠命地跳一步，一定能占尽先机吧？然而这种情况从未出现过。连在 2005 年都没法想象出 2015 年的计算机是什么样子，在 1965 年更是痴人说梦了。一如生物物种的演变，每一过渡性的中间步骤，都必然是可以存活的有机体。

但这无法阻止聪明人借助摩尔定律来指引未来。阿尔维·雷·史密斯

（Alvy Ray Smith，中文名为匠白光）和艾德文·卡特姆（Ed Catmull）成立皮克斯制作电脑动画电影的时候，曾两次将所有项目推迟，因为他们知道计算处理速度仍然速度太慢，成本太高。第二次尝试失败后，史密斯利用摩尔定律预测，要再等 5 年，电脑动画电影的主意才行得通，因为摩尔定律可重新阐述为"计算机每隔 5 年，就会出现数量级上的进步"。所以，5 年之后，迪士尼找皮克斯制作《玩具总动员》的时候，两人满口答应下来，而剩下的一切成了历史。

几年前，雷·库兹韦尔（Ray Kurzweil）有了一项惊人的发现：在硅芯片出现之前，计算机行业也服从着摩尔定律。他先是外推 20 世纪初的计算机（当时使用的是完全不同的技术）运算力，然而在一条对数曲线上画了一条直线。早在集成电路出现之前，机电式继电器、真空管和晶体管都顺着同样的轨迹在进步。换一种方式说，在长达一个世纪的时间里，你用 100 英镑可以购买的运算力，每隔两年翻一倍。如果说经过了技术变革，摩尔定律仍能站得住脚，那么就没有理由认为它会失效。就算芯片最终达到了微型化的极限，换一种技术之后，成本仍将直线下降。

计算机时代出现的规律，不光有摩尔定律。克莱德定律（Kryder's Law）提出，计算机硬盘的存储性能呈指数级增长，每年提升约 40%。库伯定律（Cooper's Law）发现，1895 年（也即马可尼第一次进行无线广播）以来，每 30 个月，可同时进行的无线通信数量翻一倍。这在很大程度上独立于摩尔定律。有些诡异的是，这些定律昂扬地穿越了动荡的 20 世纪上半叶，步伐丝毫不乱。我在《华尔街日报》的一篇文章中问道："大萧条没有放慢技术的进步，这怎么可能呢？二战大幅投入的技术经费，又为什么未能加速技术的进步呢？"

摩尔定律和它兄弟们怪异的规律性，似乎可以用"技术的进步靠它自己推动"来解释。每一种技术都是下一种技术的必经阶段。促成摩尔定律的一位科学家这样介绍自己扮演的角色："每一步，我们都不懈执行，看看它是否真的管用，接着我们获得了勇气、洞见，又掌握了工程知识，进而前进到下一步。"

事实上，从石器时代到如今，在地球上每一个角落，技术的故事都是这样：不管你考察什么地方，技术都从容地从一种工具过渡到下一种，很少蹦蹦跶跶，也很少偏离主线。一如凯利所说，顺序总是一致的，并在各大洲存在明显的相关性："刀始终出现在火的后面，人类墓葬始终出现在刀的后面，石拱先于焊接。"直到今天，一个国家不先在农业上成功，再在制造业上成功，就直接进入知识型经济，仍然非常困难。日本、韩国、印度、毛里求斯和巴西近年来都走的是这条路，英国、美国则在18～20世纪，以更悠闲的步子走完了这条路。

在某些方面，对这种路径的依赖非常明显。除非你已经发明了钢铁、水泥、电力和运算，理解核物理，否则开采铀矿没什么意义。和演变一样，科技会进入邻近可能性，这是进化生物学家斯图尔特·考夫曼（Stuart Kauffman）创造的一个说法。它不会远远地跃入未来。最近，我尝试想出几个远远落后于时代的发明例子，也就是说，本应该早早就出现而我们现在视为理所当然的东西（但要是在祖父那辈人就问世那就更好了）。出乎我的意料，居然很难举出来。回想起年轻时代，我背着沉重的背包前往火车站，我认为轮式手提箱是个好例子。1970年，伯纳德·沙度（Bernard Sadow）在机场看到搬运工用手推车推着行李袋，灵机一动，想出了轮式行李箱，并申请了专利。他的专利是用绳拖着4个轮子的箱子，有点像是牵着狗。很多行李箱厂家都拒绝认真对待这个创意。17 年过后（那已经是 1987 年了），航空公司的飞行员罗伯特·普拉斯（Robert Plath）想到了带可伸缩手柄的两轮背包。这两种东西，本来应该出现得早得多吧？老实说，我拿不准。1970 年之前，机场的规模很小，你可以一直开着车进入机场，登机换票口很近，火车站则有搬运工和轮式推车，既然如此，为什么要多此一举地给行李箱里头安上轮子（而且轮子还必须是沉重的金属制成）？回想起来，塑料和铝制承载车轮首次能应用于实际，说不定就是在 1970 年前后。事实上，很少有来得太迟的发明。它们总是在自己出现最合情合理的那个历史瞬间出现。1982年，第一台笔记本电脑问世，那时候，计算机总算小到不会沉得砸碎你的膝盖了。

大海塑造了船只

凯文·凯利于 2010 年出版的《科技想要什么》，并不是近年来唯一一本从演变角度介绍技术的书。2009 年，圣菲研究所的布莱恩·阿瑟（Brian Arthur）出版了《技术的本质：技术是什么，它是如何进化的》（*The Nature of Technology*: *What it is and How it Evolves*），并在其中总结道："新技术的出现，来自现有技术的结合，故此，现有技术带来了下一步的技术……我们可以说，技术是自己创造自己的。"通过技术进步，有益的技术不断累积，他清晰地看到了达尔文的主题。2010 年，我在《理性乐观派》中也提出了类似的观点。性行为带来的基因重组，产生了生物学上的新颖性；贸易带来的概念重组，产生了技术上的新颖性。我请读者注意这两者之间的相似之处："思想之间的杂交"解释了为什么创新往往出现在热衷于自由贸易的开放社会。同年，史蒂文·伯林·约翰逊（Steven Berlin Johnson）出版了《伟大创意的诞生：创新自然史》（*Where Good Ideas Come From: The Natural History of Innovation*），提出技术就像生物演变一样，"渐进而不屈不挠地探索邻近的可能性，而每一次的创新，都开拓了可供探索的新道路"。2011 年，经济学作家蒂姆·哈福德（Tim Harford）在《试错力》（*Adapt: Why Success Always Starts With Failure*）中指出："试错，是解决复杂世界中问题的一种强力进程，专业的领导却不然。"一如智慧设计论无法解释演变，它也无法解释社会。

要么，是我们 5 位作者互相抄袭，要么，是在 21 世纪第一个 10 年的尾声，我们同时发现技术的故事跟演变有着极大的相似之处。这个设想成熟了。当然，我们并非第一批分辨"机器中的达尔文现象"（Darwin among the machines）的学者，这是 1863 年塞缪尔·巴特勒（Samuel Butler）一篇文章的题目。没过多久，人类学家奥古斯·皮特–里弗斯（Augustus Pitt-Rivers）绘制出了原始武器族谱，展示了代代改良的血统，这是演变的判定特征。

这些蛛丝马迹的浮现，对伟大的发明创造观（也即天才在偶然中灵机一动，创造了历史）第一次提出了挑战。相反，技术不屈不挠的渐进发展观开始成形。20 世纪 20 年代，美国社会学家科拉姆·吉尔菲兰（Colum Gilfillan）跟踪了船只从独木舟变成蒸汽轮船的"血统"，提出"发明凭空而出"的故事掩盖了技术的渐进式发展，一旦迈出了前一步，其后的每一步都有其必然性。1922 年，威廉·奥格本（William Ogburn）提出了"发明自然出现"的成熟理论，认为"可供发明的素材越多，发明的数量越多"。经济学家约瑟夫·熊彼特和弗里德里希·哈耶克都从经济学中看到了明确的达尔文模式：在经济系统中，观念进行重组，趋势自发出现，不能强加于人。1988 年，乔治·巴萨拉（George Basalla）在《科技的演变》（*The Evolution of Technology*）一书中，强调前后相继的创新存在连续性。他指出，伊莱·惠特尼（Eli Whitney）的轧棉机不是无中生有变出来的，而是改进自本已在使用的印度辊轧棉机。巴萨拉总结说，在技术史上，螺旋发动机被涡轮喷气发动机取代，真空二极管被晶体管取代，看似是不相关的跳跃，实则是一种误导。涡轮喷气发动机和晶体管背后都有着漫长而渐进的历史，只不过它们起初用在其他地方：前者用在涡轮机上，后者用在晶体无线电接收器上。为强调连续性，他指出，从运作机制和设计来看，最初的汽车，就像是带发动机的四轮自行车。

1908 年，哲学家阿兰（Alam，真名埃米尔·沙尔捷）对技术提出了最漂亮的演变见解。他这样描写渔船：

> *每艘船都复制自另一条船……让我们用达尔文的方式推理如下。很明显，制造得非常糟糕的船，出航一两次之后就沉底了，故此不会被复制……那么就可以说，是大海本身，用它彻底的严谨性，选择了功能上适应的船只，摧毁了不适应者，从而塑造了船只。*

大海塑造了船只。正是 21 世纪这种激进的技术演变设想新浪潮，把世界闹了个天翻地覆。

基本上，市场也适用这一描述。事实上，1954 年，一如彼得·德鲁克在商业经典《管理的实践》[⊖]中所写，客户以大致相同的方式塑造了公

　⊖　本书中文版已由机械工业出版社出版。——译者注

司："客户决定了企业是什么。因为正是客户，也只有客户，通过购买商品或服务的意愿，把经济资源转化成了财富，把东西变成了商品。"

技术与生物之间的相似性并不仅仅局限于两者都有着改良的血统，两者都通过试错来演变。生物和技术都可概括为信息系统。正如人体是 DNA 内置信息的表达，"信息"的非随机排列，也就是"信息"的表达（与熵相对）；蒸汽发动机、灯泡或软件包，同样是有序的信息片段。从这个意义上说，技术是生物演变的外延，对随机的世界施加了信息秩序。

此外，越来越多的技术形成了类似生物实体的自主性（自主性是迄今为止生物的特点）。布莱恩·阿瑟认为，技术在摄取、发散能量维持自身的同时，可以自组织，实际上能够复制繁殖，还能对环境做出响应和适应，故此，有资格说它是活的生物体，至少，如果珊瑚礁可视为有生命者，技术亦然。当然，它离不开动物（人）的建立和维护，但珊瑚礁也一样。再说了，谁知道呢，说不定有一天技术就不再需要人，能够自我建立和维持了。在凯文·凯利看来，"技术元素"（technium，凯利用它来称呼构成人类社会集体机器的演变生物体）本来就是"一种极为复杂的生物体，经常按照自身冲动行事"。它"想要的东西，和所有活体系统想要的一样，是自身的延续"。到 2010 年，互联网的超链接数已经和大脑突触差不多了，而互联网内部进行的窃窃私语，也有极大的比例来自设备（而非人）之间。想要关掉互联网，基本上已经不可能了。

如果技术元素真的存在自己的演变势头，那么新技术的开发就应当鼓励技术演变，而非设计新产品。20 世纪 40 年代，飞机制造商洛克希德想到了这个主意，成立了所谓的臭鼬工厂实验室，近乎随机地把玩各种新设计。U-2、黑鸟侦察机和隐形轰炸机就诞生在臭鼬工厂。同样，谷歌也把自己变成了一家试错的公司，鼓励员工把 20% 的时间用于自己的项目。几年前，跨国公司宝洁放弃了保密的专利研发思路，转而尝试 "开放式创新"，打算跟创作者合作，从公司外面引入点子。这一项目叫作 "连接与开发"，按宝洁的说法，它如今正在结出果实。例如，它和辛辛那提大学等合作伙伴成立了 "舒适生活合作社"，集思广益，了解怎样设计产品满足老年人的需要。这一项目已经孵化出了 20 多种产品。

把技术视为一种演变中的自主实体，不断进步，这种新的观点有着惊人的含义。在这个过程中，人不过是颗走卒。是创新的浪潮将我们携卷而走，而不是我们推动创新的浪潮。技术自然会找到发明它的人，而不是反过来。除非人口减少一半，否则我们几乎无法阻止技术的进步，即便少掉一半的人口，说不定也无法达到预期效果。事实上，对技术下禁令的历史很有启发意义。中国明代曾禁止使用大型船舶，日本幕府曾禁止使用枪械，中世纪的意大利曾禁止绢纺，20 世纪 20 年代的美国禁过酒。这样的禁令可能会持续很长一段时间，但只要存在竞争，它们最终还是得走向尽头。与此同时，在世界其他地方，这些技术不断发展。

今天，我们无法想象软件开发会陷入停滞。不管联合国多么强烈地要禁止软件开发，在世界的某个地方，总有一个国家会为程序员提供庇护（当然，这是个假设的例子）。（光是联合国禁止这一点就够荒谬的了，这恰好符合我的论点。）禁止开发大规模应用的技术比较容易，因为这类技术需要巨额投资和国家监管。举例来说，欧洲已经相当成功地打着预防的名义，维持了 20 年事实上的转基因禁令；它好像也准备对页岩气这么做，主要是因为 "水力压裂" 这个名字不太好听。但即使如此，在全球范围内禁止这些技术也是没指望的。转基因和水力压裂法在别的地方蓬勃发展，前者降低了农药的使用，后者减少了二氧化碳的排放量。

此外，如果无法阻止技术，或许也无法让技术改变方向。用凯利的话来说："技术元素想要的是如同演变所开创的局面。"技术变革是一个远超我们想象的自然现象。发明家英勇的革命故事出局了，取而代之的是创新势不可挡的无情渐进。

对专利的怀疑态度

不必惊讶，我既然支持创新的渐进、必然和集体性，显然就不是专利法和版权法的拥趸。它们给个人太多的荣誉和奖励了，认为技术是靠天才来推动的。说它们在鼓励西方社会创造力中扮演了至关重要的角色，我不相信。没有版权保护，莎士比亚仍然写出了数量惊人的剧本：戏剧上演没几个星期，观众誊录下的廉价抄本就在全伦敦兜售了。

请记住，专利的最初设想，不是为了用垄断利润奖励发明人，而是为了鼓励他们分享发明。为了实现这一点，一定量度的知识产权法是必要的，但如今的它已经走得太远了。

如今的大多数专利不光捍卫了垄断，遏制了竞争对手，妨碍了思想的分享，还阻碍了创新。许多公司把专利作为准入壁垒，起诉突然出现的创新新贵逾越、绕过自己的知识产权以实现某个目标。一战之前的岁月，飞机制造商竞相用专利诉讼捆绑住彼此的手脚，延缓了创新，直到美国政府插手。在今天的智能手机和生物技术领域，也出现了大致相同的状况。要想根据现有技术开发新技术，新进入者必须穿越"专利荆棘"。（我这儿就算违反版权了：最后的四句话取自我为《华尔街日报》撰写的一篇文章。）

我们不太清楚专利应该怎样应对同时提出的科学发现。如我指出，平行发明是规律，而非例外，可专利法院却坚持认为，只有某个地方的某个人才享有优先权和利润。经济学家亚历克斯·塔巴罗克（Alex Tabarrok）绘制了一幅凸形曲线图，说明少量的知识产权比完全没有好，但知识产权太多的话就变成了坏事。他认为，美国专利法远远超出了最佳点。他在 2011 年出版的《启动创新文艺复兴》（*Launching the Innovation Renaissance*）一书中提出，在实践中，模仿往往比创新更为昂贵。因此，英特尔并不需要使用知识产权保护，因为模仿者的学习曲线太陡峭了。哪怕你在 20 世纪 90 年代末免费复制了谷歌的搜索引擎，等到你自己解决了所有谷歌已经解决的无形障碍之后，你也已经落后了好几年。

抄袭并不便宜

如上所述，抄袭并不比原创更便宜的主要原因在于"隐性知识"。实业家为实现结果所使用的大多数小花招和捷径都还留在他们自己的脑袋里。就算是最清晰的论文或专利申请文书，也无法做出足够详尽的说明，帮助后来者跟着你的步伐穿越重重迷宫。有人对激光器做了研究发现，蓝图和书面报告不足以帮助他人复制激光器的设计，你必须去找亲手做出它来的人谈谈。哈耶克提出了这一观点，他说："我们必然要利用的背景知识，从不以浓缩或综合的形式存在，而是零星地散落在不同的人手里，它们不完整，而且经常互相矛盾。"卡尔·波兰尼（Karl Polanyi）说得更简洁："我们所知的，比能说出来的更多。"宾夕法尼亚大学的埃德温·曼斯菲尔德（Edwin Mansfield）研究了 20 世纪 70 年代新英格兰地区 48 种化工、医药、电子和机械产品的开发，发现抄袭所用的金钱成本，是发明该产品的 65%，时间成本则为 70%。这还只是针对掌握了专业技术的专家，从头抄袭花费更多。商业公司开展基础研究，因为它们知道，这能促使自己掌握隐性知识，实现创新。

抄袭代价高这一规则最明显的例外是制药，仿制药（非专利药）显然比创新更便宜。这主要是政府安全监督带来的结果。国家要求新药通过大量临床试验证明自己无害且有效，这本身并没有什么不合理的地方，但这样一来，为了让药品上市，就得花费数十亿美元。坦白地说，既然是政府要制药公司破费这么大的数目，等新药得到许可，政府就只好授予制药公司一定的垄断权利。不过，即便如此，也有足够的证据表明，大型制药公司把大部分的垄断收益都花到了营销上，而不是新药开发上。

科学是技术之女

政治家认为，创新可以像水龙头那样打开、关上。你瞧，它始于纯科学的见解，接着转换到应用科学领域，再接着成为可用的技术。所以，作为爱国的立法者，你必须保证向象牙塔里最高层的科学家提供资金。看好了，技术会从塔底的管子里稀里哗啦地喷出来。

科学推动创新和繁荣的这种"线性模型"可直接追溯到詹姆斯一世时期的大法官弗兰西斯·培根，他敦促英格兰在科学应用方面赶上葡萄牙人，促进科学发现和商业获利。据说，15 世纪，在葡萄牙的萨格雷斯半岛上，航海家亨利亲王曾经下重金在自己的别墅里修建了一所学校，培养地图绘制、航海和领航技能，从而带来了对非洲的探索，并从商贸中获得了巨大利益。培根希望重现这样的局面。

　　如果最初没能发现航海针的用处，就永远不会发现西印度群岛……良好的政府能做的最有价值的事情，莫过于用硕果累累的理性知识向世界提供更多的馈赠。

　　然而，最近有学者揭穿了这个故事，认为它要么是神话，要么出自亨利王子的自吹自擂。和大多数创新一样，葡萄牙的航海进步来自水手的试错，并不靠天文学家和制图师的猜测臆想。就算两者之间真有什么联系，也是探险家的需求推动了科学家，而不是反过来。

　　由生物化学家转为经济学家的特伦斯·基莱（Terence Kealey）希望通过讲述这个故事来阐明自己的看法：在科学和政治界十分普遍的线性教条（科学推动创新，创新推动商业）基本上是错误的。它误解了创新出现的源头。事实上，它把关系给弄反了。审视创新的历史，你会一次又一次地发现，科学突破是技术变革的结果，而非原因。地理大探索时代到来后，天文学蓬勃发展并非偶然。

　　蒸汽机几乎没有借助任何来自热力学的帮助，但热力学大大亏欠了蒸汽机。19 世纪末到 20 世纪初化学的大发展，是受了染料制造商需求的推动。DNA 结构的发现，在很大程度上依赖于生物分子的 X 射线晶体学，这是毛纺行业开发出的一种改善纺织品的技术。

　　一个又一个的例子都属于这种情况。纺织行业的机械化在工业革命中居于核心地位，在历史上，珍妮纺纱机、锭机、骡机、飞梭和纺织厂可视为兰开夏郡及约克郡的产业里程碑，是它们使英国突然实现了富裕，获得了力量。然而，在推动这些变化的熟练工和企业家当中，你找不到科学的蛛丝马迹。20世纪的移动电话领域基本上也是一样。为手机革命做出重大贡献的人士，几乎没有谁是来自大学的。在这两个例子中，技术进步都来自实干家，他们修修补补，直到制造出更好的机器。他们才不会陷入哲学的沉思里。

纳西姆·塔勒布坚持认为，不管是13世纪建筑师修建大教堂采用的方法，还是现代运算的发展，技术的故事始终是经验法则的故事，是学徒、偶然发现、试错、修修补补带来了知识，这就是法国人所谓的"拼凑"（bricolage）。

技术来源于技术的例子，远远多于来源于科学的例子，而科学也来源于技术。当然，科学有可能时不时地回馈技术。比如，没有分子生物学，就不可能发展出生物技术。但培根模式及其从科学到技术、从哲学到实践的单向流动，都是无稽之谈。相反的流动势头要强大得多：新技术为学术界带来了更多可供研究的东西。

举个例子：近几年出现了一种流行的看法，认为引发了页岩气革命的水力压裂技术，可能起源于政府资助的研究，再由政府将它一揽子地交给了产业界。加利福尼亚州突破研究所（California's Breakthrough Institute）的一份报告指出，联邦桑迪亚国家实验室开发出了微地震成像，这是"石油钻探者进行导航及定位钻孔时不可或缺的工具"。这一技术又使米切尔能源开发公司的工程师尼克·斯坦因斯伯格（Nick Steinsberger）开发出了名为"水减阻压裂法"的技术。

我想知道这是不是真实情况，就找水力压裂技术的主要开拓者之一克里斯·赖特（Chris Wright）谈了谈。20世纪90年代末，赖特的品尼高技术公司（Pinnacle Technologies）改造了压裂法，在得克萨斯州沃斯堡附近的巴尼特页岩打开了庞大的天然气资源。使用压裂法的是乔治・米切尔（George Mitchell），长久以来，他都着迷于开采出巴尼特页岩里的天然气。但品尼高的做法是换下浓稠的凝胶，使用润滑的水，施加恰到好处的压力，用砂撑开多级压裂的裂痕。事实证明，这是一种有着革命意义的技术。米切尔公司的斯坦因斯伯格，是因为看到了赖特所做的讲演，才着手尝试水减阻压裂法，但品尼高的点子又是哪儿来的呢？赖特聘请了桑迪亚国家实验室的诺姆・瓦平斯基（Norm Wapinski）。又是什么人资助了瓦平斯基在桑迪亚国家实验室的项目呢？是天然气研究所（Gas Research Institute），这是一家完全由私人资助的天然气产业研究联盟，其资金来自州际天然气管道的志愿征收款。所以，联邦唯一涉及的环节就是提供了研究的场所。赖特评论说："如果我没从桑迪亚国家实验室聘请瓦平斯基，就跟政府没什么关系了。"这仅仅是个开始。水减阻压裂法仍然用了很多年的时间，投入了大笔的金钱才结出果实，成为可用的技术。大多数的投入都来自产业。等赖特开始从难题中找到了突破口，政府实验室就顺着他打开的大门摸索了一条小路，向他提供服务和公共资金，进一步改善压裂法，研究裂纹怎样在地表之下 1 英里⊖的岩层中传播扩散。他们跟上了车队，随着技术在产业中的发展，找到了一些可供研究的东西，理应如此。但政府并非源头。

亚当・斯密观察了 18 世纪苏格兰的工厂，在《国富论》中说："绝大部分的机器在制造业找到了用途……它们最初也是普通工人的发明。"许多改进也来自"机器制造者的聪明才智"。斯密提出，就连在哲学上，大学也并非进步的源头。我对自己在学术象牙塔里的朋友感到很抱歉，我非

⊖　1 英里 = 1609.344 米。

常珍视他们的工作，但我还是要说：如果你们把自己想成了大多数实用创新的源头，那就大错特错了。

科学曾是私人事业

由此可见，其实并不怎么需要政府资助科学，产业本身就会去做。如果实现了创新，研究背后的原理就会带来回报，一如微地震成像和水减阻压裂法的例子。蒸汽机发明出来了，研究热力学就能带来回报。特伦斯·基莱的这个结论太过异端，大多数的经济学家和科学家都无法理解。数十年来，学者都尊奉这一信条：如果政府不出手，科学就得不到资助；如果科学得不到纳税人的资金，就不会实现经济发展。这个公认的智慧流传了半个多世纪。1957年，经济学家罗伯特·索洛证明技术创新是经济增长的源泉——至少，在领土没有扩张、人口没有增长的社会是如此。他的经济学家同行理查德·纳尔逊（Richard Nelson）和肯尼斯·阿罗（Kenneth Arrow），在1959年及1962年分别解释说，政府对科学的资助大有必要，因为抄袭别人比进行原创研究更廉价。故此，科学是公益事业，是服务，就像灯塔的光一样，必须由公共资金资助，因为没有人会免费资助。没有私人会资助基础科学，因为竞争对手也能免费得到来自基础科学的洞见。

"纳尔逊和阿罗的论文存在的问题是，"基莱写道，"他们太过理论化了，而且，就算只从他们经济学家的窠臼往外看，爱挑刺儿的人也能发现，在现实世界，私人资助研究的情况时有发生。"基莱认为，并没有经验证据证明研究必须要公共资金支持，从历史上看，情况恰恰相反。19

世纪末到 20 世纪初，英美两国凭借微不足道的公共资金，做出了巨大的科学贡献，德国和法国划拨了庞大的公共资金，但是在科学或经济领域也并未做出更大的成绩。"政府在科学上投资最少的工业化国家，经济表现反而最优秀，"基莱说，"并且在科学上做得也并不差。"

对大多数人来说，支持用公共资金资助科学的论点，来自一长串用公共资金取得的科学发现，如互联网（美国国防科学）、希格斯玻色子（位于瑞士的欧洲核子研究中心粒子物理学），但这存在很大的误导性。考虑到政府已经为科学慷慨解囊了，如果什么也没发现反倒会是件怪事。换一种安排会是什么样（也即政府不提供资金），我们一无所知，而且我们永远无法知道哪些发现未能问世，因为政府的科学资金不可避免地会挤掉大量来自慈善或商业机构的资金，后两者或许会有不同的优先着眼点。

二战结束后，英国和美国改变了方向，开始大手笔地资助科研工作。随着战争科学的成功，以及苏联资助的人造卫星上天，国家资助似乎造就了显而易见的差异。真正的教训其实应该反过来，人造卫星上天在很大程度上受益于罗伯特·戈达德（Robert Goddard）的工作，而他是受古根海姆家族资助的。只可惜，英美两国这一轮科学资助热潮，并没有带来增长的红利。它们的经济增长速度，再也不曾快过从前。

2003 年，国际经济合作与发展组织（以下简称"经合组织"）发表了论文，论述 1971 ～ 1998 年"经合组织国家及地区的经济增长源头"，惊讶地发现，私人资助的研发工作刺激经济增长，而公共资助的研究却没有产生任何经济影响，一点儿也没有。这一翻天覆地的结论，从未遭到过质疑，也无人驳斥。然而，它给"科学需要公共资金"的观点带来了极大的不便，于是活生生地被无视了。

2007 年，经济分析局的利奥·斯维克斯卡斯（Leo Sveikauskas）得出结论，公共资助研发的多种形式，回报都几近于零，"大学和政府研究的许多要素，回报率也很低，对经济增长的促进作用绝大多数都是间接的，甚至完全没有作用"。美利坚大学的沃尔特·帕克（Walter Park）认为，这种差异的解释是，公共研究资金肯定会挤掉私人资金。也就是说，如果政府在错误的科学上花了钱，往往会阻止人们在正确的科学上工作。但考虑到政府要抽取超过 1/3 的 GDP 并花到某些事情上，如果这些钱一点儿不投到科学当中也是十分遗憾的，毕竟，科学是我们文化的伟大胜利之一。

故此，创新是一种自然产生的现象。迄今为止，为促进它发展的政策（专利、奖金、政府的科学资金）有时候或许能帮上忙，但整体而言难以预测。只要条件合适，新技术将带着自己的节奏，自然而然地在条件适宜的地方和时间产生。让人们自由地交流思想和灵感吧，创新会主动跟上，科学见解也将紧随其后。

第 8 章

思想的演变

那么，听好了。为了让你充分理解思想和脆
弱的灵魂有生有灭，
我花了很长时间搜罗恰当的字眼，
孕育爱意，
为你写出这值得你生命呼唤的诗篇。但这么
做对我同样有好处，
把这两个概念用同一个名字约束起来，
比方说，我说到精神，说它也会消亡，
要理解，我同样是在指思想，
两者的结合，就是灵魂。

——卢克莱修
《物性论》第三卷，第 417 ~ 425 行喜剧演员埃莫·菲利普（Emo Philips）曾开玩笑说，他曾以为，大脑是他身体里最迷人的器官，直到他察觉到这是谁告诉自己的。这是一个切中了"自我"（也即心灵、思想、意志或灵魂）荒谬性的笑话。从真实存在的角度来讲，它们都是身体的表现，而非独立于身体。但我们说起自我，总当它是真正存在的，就像机器里有幽灵。或者，用哲学家盖伦·斯特劳森（Galen Strawson）的说法，就如同我们身体的躯壳里有一颗意志的明珠。颅骨内灰色稠粥的深处存在一块统一的自我，这个概念显然只是一种强大的错觉。而且，一旦你接受自我是一种身体现象，那么，很明显，说自我主导身体，就如同说蒸汽主导水壶。自我是思想的结果，而不是原因。如果认识的方向反了过来，无异于给非物质的精神安上了神奇的化身。

要把人从"蓄意思想"当中解放出来，必须大费周章，尤其是在17世纪的法国哲学家笛卡儿为此提出了肤浅的合理正当性之后。笛卡儿虽然经常被人描绘成彻底的二元论者，可惜他并不是。但不管怎么说，他已经成了二元论概念的代言人：我们的有形躯体中存在无形的灵魂，不受物理世界的定律约束。他认为，松果体就是两者连接的地方。这是好几个世纪对思想的主流认识，而且，时至今日，它仍然有好几种存在形式。我们大多数人还是惬意地觉得，我们脑袋里仿佛有个"小人儿"，坐在"笛卡儿剧场"（以笛卡儿为名）的前排，观看着我们眼前上演的一出出剧目。电影《黑衣人》有一幕，琳达·费奥伦蒂诺（Linda Fiorentino）扮演的角色就在一具显然是属于人类的尸体里，发现了这样一个外星"小人儿"，坐在头部的控制室。

然而，有一段时间，笛卡儿和他同时代另一位相当年轻的荷兰哲学家同遭流放，后者是葡萄牙的犹太后裔，对思想持有更为激进、更开明和演变的观点。巴鲁赫·斯宾诺莎（Baruch Spinoza）以异端邪说罪名遭到迫害和流放，却以不可思议的准确性，预见了现代神经科学的结论。斯宾诺莎反驳笛卡儿，主张物质和心灵之间是彻底平等的，弗朗西斯·克里克日后称之为"惊人的假说"。用斯宾诺莎的话来说："思维实质（心灵）和扩展实质（物质）是同一种实质，要把它们放在这一特点下去理解。"

严格地说，斯宾诺莎并不是唯物主义者，因为他认为物理事件有着心理原因，反之亦然。不过，他认为自由意志，至少有一部分是错觉。他说，我们都夸耀自己拥有作为人的自由，"实际上，它仅仅意味着人意识到了自己的欲望，却忽视了决定欲望的原因"。在这个意义上，我们不能掌控自己的生活，就像山顶滚下的石头不能掌控自己的运动一样。

异端

今天，人们普遍相信，上述观点足以让斯宾诺莎被以异端身份逐出教门了，因为他对灵魂的存在提出了怀疑。其实，我们并不真正清楚斯宾诺莎为什么会在 1656 年年仅 24 岁的时候，就被他所在的阿姆斯特丹犹太教会视为异端，逐出教门，他当时什么东西也没有发表；但很可能，是因为他质疑《圣经》的准确性，或者暗示上帝也是大自然的一部分。正是这些异端观点，导致斯宾诺莎遭到了和卢克莱修同样的压制，甚至在死后也长久受诋毁，从而使得他对思想和自由意志的科学见解遗散人间。

斯宾诺莎的《伦理学》在他去世后的 1677 年出版，引起了公愤，遭到了犹太教徒、天主教徒、加尔文教徒和国王大公们的一致反对。就连在荷兰，这本书也被禁，抄本被收缴。整整一个世纪，只有私人图书馆里偷偷保存着仅有的抄本。引用斯宾诺莎文字的唯一合法方式就是批判它们。1748 年，孟德斯鸠在《论法的精神》里没这么做，只是单纯地引用了斯宾诺莎的文字，结果遭到批斗，强迫他公开认错以挽救自己的声誉。孟德斯鸠的作品在日内瓦匿名出版，这足以证明，哪怕在路易十四死后很久，法国天主教的知识分子仍旧毫不宽容。狄德罗和让·达朗贝尔（Jean d'Alembert）的《百科全书》用了五倍于约翰·洛克的篇幅来介绍斯宾诺莎，为了掩盖其异端观点，对他丝毫未表赞许。就连伏尔泰也用反犹主义的嘲弄口吻贬低斯宾诺莎，不同寻常地做了一回从众的羊。所以，在很长一段时间里，斯宾诺莎引燃启蒙运动的功劳，未能得到应有的荣誉。

斯宾诺莎不光认为思想是身体情绪和冲动的产物，还指出，就连受冲动驱使的人，也认为自己有着行动的自由：

婴儿相信，他自由地渴望牛奶；愤怒的孩子认为，他自由地渴望复仇；胆小的孩子认为，他自由地渴望逃跑。同样，喝醉酒的人认为，他自由地决定说出心里的想法，可事后，他清醒过来，却宁肯什么也没说过。于是，疯癫的、嘴碎的、有这样那样毛病的人，也都认为，自己的行动来自自由的决定，他们并非被冲动冲昏了头脑。

酒鬼解释自己的失言，说那是酒后的狂妄，但清醒的人则可以同样轻松地说，没了酒（并且靠着他父母、社会和理性算计的影响），他就不会选择侮辱自己的朋友。用安东尼·达马西奥（Anthony Damasio）的话说："思想，为身体而存在，参与讲述身体各种各样的故事并运用它的讲述来优化生物体的生命。"

寻找"小人儿"

不管你怎样搜寻，在人体的大脑里你都找不到思想，或者说，在心脏里也找不到心灵。你只能找到额叶、结节、细胞和突触，它们各不相同，并行运作，互相对话。那么，意识的统一到底来自什么地方呢？

就在这个瞬间，我冒出了一个想法，做了一件事，看到了某个场面，可在无穷无尽的可能性当中，到底是谁决定我应该做什么呢？是存在某种形式的竞争吗？我并不觉得是数十亿细胞达成了民主的共识，我只感觉有一个"我"。

而且我感觉"我"才是说了算的人，我能够决定此刻要想什么、不想什么，要做什么、不做什么。我拥有自由意志（这个定义来自约翰·希尔勒），我的意思是说，我可以不做事实上做的这件事，而去做其他的事情。而且，我本来能够做的其他事情，既不是前述力量的产物，也不是原子层面上的随机量子偏离（swerve）的结果。正如决定论里似乎没有令人满意的自由意志，随机性里同样没有。

神经学家迈克尔·加扎尼加（Michael Gazzaniga）认为，哪怕是最顽固的决定论者，其实也并不相信自己是大脑棋盘里的一颗走卒。然而，毋庸置疑的地方在于，意识自我是一种构造，是原本丰富的体验经统一后所讲述出来的故事。心理学家和哲学家尼克·汉弗莱（Nick Humphrey）称意识是"你自己脑袋里为自己演出的魔术秀"。视错觉现象揭示出这是一种创造或生产，也即大脑对其所见的阐释超出了现实。加扎尼加做了一个简单的示范，说明为什么意识是事后编出来的即兴故事。用手指触摸你的鼻子，你会体验到鼻子和手指同时出现触感。然而，神经认知必然是在不同的时间到达大脑的：神经冲动的传播速度一样，而指头离大脑有 3 英尺⊖远，鼻子离大脑只有 3 英寸⊜远。大脑要等到两个信号都到达以后，才将之整合成单一体验，传递给意识。

大脑的研究并未找到存放自我（或意识、意志）的器官或结构，永远找不到，因为这些现象散布在不同的神经元当中，就像怎样制造一支铅笔的计划，散布在市场经济体的不同参与者当中。心理学家布鲁斯·胡德（Bruce Hood）在《自我幻觉》（*The Self Illusion*）一书中说，自我"从大脑的不同处理流程里产生，就像交响乐队演奏出了交响曲"。如果要人们闭上眼睛，从脑袋的侧面或前方指出自我认知的起源之处，他们一般会选择两眼中间、眉骨往下 1/3 的某个点。必须说，这个位置离笛卡儿认为至关重要的松果体不远。不过，打开大脑看看在这个位置，你找不到什么不

⊖ 1 英尺 = 0.3048 米。——译者注
⊜ 1 英寸 = 0.0254 米。——译者注

同寻常的东西（松果体并不特殊，只是激素补给站罢了）。同样地，如果有外星人想要寻找美国经济的神圣核心，大概也只能在荒郊野外找到某座互联网服务器中心罢了。

惊人的假说

那么，唯一的结论就是，弗朗西斯·克里克提出的"惊人的假说"是对的，也即"一个人的精神活动，完全来自神经细胞、神经胶质细胞、原子、离子和分子的行为，它们构成了精神活动，也影响着精神活动"。他称这个想法惊人，是要让人们注意到，哪怕是在 20 世纪 80 年代，拒绝笛卡儿的二元论仍然是那么不合时宜。然而，克里克的宏大目标，是要找到意识的源头。要知道，他和詹姆斯·沃森曾找到 DNA 的自我复制代码，偶然撞破了生命的秘密。他渴望着揭示到底是哪些大脑结构表现出了意识现象（与无意识、感知相对）。比方说，你看到一种乍看是这样，再看又是那样的光学错觉（比如内克尔立方体），这种认知的翻转，必然是发生了神经变化。那么，这种神经变化来自什么地方呢？

克里克没有找到答案。2004 年，他正在校对一篇论述屏状核的论文，这是大脑组织里连接最为密集的一个片状结构，难以对其开展至关重要的实验，但或许他仍然在从过于自上而下的角度思考问题。或许，意识疏离地散布在各个已发现或尚未发现的神经元之间。早前，克里克注意到，一位大脑布罗德曼 24 分区（靠近前扣带沟）受损的患者变得沉默寡言，因为她没有了沟通的动力。还有一种问题，叫作"异己手综合征"（一只手似乎有了生命），也与相同的大脑部位相关，所以，意志的部分源头或许就在这里。诚然，"丧志"或者说缺乏动力，跟这部分大脑受损相关。但哪怕这确实是动机所处的位置，没有它，你无法做出自发举措，这仍然没有解决哲学上的难题。你挪动手的"决定"，是手部运动的原因，但它本身又是对大脑施加影响的结果。换句话说，24 分区只是大量大脑活动的下游。是有东西推动了它，它才发起行动。

神经科学中最有名的干扰实验来自 25 年前，本杰明·里贝特（Benjamin Libet）和同事将电极固定在人的头皮上。受试者要按下一枚按钮，并记下自己决定按下按钮时，示波器某个点的位置。里贝特发现，虽然受试者注意到自己采取行动的决策，比真正采取行动要提前 200 毫秒，但自己的电极则在 500 毫秒前就探知了大脑里的活动。简单地说也就是，里贝特能比受试者本人提前 300 毫秒判断出后者将有所行动。更为近期的实验也证实了这一现象。如果你在人等着按下计算机键盘上按钮时看到其头部内的活动，那么，你就能比当事人自己更早知道他们要做什么。在莱比锡的马克斯·普朗克研究所，约翰·迪伦·海恩斯（John Dylan Haynes）和同事使用核磁共振成像测量大脑的电活动，他们发现，有两个区域（额极皮层和楔前叶），能提前整整 10 秒，在受试者以为自己还在拿主意的时候，可靠地预测他将按下按钮。

对这一点持怀疑态度的人或许会应对说，这只是因为人们报告自己何时做出决定是滞后的，可从某种意义上说，这恰是关键：意识知觉是对脑袋里发生情况的事后报告。"你"或许和"意识的你"不是一回事儿。一如萨姆·哈里斯（Sam Harris）所说："我能随意改变自己的心意（mind）吗？当然不能。是心意在改变我。"

自由意志的错觉

那么，这给自由意志留下了什么余地呢？近些年来，许多科学家，比如加扎尼加，就很舒坦地把自由意志称为错觉，虽然这是一种强大甚至有益的错觉。你按下按钮的决定，是各种确定力量带来的结果，比如实验人员的指示，以及你从孩提时代所养成的习惯。若非如此，你希望它是什么东西的产物呢？随机性？随机里没有自由。加扎尼加没有追问自由从何而来，而是追问我们想脱离什么获得自由。他写道：

那么，我们到底是要脱离什么获得自由？我们并不希望脱离个人的生活体验，我们必须依靠生活体验来做出决定。我们也不想脱离自己的性格气质，因为我们得靠它的指引来做出决定。我们甚至也不希望脱离因果关系，我们要靠它来做出预测。

作家萨姆·哈里斯也得出了"自由意志是一种错觉"的相同结论，因为"思想和意图来自我们并不知晓的背景原因，而对这些背景原因，我们不能施加有意识的控制"。此外，他指出，哪怕意识和无意识之间没有延迟，你仍然无法决定自己的所思所想，除非你想到了它，这算得上什么自由？如果要靠民主竞争来决定应该先遵循哪一种冲动，这又算什么自由？

生物学家安东尼·卡什莫尔（Anthony Cashmore）也得出了同样的结论，任何行动，不管看起来多么自由，"都仅仅反映了在该行动之前不足一微秒的短短瞬间有机体的遗传和环境的历史"。除了内外部的一切影响因素，还有什么能决定你的行动呢？他认为，对自由意志的信念，类似于宗教信仰或者生机说谬论（这是一种早就不足为信的概念，认为构成生命的物质，与生命有着物理上的不同）。尽管如此，卡什莫尔认识到，科学家并不像批评上帝和生机说那样猛烈地抨击自由意志。至少，它仍然是一个方便的虚构概念，一道能把实际需要（比如来自刑事司法系统的必要之物）挂在上面的天钩。卡什莫尔沉吟道，或许，我们继承了对自由意志的信念。

这些思想家所立足的决定论传统，至少可以追溯到斯宾诺莎，但他们免受了决定论者常常受到的宿命论指控。混沌理论认为，初始条件的微小差异，会导致结果出现巨大的不同。考虑到每一场橄榄球比赛在开赛伊始，球员人数相同，开球距离大致相同，所用球的类型相同，比赛的规则相同，可每一场比赛却都独一无二，岂不是很神奇的事情吗？人的一生，充满了偶然的相遇和错失的机会，又是何等更加难于预测呢？哪怕是同一幢房子里出生、长大，在同一所学校接受教育的双胞胎，也多多少少有些不同。虽然我们是过去一切影响带来的产物，这并不意味着我们将来有着特定的命运。

哈里斯、加扎尼加、克里克、胡德和卡什莫尔想要对我们施加影响的地方是，放弃成见，接受事实：我们不过是大脑的神经信号，由我们遭受的多重影响所形成。谢天谢地，自我也可以施以影响，要不然，在陌生的城市里找出租司机把我们带到酒店的做法就行不通了——司机的行为和经历也部分地由你决定。决定论者只求你接受：没有因，就没有果。

毫无疑问，这些思想家放逐了有关自由意志的流行二元论版本（这一版本与宿命论不相容），但大多数哲学家并不认为自由意志不存在。后一类的"相容论者"指出，源自身体的无意识自由，本身就是意志的源头，而这一决定论也属于自由意志的一种形式。哈里斯认为，这并非普通人所谓的自由意志。普通人所说的自由意志，指的是意识意志，独立于我们所受的任何影响：跳脱出人自身的历史，自由在哪里？在哈里斯看来，相容论仅仅是一种论点，认为我们遭受的某些影响更为可取："只要爱着身后的提绳，木偶就是自由的。"实际上，哈里斯还说，相容论就是一道天钩："其结果，比学术理念的任何分支都更类似神学。"丹尼尔·丹尼特恰恰是一位最著名的相容论者，他说，哈里斯的朋友和无神论天启录骑士战友们使用的这一套是下三烂的手段。哈里斯实际上是说，他找到了批判天钩的丹尼特（最初引入天钩比喻的就是丹尼特）走得还不够远的一个例子。

不足为奇，丹尼特并不认同。他称赞了哈里斯精彩地阐明了反对二元论自由意志的论点，但接着说："一旦你理解了自由意志真正是什么（为维持我们的道德责任感，它也必须是），你就能看出，如果决定论是科学最终的基础，那么，自由意志就能够轻轻松松地与决定论相容。"丹尼特说，既然哈里斯可以是他作品的作者，为什么不能成为自己性格的作者呢？"我们能在多大程度上用哈里斯的批评来反对他的主张？"丹尼特甚至批评哈里斯其实是笛卡儿式的二元论，后者曾说："我，虽然在有意识地见证自身的经历，却并没有主动发起前额叶皮层的活动，一如我并没有主动让自己的心脏跳动。"这句话把"我"贬低成了一个没有维度可言的点。但要说哈里斯的大脑未曾发起前额叶皮层的活动，那可就是彻底的胡说了。总之，丹尼特认为，在支持自由意志是大脑的一个自发特性上，哈里斯走得也还不够远。

很明显，不管是丹尼特还是哈里斯，都不是要建立意识第一的论点，也不打算从无形精神的意义上恢复自由意志。两人都主张自由是一种自然产生的特点。这对"责任"意味着什么呢？

决定论世界里的责任

对很多人来说，固守民间版自由意志天钩的主要原因，跟固守神祇天钩或政府天钩的原因是一样的：维护社会秩序。如果没有了自由意志的假设，就没办法告诉孩子要努力工作才能有所成就，杀人犯似乎也无须再为自己的行为负责，而成了外界影响力的受害者。无政府主义的借口会泛滥成灾，社会崩坏，没有人再各尽其责。

一定程度上，确实如此。西方世界的历史表明，我们已经逐渐接受了自下而上的解释，如果不是当事人的错，我们也不再指责他们。我们曾经责怪病人，是堕落让他们生病；我们也曾经指责事故的受害者，认为他们是罪人，所以才遭受神的惩罚。迟至 20 世纪 60 年代（某些国家至今仍然如此），我们还因为同性恋者的取向而谴责、惩罚他们，不相信这只是身体种种影响因素（遗传或发育）的产物。今天，同性恋出于天生、不受意志左右的事实，成了支持宽容最有说服力的论据。一代人以前，我们指责诵读困难症患者的残疾，我们因为孩子患有自闭症而责怪家长。如今，我们已经不再这么做。我们也逐渐为犯下暴力罪行的疯子开脱，对其进行治疗，而非施加惩处。我们的自由意志相关政策，已经在演变中告别了怪罪。

毫无疑问，科学仍将轻轻推着我们在这条路上越走越远。神经科学家大卫·伊格曼（David Eagleman）指出，我们在解剖学、神经化学、遗传或生理层面上对大脑的认识越清晰，对犯罪行为的成因也会理解得越深刻。在此过程中，我们将认识到，在很多情况下，人并不是出于本意在行事。生物学家罗伯特・萨波尔斯基（Robert Sapolsky）认为，我们日益增加的大脑知识，"使得意志、罪责，甚至刑事司法制度的根本前提，变得甚为可疑"。安东尼・卡什莫尔指出，只基于疾病理由却不基于贫困理由原谅犯罪，是不道德的。神经科学知识的进步，只会进一步压缩刑法适用的范围。

但我们在这个方向上能走多远，肯定是有限制的。丹尼尔・丹尼特认为，我们从前过分喜欢惩罚，并不意味着所有的惩罚都不合逻辑。他说，哈里斯"想把罪与罚的古代污点从我们的文化里洗掉，废除对我们尽心甄别出的罪人常用的残酷惩罚"，其动机值得称赞，惩罚只不过是人类对报复的渴望，但打扮成了可敬的样子。但丹尼特并不认同哈里斯"所有惩罚都没有道理，应该遭到废除"的结论。丹尼特说："惩罚可以是公正的，惩罚可以是合乎情理的，事实上，没有惩罚，我们的社会无从管理。"

21 世纪初，弗吉尼亚州一位 40 岁的教师，此前一直品行良好，此时却开始收集儿童色情图片，还试图骚扰自己 8 岁的继女。他被送去接受治疗，但行为愈发恶化，最终被判入狱。在判刑的前一天晚上，他开始抱怨头痛、眩晕。扫描显示，他的额叶皮层左侧，压着一个猕猴桃大小的良性肿瘤。切除肿瘤后，他的恋童癖倾向消失了。几个月后，他再次对小姑娘表现出兴趣。原来，肿瘤没切除干净，还剩下一部分，此刻它重新长了出来，并被切除了，他的行为又恢复了常态。

这位恋童癖患者，跟没有脑瘤却调戏年轻姑娘的电视明星主持人相比，在多大程度上缺少自由呢？两者的行动，都出于无意识影响因素（来自大脑内部或其他地方）的怂恿。两人都知道自己在做错事。我们显然认为后者比前者更"难逃其责"，可前者真的不如后者自由吗？萨姆·哈里斯（Sam Harris）认为，一旦我们认识到，即便是最可怕的食肉动物，它们也只能做它们自己，"恨它们（与怕相对）的逻辑就逐渐散架了"。

当然，人们会对不同的成因展开争论。保守派会强调个体经验，自由主义者则强调阶层环境。当然，我们更加"理解"而非惩罚犯罪的倾向，也会遭到滥用：一定会有人谎报实情，减轻责任，或者逃避严厉的惩罚。但只要公众能得到保护，它真的事关重要吗？据说，我们如今关押神智正常的杀人犯，更多的是为了保护公众，震慑其他罪犯，并非单纯为了惩罚。

如果这样说，那么，每当我们称赞某人克服不利背景条件，实现了了不起的成就（比如杂货店店主之女撒切尔夫人，克服了性别歧视和卑微的出身，成为英国现代历史上任职时间最长的首相），我们就是在暗中诋毁那些没能克服这些不利条件的人。每当我们赞美癌症幸存者的勇气，我们就是在暗示那些没能活下来的人是胆小鬼。在我看来，把人视为非物质的自我，有着做出决定的力量，这一幻觉并不一定比相反的假设（也即每个人都是内外所有影响因素的总和）更正确。

故此，没错，放弃二元论自由意志，接受行为是演变的大脑自发产生的特定的观念，带来了更宽容、中立的态度，但这是不是一件坏事，我们还完全不清楚。它为我们的社会政策带来了更多的人道精神，而非更多的无政府主义。把眼光放得更长远一些吧。让我们承认吧，自由意志跟怎样审判罪犯没有关系。我们更宽大地对待无心杀死父母的孩子，更严厉地对待杀害孩子的虐待狂，不是因为谁比谁拥有更多的自由意志。凶手的行动是事件、环境和基因的产物；孩子的行为则主要是偶然事件的产物。这改变了我们对他们的惩罚方式，但并不意味着谁拥有更多的自由意志。

去掉大脑里的"小人儿"，更容易理解自由本身。丹尼特在《自由的进化》（*Freedom Evolves*）一书中指出："鸟儿想在什么时候飞就在什么时候飞的自由，绝对是一种自由，较之水母想什么时候浮就什么时候浮的自由，是明显的进步，但和我们人类的自由相比，就显得像是个穷亲戚了。"丹尼特提出了一个重要的观点：自由意志不是一件二元的、非此即彼的、你要么拥有要么没有的东西。影响你自己命运的自由，是生物学的产物，几乎变数无限。行动能力就是走向自由的一步；行动得更远、更快的能力，则是走向自由更远或更快的一步。看、听、闻和思考的能力，为改变你的命运提供了更多的自由。技术、科学、知识、人权、天气预报，它们都增加了你改变个人命运的自由。事实证明，政治自由和哲学上的自由其实建立于、根植于同样的事情。为了理解它们、重视它们、为之沉醉，你不必相信一套超出物质宇宙之外的简化版自由意志，就像为了欣赏大自然之美，你无须相信它来自一位留着长胡子长者的创造；为了享受世界贸易带来的奇迹，你也不必相信世界大政府。偏离是不需要卢克莱修的。

把意识和自由意志看成是从无生命物质中自发产生、演变出来的东西，存在一个内在的悖论，也即这让对灵魂的信念和灵魂的超然性变得更容易解释、更真切了。意识哲学家尼克·汉弗莱就提出，还原论理论的长处在于，"可以通过让人相信所有还原论理论都是错的，解释意识体验是如何贯穿在生活里的"。他认为，人类对意识是内行，对"存在"的形而上学分支很感兴趣，而这为意识赋予了真正的功能。意识是一种"不可能的虚构"（impossible fiction），"能创造奇迹，改善主体的生活"。对意志、对不朽灵魂的信念，本身就是大脑改变带来的演变结果，是自发产生的。比起"灵魂和意志是真正的东西，但没有历史、起源，不可追溯"这一概念，前一种设想更令人满意。

第 9 章

性格的演变

……你难道不明白吗，

哪怕人群之外有一种力量在推动他们，

有时还违背他们的意志，让他们四处逃窜，

可我们胸膛里却有什么东西能够与之对抗或

抵挡它，

让我们整个身体里的物质听其命令，

如果物质激涌喷发，

它能驾驭，使之归位安定。

——卢克莱修

《物性论》第二卷，第 277 ～ 283 行是命运的一次小小转折，一如比喻里蝴蝶拍打翅膀，让茱蒂·哈里斯（Judith Rich Harris）走上了从演变的角度解释性格的道路。1977 年 5 月，一位正在离婚的朋友请她为当地报纸写一条分类广告，帮忙为一条稀有品种的狗找个新家。几个月后，这位朋友玛丽莲·肖（Marilyn Shaw，她是心理学副教授），想起了哈里斯的文笔，又请她帮忙改写一篇曾遭心理学杂志拒绝的文章。哈里斯几年前因为缺乏"原创性和独立性"，被从哈佛大学的心理学博士项目中赶了出去。这时候，因为健康欠佳，她刚辞掉了贝尔实验室研究助理的工作，所以很乐意帮忙。在为肖的文章做编辑的过程中，她发现了自己的写作天赋。两年后，经肖推荐，一家出版商聘请她代笔撰写两章基础心理学教材的内容。这又带来了一份与人合著教材的委托（该教材经历了多次再版）。1991 年，哈里斯签订了合同，独立撰写一本发展心理学的书。

只不过，过了一阵子，她不再认同自己所写的东西。

当时的心理学还完全受制于传统观念：父母塑造了孩子的性格，孩子之间的差异是父母导致的。唯一的问题就是怎样塑造。哈里斯记得，一个又一个实验用狂欢般的准确性，展示孩子与父母相似的地方（无论好坏），还断言，人是他人尤其是父母言行的产物。比方说，有一篇典型的研究考察了儿童的情绪表达，发现能自由表达的家长有着能自由表达的孩子，而沉默寡言的家长有着沉默寡言的孩子。该研究的作者认为，这表明了"情绪的社会化"。他们甚至没有讨论遗传的可能性，也即家长和孩子双方沉默寡言的天生倾向。

这是 20 世纪"白板说"大教条的一部分，也就是说，你脑袋里几乎一切东西，都来自外界，不光你的语言、宗教、记忆，还有你的性格、智力、性取向、付出爱的能力，莫不如此。这一教条在 20 世纪下半叶势不可挡，横扫心理学、人类学、生物学、政治学，以及其他所有人文科学的边边角角。无论你是西格蒙德·弗洛伊德精神分析的信徒，还是斯金纳行为主义的追随者，不管你强调的是文化还是饮食，你都属于这一教派：人是其他影响因素的产物。他们的个性和能力是有影响力的他者铭刻在其思想的白板上。当时，人们不光认为这一概念在知识上是正确的，在道义上也是正确的。这意味着，人不会因为遗传的不公正遭受谴责。政策也越来越多地建立在人类本性白板说上。

在某种程度上，这是对 19 世纪及 20 世纪初基因决定论（当时有些人把一切都归咎于遗传，尤其是不同种族之间的文化差异）的逆势而动。问题在于，新教条取而代之以环境决定论，同样是对人权的践踏。此外，环境决定论受制于自己的逻辑。它认为性别歧视和种族歧视是错误的，因为人的本性里并没有这些东西，顺着这样的逻辑，它推理出：任何主张存在人性的人，都必然是性别歧视和种族主义者。事实上，反对性别歧视、种族歧视，或者是反对杀人的论点，并不在于人在某些环境下是否会自然而然地表达性别歧视、种族歧视或杀人。这些事情的确是错误的，但不是因为它们不自然。

到了 20 世纪 60 年代，把所有事情都归咎于家长和早期影响的倾向，发展到了极端荒唐的地步。电影和小说经常把童年创伤解释成个性的唯一原因。同性恋是因为有凶狠的父亲；自闭症来自冷漠的母亲；诵读困难症的源头是糟糕的教师。科学家明明发现了存在突变行为（而不是突变的解剖结构）的果蝇，却被驳斥说，这根本不可能，因为行为并不写在果蝇的基因里。相关的书籍也都武断地起着符合这套教条的名字，比如《不在我们的基因里》（Not in Our Genes），就好像 DNA 压根不相干。如果科学家主张，部分智力或许和遗传相关，或者男性、女性在思想上的差异，就跟身体差异一样，始终存在，就会遭到诋毁。如果你主张基因对行为有哪怕一丁点儿的影响，你就会被当成给纳粹铺路的无情宿命论者。到了 20 世纪 60 年代末，白板说教条征服了几乎整个人文科学，每当学术界的角落里冒出一星半点的不同意见，立刻会遭扑灭。

但不同意见最终还是爆发了。首先，在动物行为学中，本能会带来极其复杂的行为，相关的证据铺天盖地，学生根本不可能视而不见。布谷鸟的雏鸟没见过父母，也知道怎样把宿主的蛋扔出鸟巢，迁徙到非洲，返回，唱歌，选择要受害的倒霉宿主，然后重新开始整个循环。一些动物学家开始发问，为什么其他动物就享受着经大规模自然选择试错千锤百炼出来的直觉，人类却只能靠个别具有特质的导师来填补自己空白的头脑。遗传学家逐渐注意到，分开寄养的双胞胎常常有着极度相似的智力和性格，而同一家庭收养的不同孩子，却差异极大。

20 世纪 70 年代，我还在当学生的时候，这一类的试探性提议（也即人类行为存在天生因素），莫不引起白板说教条捍卫者的蔑视和愤慨。先天与后天、遗传与培养主题成了当时的导火索（和今天的气候学类似），每当有人提出不同的意见，就会被呵斥为极端分子：你怎么敢说这一切都来自基因！你肯定多多少少在同情纳粹！

力不从心的家长

1993 年，茱蒂·哈里斯正为发展心理学的教科书打着草稿，顺从地重复着这一领域的白板说教条，就在此时，她对父母的行为是孩子性格（通过奖惩措施来培养）源头的概念产生了怀疑。来自双胞胎研究的证据似乎表明，基因在决定性格上扮演了很重要的角色；来自进化心理学的证据似乎表明，人类思想的普遍特点符合进化上的意义；来自人类学的证据表明，"传统社会里抚养孩子的做法，跟现在推荐的'家长提建议'的方式没有一点相同的地方，但孩子也平平安安地长大了"。哈里斯已经跟人共同撰写了该教科书的三个版本，均基于父母创造孩子个性的假设，但她开始注意到，证据根本不支持这一理论。

孩子的个性确实倾向于跟父母类似，但这可能是因为他们跟父母有着相同的基因。所有的实验都并未排除这一可能性，只是假设它不存在。同一家庭中亲兄弟姐妹之间的差别，与"父母灌输给每一个孩子以个性"的概念似乎有着系统上的不相容。哈里斯后来说，每当研究采用了控制家庭之间遗传差异的方法，"就会发现，家庭环境和父母育儿风格并不能塑造孩子的个性"。

哈里斯要求解除合同，不再参与教科书的撰写工作。1995 年，她在

《心理学评论》（*Psychological Review*）上发表了一篇长文，开篇就挑衅性地提问道："在儿童性格发展上，父母真的有着重要的长期影响吗？"文章检验了证据，得出了否定的答案。起初，学术界并没有什么反应，大多就是好奇而已：这个女人是什么人，连个教职、博士头衔都没有？但后来，美国心理协会经投票决定，授予哈里斯"乔治·米勒奖"（奖金500美元），奖励她这一篇精彩的心理学文章。哈里斯在领奖时透露，38年前，正是乔治·米勒（George A. Miller）写信给她，说要把她赶出哈佛大学的博士课程。不久后，她在大部头《教养的迷思》（*The Nurture Assumption*）里确定了自己的论点，该书迅速成为畅销书。

哈里斯出手毫不留情。她说，家长教育的重要性遭到了夸大，家长为毫无价值的理论买了单。他们觉得上当受骗是正常的。亏欠心理（为孩子付出还不够多）应该到此为止了。教养假说非但起不了帮忙的作用，在孩子变坏的时候，反而谴责家长，让不少人深感愧疚和羞耻。没有证据能说明，教育家、心理学家和答读者问的专栏作家提出的所有育儿建议会给孩子成年后的性格造成明显差异。残忍地对待孩子、忽视孩子当然是坏事，但那是因为这种方式对孩子的影响太恶劣了，而不是因为它带给了孩子不同的个性。家长当然是关键，但那是因为他们提供的关心和爱护，而不在于他们是人与人之间性格差异的原因。没有家长会造成差异，但不同的养育风格不会造成差异。

与此同时，越来越多来自行为遗传学研究的证据始终汇聚到同一条信息上：性格差异大致有一半形成于基因的直接和间接影响，另一半则由其他的因素塑造而成，但家庭环境完全不包括在这所谓的"其他因素"当中。哈里斯对实验做了总结："同一个家庭收养的两个孩子，并不比不同家庭收养的孩子更相似。同一个家庭收养的同卵双胞胎，也并不比不同家庭收养的同卵双胞胎更相似。"儿童发展文献一次次地假设父母行为和孩子行为的相关性意味着因果关系（举例来说，好施虐的父亲会造就好施虐的儿子），但从未检测过基因的解释。父亲的施虐倾向很可能通过基因遗传给儿子。女儿的善良或许遗传自母亲的相同特质，而不是一种学习获得的习惯。家庭破裂或许并不会导致孩子的反社会倾向；相反，父母和孩子共同的内因才是关键，也就是说，孩子遗传了父母的反社会倾向。哈里斯讲了一个小笑话，总结了先天和后天争论的复杂因果："约翰尼来自一个破碎的家庭。""我丝毫也不吃惊——约翰尼能让任何家庭破碎。"哈里斯强调，这种"孩子对父母"的影响很普遍。

如你所料，看到哈里斯的书，儿童发展界狂怒不已，要知道，要是立足的假设得不到校验，整个学科的研究工作将变得可疑起来。因为该领域许多人提出强烈的抗议，美国国家儿童健康与人类发育研究所专门安排了一场会议来讨论这本书，会上，这一学科的老前辈，尤其是埃莉诺·迈克比（Eleanor Maccoby）和斯蒂芬·索米（Stephen Suomi）当众呵斥哈里斯。媒体上的文章也批评她无视反对其结论的证据。但当哈里斯要求给出这些证据的出处，反对的声音渐渐消散。而且，索米强调的交叉养育实验（对比镇定的猴子和焦虑的猴子，表明父母的教养方式确实影响猴子的个性），经证明竟然是假的。他最终承认，唯一的数据来自一份未发表的实验，所用猴子的数量极少，其结果也与其他实验相矛盾（其他实验并未发现此种效应）。杰罗姆·凯根（Jerome Kagan）说自己在人类身上看到了和索米相同的效应（只是方向相反），原来却只是根据一名学生所做的一项研究，该研究对寥寥几个害怕的婴儿做了为期 21 个月的跟进，很难算是终身影响。总之，心理学权威抛出来的一切论据，非但未能破坏哈里斯的观点，反而逐渐成功地给她平了反。批评者转而对行为遗传学方法论展开了批评，而事实上，这种批评基本上毫无根据，而且论点也薄弱多了，只是说家长对孩子有影响，尤其是家长以不同的方式对待有着不同基因的孩子。胜利固然并不属于哈里斯，而且心理学专业和实践仍然相信家长的影响，但这个观点逐渐在萎缩。孩子的性格，主要来自内部。

地位商数

在2006年后续出版的一本书里，哈里斯得以专注于行为遗传学研究已经解决了的一个真正有趣的谜题：并不由基因直接或间接带来的50%的个性差异，其成因到底是什么？这种差异真正奇怪的地方在于，不管是同卵双胞胎、同胞兄弟姐妹还是收养的孩子，差异都同样大。换句话说，同卵双胞胎比同胞兄弟姐妹更相像，同胞兄弟姐妹比同一个家庭里收养的孩子更相像，但这仅仅是因为他们有着共同的基因。对遗传因素做了校正后，同卵双胞胎出现的性格差异，跟兄弟姐妹之间，跟收养的孩子之间一样大。导致兄弟姐妹之间非遗传差异的原因，不管是什么，同样作用于同卵双胞胎之间。哪怕连体婴儿也有所不同：通常而言，其中一个会比另一个更外向、更健谈。就算一个人的同卵双胞胎兄弟（姐妹）患有精神分裂症，这个人本人的患病概率也仅为48%。

如果不是父母，这些庞大的非遗传差异的源头在哪里呢？哈里斯列举了五种最有可能的"候选因素"，又逐一驳回。不明原因的性格差异无法用家庭环境来解释：一旦对遗传相似性加以校正，家庭的影响就减小到了零。它们也不能用基因与环境的互动（家长因孩子的遗传倾向给予不同的对待）来解释；概率似乎也不适合用来解释；家庭内部的不同环境，尤其是出生顺序，也无法用来解释。声称找到了出生顺序造成一致影响的唯一一项大规模研究，竟然只是用了未公布的数据支撑自己的主张。基因与环境的相关性成了最后一位候选人：聪明的孩子往往读书多，有吸引力的孩子往往会吸引更多的关注等。当然，这种情况的确存在，但它是一种间接的遗传效应，属于那一半由基因间接或直接带来的个性差异。它并不是这里需要进行解释的部分。

哈里斯的解释很独到，也极具说服力。她指出，随着人类走向成熟，发展出了特定的社会系统：要社会化，要建立关系，要追求地位、认可地位。社会化指的是学习怎样融入同龄人当中。儿童需要从同龄人身上获得习惯、口音、偏爱的语言和大部分文化知识。他们要花大量的时间学习，以跟同龄人保持一致。然而，在构建关系时，他们还要学习区别不同人之间的差异，用不同的行为对待不同的人。

到了青春期，孩子开始评估自己在同龄人群体内的相对地位。就男性而言，这基本上意味着弄清楚自己有多高、多强壮、多霸气，并相应地调整自己的雄心和个性。经济学界有个好玩的发现，贯穿整个职业生涯，个子更高的男人挣的钱更多，但这个身高指的是他 16 岁的身高，而非 30 岁的身高，16 岁时的身高是预测男性收入最准确的指标。其他研究指出，出现这种现象的原因是，16 岁是男性判断自己的地位并相应地塑造自己个性的时期。故此，雇主奖励的是员工源自中学时代身为高大强壮橄榄球运动员而获得的自信和雄心，而不是员工此时此刻来求职时的身高。女性主要会根据相对吸引力来判断自己的地位，她们也会根据别人怎样评价自己来判断自己的吸引力。哈里斯说，故此，男女两性都有部分性格来自青春期的塑造，这种塑造的基础是你认为自己在同龄人中的相对地位有多高。也就是说，她认为，这有可能是造成非直接或者间接遗传相关性格差异的原因。

这种解释的妙处在于它能很好地解释同卵双胞胎的差异。同卵双胞胎在身高或身体吸引力上的差别很小，但彼此之间的性格大多迥然有别，外人能迅速地察觉到这一点，并加以强化。"我们怎么分辨他们呢？老大更健谈。"就连连体双胞胎，人们也会近乎随意地断定谁更有主见。总有一个比另一个更自信些，这一差异通过他人的判断，不断得到反馈和强化。正如哈里斯所说，地位系统"能够产生与基因差异无关的个性差异"。你或许不喜欢哈里斯对地位的强调，但这一解释来自个体内，立足于当事人对周围环境的解读，基本上是说得通的。你的个性就是你的，你不是他人创造的产物。自然选择保证了一点：洗脑没那么容易。是时候不再把一切都归咎或归功于养育了。

父母塑造孩子个性的概念太过根深蒂固，至今仍然保障了许多精神分析师的生计，对它发起的任何挑战，势必会遭遇很多阻力。然而，证据愈发清晰：性格差异由基因和随机影响组合决定，而不是由父母决定。弗洛伊德式分析的核心前提（也即童年事件是成年后心理问题的成因），迄今为止根本没有站得住脚的证据支持。哈里斯说："畅谈童年经历有治疗价值的观点，证据并不支持。"要记住，20 世纪初期，所有给家长的建议都强调纪律，而到了后半叶，所有的建议都强调纵容。然而，绝对没有证据可证明，因为这种态度转变，导致了西方世界人们性格的大转变。由于人希望能对自己的行为和倾向有所作为，就认为必须有个可归咎的主体。教养假设得到了许多因素的助力（担心纳粹优生学回归、卢梭式的理想主义、弗洛伊德和涂尔干的教条），但这一诉求的根源来自认为要有人负责的需求。可惜事实恰恰相反，性格源自内部，是对环境的反应。从字面的意义上说，性格出于演变。

智力源自内部

关于性格差异，我们说得够多了。智力又是怎样的呢？30 年前，说遗传对智商发挥着什么作用，在学术界还是忌讳，虽然大街上的普通人可没有这样的疑虑。如今，所有人都接受了来自双胞胎研究和收养孩子研究的结论，两者一致地表明：智力差异和基因差异关系很大。争论的焦点变成了基因的作用占 30% 还是 60%，它主要是直接影响（基因创造了学习的天赋）还是间接影响（基因创造了学习的欲望，以及喜欢花时间读书的倾向）。智力遗传性世界级专家罗伯特·普洛明（Robert Plomin）教授说，曾经有过一种下意识的反应，就类似"你无法测量智力"或者"智力不可能是遗传的"。现在的语气更像是："当然了，遗传对智力有一定的影响，但是……"

许多人始终对这一刻表示担心，理由是这会导致对儿童前途的宿命论看法，抹杀那些不够聪明的人，并把聪明的孩子教得更好，造就一套自圆其说的预言。然而，没有证据表明，认为智力更多来自遗传的观念转变带来了任何的宿命论。实际情况恰恰相反，人们对指导天赋欠佳者获得智力产生了更多的兴趣，而不是打磨有天赋者的天生智慧。通过医疗手段矫治妨碍学习的东西（如诵读困难症、注意力缺陷障碍等），这种倾向实际上是承认这类东西是天生的、遗传的、有机的，而非无法逆转的。

与此同时，如果智力并非明显来自遗传，那么大学扩招、从寒门中找出佼佼者的做法就毫无意义了。如果教养是一切，那些上过糟糕学校的孩子，也会被视为智力低下，进而遭到抹杀。没有人这么想。社会流动的整体思路是从弱势群体里找到人才，发掘那些拥有天赋但错过了教养的人。2014 年，英国一家报纸刊登文章批评伦敦市长鲍里斯·约翰逊（Boris Johnson），说他相信遗传对智力有影响，可文章标题是《制度辜负了有天赋的孩子》，这分明是假设（遗传上）有天赋的孩子是存在的。

行为遗传学带来了一件出人意料的事情，也就是随着年龄的增长，智力的遗传性表现得越发明显。较之收养的兄弟姐妹，同卵双胞胎智商之间的相关性随着孩子年龄的增长明显变强。这是因为，家庭和环境在很大程度上决定了幼儿的环境，而年纪较大的孩子和成年人则会寻找适合的环境，或者创造符合自己天生喜好的环境，从而强化自己的本性。你岁数越大，对自己的本性表达得越多。

对很多人来说，更令人惊讶的是，在经济平等性更强的条件下，智商的遗传性更强而非更弱。在更富裕、食物分配更平等的世界中，肥胖症更多来自遗传。这是因为，在有许多人挨饿的地方，决定谁获得脂肪（变胖）的主要因素是财富。一旦人人都有了足够的食物，发胖的人就成了那些存在发胖遗传倾向的人，而且肥胖会更普遍地出现在家族当中，变得遗传性更强。智力也是一样的。一旦人人都得到了同样良好的教育，天赋高的孩子里会涌现出更多的高成就者（而不再是在那些拥有最佳资源的孩子里涌现出更多的高成就者）。家长的成就和孩子的成就有着很强的相关性，并不是暗示家长为孩子提供了不公平的环境优势，而是暗示机会逐渐扯平了。普洛明教授说，"遗传性可以视为精英社会流动性的指数"，对于这一观点，许多人觉得有悖常理。社会远未达到机会均等的程度，即便那一天降临，我们也不会发现结果均等。

在我看来，无须害怕科学带来的新认识：遗传很重要，智力是孩子有待教养的自发特点而非社会所强加的。这是任人唯才的结果，并为世界带来了新的面貌：人们因为能主宰自己的命运而拒绝洗脑。20 世纪先天后天论战最讽刺的地方在于，一个后天教养意味着一切的世界，比能通过先天天赋逃避劣势的世界更加残酷。要是仅仅因为人出生在贫民窟或由冷漠的父母抚养，就将其一笔抹杀，这是何等的恶心。赫胥黎在《美丽新世界》里所描绘的社会，如今常常遭到误解，以为它错在了宿命主义的遗传决定论上。其实完全相反，通过幼儿教育培养精英的地方，才会造就不公平的优势。幸运的是，经济学家格雷戈里·克拉克（Gregory Clark）的研究告诉我们，过上一段时间，精英就会回归均值。在纽约这样的城市，最有钱的富豪可以把孩子送到精英预科班，但他们对孩子平庸的遗传无能为力；反过来说，尽管机会极少，出自贫民窟的孩子也能因为天才而大放异彩。天性是社会流动的朋友。

天生的性取向

旁观这种觉悟带来的困扰非常有意思。20 世纪 90 年代，权威们大感错愕，因为此时科学证据清晰地说明，同性恋倾向比人们原先想象得更为天生、不可逆转，它不是一件早年生活经历或青春期受不良灌输带来的事情。多么可怕的结论啊！这时候，是宿命论者和持有偏见者占了便宜，谴责人们变成了基因的囚徒吗？完全没有。令人错愕的是，最热烈欢迎这个消息的竟然是同性恋群体本身。他们说，瞧，我们不是要故意给保守派找麻烦，我们搞同性恋不是要固执地跟自己的本性对着干。搞同性恋就是我们的本性。它发自内心。有些自由派人士（左翼）担心新观点或许会导致优生迫害，但随着同性恋人群热切地希望自己被视为天生同性恋，这种顾虑很快消散。与此同时，右翼也被打了脸，因为他们以前总为自己的偏见找理由，说是不愿意看见年轻人被"老同志"带上了"弯路"。可现在，他们意识到，在性取向上，你生来是什么样就是什么样，偏见的根基被铲除了。保守派反对同性恋权利的声浪逐渐散去，在很大程度上，这要得益于人们接受了现实：同性恋不是青春期受灌输所致。

在我看来，这件事对结束先天与后天之战贡献最大。（我曾于 2003 年出版了一本论述先天和后天关系的书，在过去几十年里，这原本都是一个存在激烈争议的话题；可到了这时候，它只招来了一些不错的书评，却没什么人感兴趣，自此以后，这个话题也消停了。）家长可以不再为了孩子的性取向"责怪"自己或他人，他们能做的就是接受事实。知道性格源自内在，同性恋者、聪明的人、喜怒无常的人、开朗的人，也都能够轻松下来了，不再会有人跑来告诉他们，他们之所以如此，是因为有人对他们做了些什么事。事情突然变得很清楚，政治左翼应该始终坚持天赋说。人的塑造主要来自内部，自下而上，而非来自外界，自上而下，接受这一点，就是为人之道。

人类行为性别差异的起源来自各种各样对天赋与文化的错误理解。我们的文化坚持不懈地强化性别成见：小男孩喜欢玩卡车，小女孩喜欢玩洋娃娃。玩具商店分为粉红色女孩货架和男孩蓝色货架，迎合成年人乐于以传统方式看待男孩女孩的不同心态。这得罪了许多女权主义者，她们认为，这些性别差异的根源就在于主流文化将之强加给了孩子，但她们把因果关系弄混了。家长给男孩买卡车，给女孩买洋娃娃，不是因为他们受性别霸权牵制，而是因为经验告诉他们，孩子就想要这个。一次次的实验都证明，如果可以选择，不管先前有什么样的经历，女孩总是会玩洋娃娃，男孩总是会玩卡车。大多数家长乐于强化性别差异，但并没有兴趣从头培养性别差异。

21 世纪初，行为学家梅利莎·海因斯（Melissa Hines）解释了雄性和雌性猴子身上也存在同样的偏好，把学界彻底闹了个鸡犬不宁。如果能选，雌猴会和洋娃娃玩，雄猴会和卡车玩。这个实验招来了其他心理学家的愤怒和批评，他们决心从中找出毛病来，但对不同种的猴子进行重复实验，也都得到了相同的结果。雌猴并不知道自己是文化成见的奴隶，就是喜欢有面孔的东西。雄猴不知道自己受到了人类性别歧视的桎梏，就是喜欢有活动部件的东西。这再次成功地给茱蒂·哈里斯的观点平了反，结论性地表明：玩具商店的货架及其猖獗的性别歧视，只是对人类天生偏好的响应，而非这一偏好的成因。这些差异不是强加的，它们是自我演变出来的。

杀戮的演变

如果说人与人之间的差异来自内部，相似性也一样。在意识到演变解释了大量典型人类的行为之后，战后的主流学说"动物有本能，人类靠学习"，也轰然垮台。举个例子，在几乎所有的哺乳动物物种当中，雄性的体格都比雌性大，颈部及上肢有着更强大的力量，更常因为配偶或领地打架，在性上更独断霸道，不太在乎养育后代，并在繁殖成功率上表现出更大的差异（有些有许多孩子，有些则一个也没有）。人类同样表现出了这些特点，却说它们是文化而非本能的产物，这是多么奇怪。这些特征的起源并不难辨别，在哺乳动物当中，有一点是不可回避的真相，也即，出于生理原因，雌性在孕育、哺乳后代上要比雄性产生精子花多得多的时间和精力，所以，雌性的生殖能力是一种雄性竞争的稀缺资源。在有些物种里，如果雄性围在雌性身边提供帮助，就能有更多的后代存活下来，那么，这一习性就会变得普遍，我们正是这样的物种之一。故此，我们的性别相似性，比大猩猩或者鹿更大。然而，男女两性生活习惯之间的不对称，很难完全消失。

一项调查显示，放眼世界各地，放眼整个历史，从 13 世纪的英格兰到当代加拿大，从肯尼亚到墨西哥，男性杀死男性的情况，总是比女性杀死女性要多得多，平均而言，前者是后者的 97 倍。社会科学家援引特定的文化来解释这一现象：女性置身更温和的环境；女性是附属的；女性受社会期待扮演不同的角色；女性一度会因杀人受到更严厉的惩处（就算从前是，现在也不再是这样的）。根据教条所说，男性和女性的不同，只是因为社会对待他们不一样。一位顶尖的犯罪学家在 20 世纪 70 年代总结了当时该行业里的普遍观点，他写道，无论是生物学还是心理学"都无助于解释为什么压倒性多数卷入犯罪的都是男性而非女性"。

20 世纪 80 年代，马丁·戴利（Martin Daly）和玛戈·威尔逊（Margo Wilson）写了一本有关杀人的书，表示了不同意见。他们认为，文化决定论的解释并不符合事实，很有可能，男性更为暴力的原因，跟其他哺乳动物里雄性更为暴力一样。因为在历史上，雄性受生物学所迫，要竞逐交配机会。他们指出，男性成为谋杀受害者或行凶者的概率远远高于女性，而且，在所有文化中，这一情况的峰值都出现在相同的年龄段（青年期），不光在谋杀率高的暴力社会里是这样，在谋杀率低的和平文化里也如此。
1999 年，《经济学人》曾刊登过一幅著名的图表，根据年龄绘测了男性凶
杀案情况，它在后青春期迅速提升，到了 20 岁或 25 岁达到峰值之后又
陡然下降，接着渐渐趋于平缓，1965 ～ 1990 年芝加哥的数据形状，跟
1974 ～ 1990 年整个英格兰地区完全相同，只不过，前者的峰值是 900/
百万人次，而英格兰及威尔士是 30/ 百万人次。

如果说地方文化是关键，那么这些事实多么怪异啊！另外，跟其他哺
乳动物一样，男性的暴力倾向也是在争夺交配机会最激烈的时期达到峰
值，这也多么诡怪呀！在统计上占压倒性多数的杀人犯，都是年轻、未
婚、失业、试图改变自己的地位或在性资源竞争中打败对手的男性。在世
界各地的狩猎 - 采集小规模社群里，情况是一样的：年轻的男性为了女
人和地位杀死其他年轻的男性。显然，大多数杀人行为的解释来自如下事
实：自然选择赋予了人类这样一种本能，用戴利和威尔逊的话来说就是，
"任何发现自己处在彻底繁殖失败轨道上的生物，都必然会付出努力，它
们往往冒着死亡的风险，努力改善当前的生活轨迹"。放弃神奇的文化决
定论吧，把演变看作行为的成因。

性吸引力的演变

再举个例子，男性总是被处在黄金育龄、身体健康、有着开朗个性
（希望自己的孩子能继承）的女性所吸引。最近有研究询问了男性和女性
受访者，不管是长期还是短期关系，他们认为异性最具吸引力的年龄是多
大。两性给出的答案有着鲜明的差异。终其一生，女性总是首选跟自己年

龄大致相当的伴侣，长短期关系皆然。30 岁之前，她们喜欢年龄稍大的男性；30 岁之后，她们喜欢略微年轻的男性；哪怕到了 50 岁，女性也会说，男性最具吸引力的年龄是 43 岁上下。对比来看，所有年龄段的男性都说（承认吧，你知道接下来我要说什么），就短期交配和性幻想而言，他们认为 20 多岁的女性最具吸引力。有些 40 多岁的男性把对女性的首选年龄上调到了 23 岁或者 24 岁，但其他人则坚持是 20 岁。对长期伴侣，年长些的男性更喜欢年纪略大，但仍比自己年轻得多的女性。换句话说，所有年龄段的男性都认为，处在最佳育龄的女性最具吸引力。这一现象的解释并不来自文化规范领域，而是来自演变的世界：跟喜欢年长女性、不成熟女性、病恹恹或者孤僻女性的男性相比，受身体健康、处在黄金育龄的女性吸引的男性，平均而言，往往留下了更多的子嗣。而那些认为强壮的、自信的、成熟的男性更具吸引力的女性，往往比那些喜欢虚弱、胆怯、年轻或者太过年长的男性的女性留下了更多的子嗣。真正奇怪的地方其实是，在我年轻的时候，这种针对人类普遍特点的解释，是不能拿出来宣讲的。

哈佛大学心理学家史蒂芬·平克认为，和白板说教条形成了鲜明对照的是，经自然选择，我们的情绪和能力为推理和沟通做了适应，有着跨文化的共同逻辑，难于抹杀或者彻底从头再设计。它们来自内部，而非外部。学习能够发生，完全是因为我们有着先天的学习机制。学习不是本能的对立面，它本身就是本能（一种或者多种）的表达。人类的大脑自动具备了（尽管不一定最开始就如此）学习语言、识别面孔和情绪、理解数字、了解物体整体及他人意识的倾向。

社会、文化和父母决定论垮台，取而代之的是更为平衡的人类个性及特点演变理论，是一次重大的思想解放，突破了压抑的文化神创论伪说。

第 10 章

教育的演变

因此，我们必须好好考虑天体现象，太阳、月亮根据什么原理在轨道上运转，以及地球上的一切现象和其背后的支配力量。尤其是，我们要带着敏锐的智慧去探究，什么构成了灵魂，它的性质是什么。

——卢克莱修
《物性论》第一卷，第 127 ～ 131 行

以班级为基础、老师对学生统一授课、准备考试的义务教育形式，是放诸四海而皆准的，从来没人质疑的一件事情。我们假定学习就是这样进行的，但飞快地回顾一下自己的经历，我们知道还有各种各样的学习方式。我们通过阅读、观察、模仿和实践来学习。我们和朋友一起学习，有时也一个人学习。然而，我们不会把这些形式称为"教育"，因为教育始终是一项自上而下的活动。教室真的是年轻人学习的最佳方式吗？对正规教育的迷恋，是否排挤了其他各类更自然而然的学习形式？如果允许演变，教育会是什么样子的呢？

想想看，主张自由思考的自由派人士，等孩子到了 5 岁，就把他们送到一个类似监狱的地方关上 12～16 年，实在相当奇怪。在那里，孩子接受痛苦的惩罚，关在名为教室的格子间，接着接受更加痛苦的惩罚，坐在桌子前遵守特定的规矩。当然，学校并不再像狄更斯时代的学校那么可怕，也培养出了许多杰出的人物，但归根结底，仍然是一个高度专制、强调教化的地方。就我自己来说，把学校称为监狱再贴切不过了。8～12岁，我都住在寄宿制学校，学校有着严格的规定，经常对学生施以能叫人轻易联想到纳粹德国对待战俘的痛苦体罚，让学生挖地道，节衣缩食，计划横穿乡间小路前往火车站的路线。逃跑的人大多会遭到严格的惩罚，并成为学生心目中的英雄。

普鲁士模式

经济史学家斯蒂芬·戴维斯（Stephen Davies）将现代学校的形式追溯到了拿破仑打败普鲁士的 1806 年。受这一屈辱刺激，普鲁士采纳了本国顶尖知识分子威廉·冯·洪堡（Wilhelm von Humboldt）的建议，制订了严格的义务教育方案，主要目的是将青年男子培养成服从命令、在战斗中不会逃跑的士兵。正是这些普鲁士学校引入了我们现在视为理所当然的许多特点。既然它以培养新兵而非全面发展的公民为目标，按年龄施教（而非因材施教）就很合理了。它采用正规的教学法，孩子坐在成排的课桌边，前面站着老师，而不是像古希腊那样，学生围着老师散步。教学日有作息制度，按铃声上下课。有既定的教学大纲，而非开放式学习。一天里要学习若干科目，而不是多天学习同一个科目。戴维斯认为，如果你想把人塑造成合适的新兵，组建成军队去对抗拿破仑，这些特点是合乎情理的。

普鲁士实验引起了大西洋对岸的特别关注。1816 年，北卡罗来纳州公立学校创始人阿奇博尔德·墨菲（Archibald Murphy）说："如果国家热情关注孩子们的福祉，就必须对他们负责，让他们进入学校，让孩子们的精神得到启蒙，心灵经训练达成美德。"公认的美国公共教育创始人，贺拉斯·曼（Horace Mann）也是普鲁士模式的拥护者。1843 年，他访问了普鲁士，回国后决定效法该国的公立学校。1852 年，美国马萨诸塞州明确采纳普鲁士模式，纽约紧随其后。在贺拉斯·曼眼里，公共教育的目的并不主要是为了提高标准（毕竟，到 1840 年，北部各州的识字率已经达到了 97%），而是把不守纪律的孩子转变成讲究纪律的公民。他再清楚不过了，这是为了国家的利益，而非满足个人的需求。维基百科上有关他的条目里这样说："诸如对权威的服从，准时出席，按照铃声组织时间等，灌输这一类的价值观，帮助学生为将来的就业做准备。"并非偶然的是，当时，许多人都认为，美国的价值观处于被天主教移民稀释的危险当中，而这也正是政府接管教育的重要动机。兰特·普里切特（Lant Pritchett）在《教育的重生》（*The Rebirth of Education*）一书中，引用了 19 世纪日本教育部长的坦率言辞："在所有学校的管理工作中，都必须牢记，要做的事情不是为了学生们着想，而是为了国家考虑。"

排挤私立学校

几年后，英国走上了同样的路线，主要目的是创造经营整个帝国的公务员。一如 2013 年苏伽特·米特拉（Sugata Mitra，英国教育学家）在一场精彩的 TED 演讲中所说，为着手创造一台能远程操作业务的大型计算机，行政机器必须制造出可以替换的零部件，只不过，这里的每一个零部件都恰好是人而已。为了制造这些零部件，他们需要另一台机器，也即一台教育的机器，后者能可靠地生产出有能力快速阅读、清晰书写、用脑袋做加减乘除的人。米特拉说："这些人必须整齐划一，就算你从新西兰找一个人，把他送到加拿大，他也能立刻发挥作用。"

　　和在美国一样，国家规定的强制教育并不是能惠及穷人的唯一途径，这或许跟许多人想的不同。1880 年英国推行国家义务教育的时候，全国人口的识字率已经近乎百分之百。1700 年，英国男性的识字率约为 50%，女性约为 10%，自此以后，这个数字稳步上升，到 1870 年，男女两性的识字率都达到近 90%。1880 年颁布国家义务教育法，15 岁的孩子中有 95% 的人已经识字了。这一切得益自此前半个世纪里家庭、教会和社区自愿教育的爆炸式发展，因为 1870 年之前，国家对此并无任何政策。说自愿教育在随后的岁月里不会继续发展壮大是毫无根据的，就算没有政府的指挥，整个教育制度也会自发演变。

　　1965 年，纽卡斯尔大学的英国经济学家（后移居加拿大）埃德温·韦斯特（Edwin West）发表了著名的私立教育论述《教育与国家》(*Education and the State*)。他认为，英国自 1870 年以来实施的国家强制教育制度，实际上只是取代了原本健健康康、日益发展、本来还将继续发展的私立教育体系。韦斯特生动地形容说，政府不过是"跳上了本来就在飞奔的骏马的鞍上"。

　　印度的情况大致相同，19 世纪 20 年代的一项调查表明，早在英国在南亚次大陆引入公共教育系统之前，广泛的私人资助教育体系覆盖到的男孩，比欧洲许多国家都要多。曼德拉·甘地后来抱怨说，英国"把一棵美丽的大树连根拔起"，用极不成功的可怕公立学校网络取代了当地的私立学校网络，前者集中化，不实行问责制，还纵容种姓制度，给印度留下了更多的文盲，本来不该有这么多的。英国自然对此大加反驳，只不过证据证明的确如此。

　　1818 ～ 1858 年，英国私立学校的入学率翻了 4 倍。到 1870 年，英国已接近实现全民教育，尽管按照今天的标准来看，学年短，教学内容也是东拼西凑的，但关键的是我们不能用今天的标准去判断昨天。随着工人阶级越来越多地看到读写能力（在当时，印刷报纸和期刊正变得越来越廉价，种类也越来越丰富）的优势，私立学校体系迅速发展。一如韦斯特所说："认为现代大众传媒的出现始于 1870 年《福斯特教育法》(Forster's Education Act，也称《初等教育法》)，这种认识根本就是个神话……19世纪 60 年代末，大多数人都识字，大多数孩子都上学，大多数家长也愿意为其掏腰包。"

重新审视 W. E. 福斯特（W. E. Forster）推崇的理念会觉得很有意思。他想要的不是国家提供的免费普及教育制度，而是认为，国家只应该涉足私立学校数量严重不足的地方，在那里进行收费，家长应该可以选择送孩子去哪一种学校。随着国家迅速接管了所有教育，不光决定该教些什么内容、由什么人来教，还要决定哪一种孩子上哪一种学校，上述所有愿望很快落空。几乎可以肯定，如果 1870 年以后教育仍然是私立事务，但由国家对负担不起学费的孩子提供资助，这样的制度会继续扩大、继续演变，创新和竞争能带来比如今的改进快得多的课程和教学水平。只可惜，随着国家的介入，神话愈演愈烈，并最终篡改了历史的原貌（也即国家在一无所有的基础上创造了现代教育制度，并为其后数代国民提供了教育）。

私立为主、国家为辅的教育体系，很可能得以避免近年来出现的国家教育水平恶化的情况。恶化的趋势使得人们发出愈发绝望的呼吁，要求采取积极的行动，让公立学校的孩子也能升入最优秀的大学。牛津大学和剑桥大学的学生不成比例地来自私立学校，这要么暗示富人天生比穷人更聪明（这似乎不太可能），要么暗示私立学校提供了更好的教育（这则是对国家教育质量的惊人控诉）。顺便说一句，私立体系的教育成本并不比公立制度高多少。区别在于，私立体系的学费来自家长，而公立系统的资金来自纳税人。唯一一种更为廉价的选择（家庭教育）在学习成绩上有着甚至更出色的跟踪记录。简而言之，教育经费的国有化，使得穷苦人可以把私人收入（和税收相对）用到其他东西上，但它显然并未提升穷人的社会流动概率，甚至还起到了相反的作用。

教育创新

不光英国是这样。受美国卡托研究所所托，安德鲁·库尔森（Andrew Coulson）对论述"教育市场化与垄断"的研究进行了一次跨国长期调查。他发现，在各个国家内部及它们之间，"根据大多数的计量经济学研究，私立教育都比公立教育要出色"。兰特·普里切特对印度和其他地方的国家教育进行了全面调查，发现很多国家支持的学校水平低得令人沮丧，而且原因几乎都跟集中控制有关。骄傲地吹嘘孩子在学校花了更多时间，将更多的钱投入了教育，但要是这种教育不足以促使孩子学习，那就毫无意义。普里切特用蜘蛛和海星打了个比方。蜘蛛通过大脑这一单节点控制蜘蛛网上发生的一切事情（大脑高度地集中）。海星没有大脑，而是分散的有机体，靠局部神经控制肢节。就教育而言，19 世纪设计的蜘蛛系统，其根本目的在于建立国家的政权合法性。可面临当今的教育和创新挑战，此类集中制度有害无益。普里切特提出的解决方案是鼓励开放教育系统，进行多样化的地方性尝试，让教育变得更类似海星。

国有化教育的真正悲剧在于它看不到创新。就算没有学拉丁文，就算我接受教育的地方属于全世界最优秀的学校之列，我接受的教育采用的仍是中世纪的那一套规范，这真让人吃惊。你会情不自禁地觉得，和生活的其他领域不同，教育竟然没有随着技术的进步飞速向前发展。学校把科学当成事实目录一样教给孩子（也包括我），只要求死记硬背，却从不告诉他们：科学其实是一连串有待挑战的迷人奥秘。教他们认识星系和黑洞吧，别让他们去背波义耳定律！爱因斯坦曾说，"现代教育方法竟然没能彻底扼杀人们探索的神圣好奇心"，简直可以说是个奇迹，"好奇心是一株娇弱的植物，它除了刺激，需要的主要是自由"。

国有化对创新的失败负有重大的责任。"是时候承认公立教育的运作就像计划经济了"，长期担任美国教师联盟主席的阿尔伯特·尚卡尔（Albert Shanker）说。"这是一套官僚体制，所有人的任务都事先阐明，创新、发挥生产力的诱因不足。不足为奇，我们的学校制度毫无进步，就像是计划经济，而不是我们自己的市场经济。"

教育的渐进式改革逐渐浮出水面。纽卡斯尔大学的教育学教授詹姆斯·图利（James Tooley）列举了（用"发现"一次或许更为准确）如下事实：在印度、尼日利亚、加纳、肯尼亚等地，在城市最穷困的贫民窟或者最偏远的乡村，充斥着低成本的私立学校。2000 年，他受世界银行之托，在印度的海得拉巴着手研究这一现象，现在转移到非洲做后续研究。在海得拉巴老城拥挤、肮脏的贫民窟里，他偶然发现，这里竟然有一个 500 所私立学校结成的联盟，满足穷人需求。其中一所叫和平高中的学校，教室没有门，窗户上没安玻璃，墙上没有彩绘，作为人力车夫和短工的孩子每个月花上 60 ～ 100 卢比（约合 6 ～ 10 元人民币，根据年纪不同，价格有所不同）就能接受教育了，可学校的教育质量却给人留下了深刻的印象。还有一所圣玛斯高中，一位迷人的班主任老师（负责教数学）在 20 年里建起了一家有近千名学生的学校，聘用一群基本上不合规范的教师（大多是本校毕业生）在三处租来的地方授课，赚取合理的利润。公立学校里有拿着国家文凭的教师，可教育质量之差，使得海得拉巴的不少家长大为恼火，教师培训的质量也很差，惹恼了许多私立学校的教师。"政府的教师培训，"有人这样告诉图利，"就像学游泳却没去过游泳池一样。"

图利把这些故事讲给世界银行的同事听，可人们告诉他，他发现的这些都是商人宰穷人的例子，或者说明大部分的私立学校是为了捞出同一学区里的富裕家长，这对那些落后的贫苦家庭不好。但事实证明，不是这样。海得巴拉的和平高中向极端贫困和文盲家庭的孩子提供优惠，甚至减免学费：有位家长是清真寺的保洁员，一个月收入不到 10 英镑。为什么这样的人会把孩子送到私立学校而非免费的公立学校呢？要知道，后者还提供制服、教材甚至免费的食物。因为，家长告诉图利，公立学校的教师工作不用心或者教学质量差。图利参观了一些公立学校，确认了这些控诉的真实性。

图利很快意识到，体制内的教育人士并不是不知道贫困社区存在这些低成本的私立学校，而是基本上对其保持无视的态度，并且继续争辩，只有扩大公立教育才能帮助穷人。人们都认为低收入国家的公立教育处于不足状态，但人人都认同的答案是投入更多的钱，而非采用不同的方法。比方说，印度经济学家阿马蒂亚・森（Amartya Sen）呼吁政府增加开支，并将私立教育视为精英阶层的专利，但他在同一份论文的不同位置中承认，越来越多的穷人把孩子送到私立学校，"尤其是在公立学校状况糟糕的地区"。他认为，之所以办得糟糕，是因为私立学校逐渐吸纳了敢于发表意见的中间阶层，而不是由于教师对官僚负责，不对家长负责。可是，抛弃公立学校的穷人和中间阶层一样多。由于青睐教育必须由上至下强加的理论，学校教育可经鼓励由下自上自然形成的教训被忽视了。

印度只是图利研究开始的地方。他拜访了一个又一个国家，总是先听说当地没有低成本的私立学校，而后却发现与之相反的事实。在加纳，他发现一位教师建立了一所有四家分校的学校，有 3400 名学生，每学期收费 50 美元，并为出不起钱的孩子提供奖学金。在索马里兰一座没有供水、没有铺设道路、没有路灯的城市，他发现，每一所公立学校都对应着两所私立学校。在拉各斯，政府官员和西方援助机构的代表都说当地没有低成本的私立学校，他却发现，在拉各斯州的贫困地区，75% 的学龄儿童上的是私立学校，很多这类学校都没在政府登过记。在图利到访的所有地区，不管是城市还是农村，不管是印度还是非洲，他都发现，低成本的私立学校招收的学生比公立学校多，人们愿意把收入的 5% ～ 10% 用在孩子的教育上。在加纳，他问英国政府援助机构的一位官员，为什么该机构不愿意用贷款支持这些学校，而把钱撒到正式的教育官僚机构上，对方回答：钱不能拿给以盈利为目的的机构。

假设你是拉各斯贫民窟里一个孩子的家长。在他上的学校，老师经常缺席，上课打瞌睡，就算清醒，教学水平也很差。然而，这是一家公立学校，没人在意你不再让孩子来上学。你唯一的补救办法，是向老师的上级投诉，可这位官员在城里离你很远的地方，你不经常去；你也可以等到下一次选举，投票选一位新的政客，让他指定一位工作更出色、能派出学监考察教师出勤率和质量，并采取相应措施的官员。祝你好运。图利援引了世界银行的一份报告，该报告绝望地指出，公立学校的业绩工资制度无法发挥作用，"运转失灵的官僚结构溃烂成了腐败的泥沼，为了得到肥缺或者良好的业绩评价，低级官员会给上级塞钱"。

可如果你的老师来自以盈利为目的的私立学校，你不再让孩子来上学，学校的老板很快会感觉到钱包有压力，糟糕的教师会遭到解雇。在市场制度下，家长、消费者是老大。图利发现，私立学校的东家会不断监控教师，跟进家长的投诉。他的研究小组在印度和非洲各地参观教室，发现政府学校里教书的教师其实比私立学校要少，有时仅为后者的一半多。不被承认的私立学校虽然没有公共资金或援助资金，但有着更好的设施，如厕所、电力和黑板。私立学校的学生学得也更好，尤其是在英语和数学上。

教育技术

营利教育的影响并不局限于贫穷国家。在瑞典，营利学校已经成为公立学校的竞争鞭策者，它们提升了水平，增加了教师用在学生身上的时间。英国精英私立学校的慈善定位，兴许挡住了它们投资和扩张的道路。

科技即将以更为激烈的方式改变教育。桥梁国际学院（The Bridge Inter-national Academies）如今在肯尼亚经营着 200 多家低成本的营利学校，教师的教学大纲通过平板电脑投送，计算机还充当着检查教师教学工作的监控设备。该教育集团的设想是，学生不应该受到本地区教师质量的限制，而应借助当地教师的帮助，接触到世界各地的最佳教学实践。它的做法类似可汗学院（Khan Academy），后者现在提供 4000 多段高质量私人辅导视频，几乎涵盖了所有科目。或者是近年来激增的"大规模开放在线课程"（MOOC），成千上万名学生可以通过网络的方式观看名牌大学顶尖讲师的课程，而不再是有幸被斯坦福或麻省理工学院录取的少数幸运儿的专利。在现代世界，一如你可以不再只听本地歌手唱歌，还能听到普拉西多·多明戈一展歌喉，同样的道理，你也不必听当地教师上的课。你可以找到最优秀者。光谱的另一端是旧金山科技企业家本·纳尔逊（Ben Nelson）创办的私立大学密涅瓦学院（Minerva Academy），这是一家小型的（确切地说是微型的）实体大学，学生像通常那样住在一起，但除此之外，该校没有此类教学机构通常具备的其他所有功能，尤其是讲堂，全部由互动的网络研讨班代替。密涅瓦大学的斯蒂芬·科斯林（Stephen Kosslyn）说，讲座是"很好的传授途径，但也是可怕的学习方法"。

50 年内，技术的进步必然会将传统大学一扫而尽。为什么要在现实世界里支付高昂的学费，在校园里待上 3 年，换取比非大学毕业生多不了多少的薪酬呢？为什么不利用所在专业最优秀教师的讲座，构建你自己的在线课程组合，在线上课在线毕业呢？人工智能专家塞巴斯蒂安·特隆（Sebastian Thrun）发送了电子邮件说，将在网上执教一门课程，听课的不仅限于斯坦福大学的学生，而是所有愿意来听的人，数万名学生登记报名。其中 400 人取得了比斯坦福高才生更好的成绩。

其实，为什么不彻底排除掉人类的角色呢？苏伽特·米特拉最初在德里贫民窟的一堵墙里放了一台能上网的计算机，他并不知道会发生什么样的结果。他看着孩子围着屏幕，开始上网玩耍。几个星期之内，他发现，这些连英语都不会说的孩子，完全凭借"自启动"的方式，获得了惊人的深厚的专业知识。

"墙洞"实验为电影《贫民窟的百万富翁》带去了背后灵感。3 年来，米特拉的同事发现，新德里一个区放置的 20 台电脑，不依靠任何教学，就为近 6000 名孩子普及了计算机知识。无须成年人指导，孩子就能学会使用计算机。重要的是，他们也不是自学的，而是彼此指点，这是一种集体性质的自发现象。

在米特拉心中，这一发现很快激发出一个设想：在互联的世界里，其他类型的学习也能无须教授而发生。他在一座名叫卡里库帕姆的偏远泰米尔语村庄（靠近 Pondicherry 中央直辖区）找到学校着手进行实验：教一群 10～14 岁，几乎不说英语、不懂生物学的孩子们学习分子生物学基础知识，但是不依靠任何懂得生物学的教师。在短短两个月内，孩子们就自己学会了生物学技术，平均测试成绩达到 30%。实验的过程是让他们使用墙洞计算机，留给他们一套精心设计的问题，之后就让孩子们发挥自主性。

这个实验，现在已在全世界进行过重复，带来了"自主学习环境"（self-organised learning environment）的概念。米特拉坚持让 3～5 个孩子共用一台计算机，接着提问，让他们自己去寻找答案。谁是毕达哥拉斯？一台 iPad 怎样确定自己在什么地方？什么叫"英属印度"（British Raj）？树木能思考吗？我们为什么做梦？维京海盗的体味臭吗？米特拉说，每一个问题都会引发争论，但也不约而同地打开了学习之门。

有趣的是，从某些方面来看，米特拉可能是重新发现了来自古代印度但湮灭在普鲁士实践下的一种方法。18 世纪末，一个名叫安德鲁·贝尔（Andrew Bell）的英国老师在金奈工作时，发现印度的学校让年纪较大的孩子教更小的孩子，取得了显著的成绩。他把这个想法带回英国，在大量的学校介绍它，还出版了一本名为《金奈儿童收容所进行的教育实验》

（*An Experiment in Education, Made at the Male Asylum at Madras*）的书，颇具影响力。他提出了一套在学校里（由督学监管）或家庭里（由家长监管）进行自我教育的系统。

接下来，米特拉发明了"云奶奶"，一个多由英国退休人士组成的网络，为偏远村庄或贫民窟学校的孩子提供在线指导。"我想到了一种新的假说，"米特拉写道，"有了适当的数字基础设施、安全而自由的环境、知识并不渊博但友好的协调员，孩子能……依靠自己……通过毕业考试。"

米特拉认为，自主学习的最大障碍之一是考核制度。只要考试要检验的仍然是记忆力和头脑上的消化，自我教育就毫无意义，学校仍然无法演变出新的形式。英国最近有一道考试题，问的是"什么叫牛轭湖（oxbow lake）"，想想看。从前地方长官乘着当地人的小船，顺流而下，监督当地司法事务，提前知道这一词条或许还算有用。如今，需要知道什么是牛轭湖的人近乎零，而且，这事只要点点智能手机，就能知道答案了。米特拉告诉我，如果考试会出"什么叫自相似，这一领域有什么最新发现"这一类的题目，那么，考场将别无选择，只能允许考生使用互联网，而这将改变一切。

灌输式教育的继续

我们需要摆脱教育的神创论思维，允许它不断演变发展。教育，做得好的话，也是一种自发产生的演变现象。它是鼓励人们认识世界的过程。然而，它同时也是宣传和灌输的工具，是约翰·斯图亚特·穆勒口中的"精神上的专制枷锁"。就算进入 20 世纪之后，公立学校不再把旗下的产品（学生）视为炮灰或者需要文明教化的野蛮人，它仍然教孩子自己的祖国是至高无上的，大多数时候都是正确的，祖国的对手则背信弃义，大多数时候都是错的，以及"上帝"是基督徒等。诚然，今天的课程往往不再是特定的宣传，一些政策制定者也会为激进的伊斯兰教徒主导的学校在教些什么感到烦心，但学校里传授的内容多多少少仍然是宣传。它宣传的内容或许是多元文化和对地球的尊重，的确是好的"灌输"，可仍然是灌输。就算你不是狂热的阴谋论者，也看得出来现代学校不是要教育出开明的头脑，而是要训练人们怎么思考。孩子的教科书，就算表面上教的科目是历史或者西班牙语，仍会以惊人的高频率出现各种老生常谈，比如世界的现状、风力能源的优越性。

最近，安德鲁·蒙特福德（Andrew Montford）和约翰·谢德（John Shade）撰写了一份报告，发现英国 2014 年的课程有意将孩子教育成环境保护主义者，"在教材中不恰当地看待气候问题，严重的错误、误导性的说法和偏见比比皆是。许多大范围使用的教科书、教学辅助材料和作业题集均是如此"。教科书和教学辅助材料建议孩子给政客写信，参加社会运动，纠缠父母。"全球气候变暖"这个说法，在经济、化学、地理、宗教学、物理、法语、人文科学、生物学、公民课、英语和科学等科目的考试试卷上轮番出现。

好在孩子并不总是听从大人的指指点点。灌输并不是新生事物。小说家多丽丝·莱辛（Doris Lessing）曾经写道，我们应该对孩子说："你们置身受灌输的过程。我们还没有发展出一套不是灌输的教育制度。我们感到很抱歉，但目前，我们已尽力而为。"在灌输"抗灌输"能力方面，有一套教育体系似乎好过大多数制度，至少初期是如此。蒙特梭利学校凭借其无考试的年龄混编合作式教室，以及对自主学习的强调，在"制造"创业家方面做出了非凡的成绩。亚马逊、维基百科和谷歌的创办人都去过蒙特梭利学校。按照谷歌创始人拉里·佩奇的说法，奥妙在于学校习惯了让孩子顺从天性，"无须遵守规则和命令，保持自我激励，对世界现状提出怀疑，做一点不同的事情"。

教育带来经济增长

很多时候，自上而下的幻想扭曲了教育的根本目的。公立教育的目的很少，甚至完全不是要增进学术研究，创造知识。相反，它的目的是培养顺从的公民，忠于国家，实现经济增长，接受最新意识形态的洗脑。"公共教育的目的绝不是要大范围传播启蒙。它只是要让尽量多的人同样的顺从，培养出标准化的公民，遏制不同的意见和独创性。"美国作家门肯（H. L. Mencken）说。为什么教育如此可悲地缺乏创新和进步呢？部分原因在于，创新和进步对掌权者无关紧要。在斯蒂芬·戴维斯看来，今天的学校差不多就是向雇主传递信号的装置，告知有个年轻人已经接受了足够的灌输，能够坚持完成任务，上级说什么就做什么，一如贺拉斯·曼的期待。左翼政客爱强调经费的支出，右翼政客爱强调课程和教学方法的改革，但两者都认为教育是国家而非个人的优先事项。不管教育对个人有什么样的影响，都比不上它对国家的作用。不要问国家的学校能为你做什么……

过去25年，除了向下一代灌输对地球状况的焦虑感，政府主要沉迷于用教育带动经济竞争力。它始终认为，不管持什么样的政治立场，更好的学校、更好的大学、更好的职业教育和更好的培训，能带来更繁荣的社会。千真万确，受过更长时间教育的人过得更加欣欣向荣，更多的教育带来更高的薪水。教育发达的国家一般也都更加繁荣，这也是事实。但这些事实真的证明教育是经济增长的灵丹妙药吗？有没有证据能说明是教育推动国家实现繁荣，而不是反过来呢？艾莉森·沃尔夫（Alison Wolf）在《教育重要吗》（*Does Education Matter*）一书中详尽地考察了数据，得出了一个惊人的结论：答案是"不"。她指出，世界银行的研究表明，教育水平和经济增长之间存在负相关关系。投入最多资源扩大教育体系的国家，经济发展比投入较少资源的国家要慢。埃及在改善、延长和扩大教育方面做得很好，但经济增长缓慢。自 1970 年以来的 30 年，埃及在基础教育和大学教育上都扩招了一倍。可同期它只不过是从全世界第 47 位最穷的国家变成了第 48 位最穷的国家。菲律宾的识字率比 1960 年的中国台湾地区更高，但今天的人均收入仅为后者的 1/10。阿根廷是 20 世纪经济发展最糟糕的国家之一，识字率却属于全世界最高之列。一个国家越是采用集中规划（central planning），教育系统越好，经济表现越糟糕，这主要是因为它培养了许多将来的官僚，受训从事集中规划工作（埃及就是这样）。

顺便说一句，职业教育理应更好，但很难。你可能会认为，它以经济领域内客户的需求为主导。但出人意料的是，艾莉森·沃尔夫在另一篇考察职业教育的报告中发现，它竟然是受国家干预的、集中化的："数十年来，职业教育都受中央微观管理。这个主意很糟糕，不仅仅因为它在本质上毫无效果，同时也意味着，政府要直接承担成败的公共责任，结果发现自己不可能在这个问题上诚实以对。"

不错，不管是在一国或一个地区之内，还是在不同国家和地区之间，受过良好教育的人往往比低学历的人更富有。但沃尔夫指出，这里混淆了因果关系。"有没有可能，"她问，"是经济增长带动了教育，而非教育导致了经济增长？"你肯定能找到国家在教育领域（基础教育和职业教育）有意规划并取得极大进步，同时经济增长很快的例子，比如韩国和新加坡。但沃尔夫问，教育是否带来了经济的发展，或者教育是经济发展的关键因素吗？她得出的结论是：不见得。中国香港地区和瑞士的经济发展跟韩国、新加坡一样快，但在教育的集中规划或投资上要少得多。瑞士的大学平均入学率远低于同等水平的经济体。中国香港地区的"飞速经济发展与集中规划的教育政策毫无关系"，沃尔夫总结道。相反，中国香港地区的家长一等自己足够有钱，就立即把孩子送入优秀的私立学校。

更为明显的例证是与中国香港地区隔着太平洋遥海相望的地方。几十年来，美国在学校教育成就的国际排行榜上一贯表现不佳，可是经济发展得很不错。教育搞得最好的国家或地区，在生产力发展上并不比教育不怎么样的国家或地区表现得更好。每年花在学校或大学上的费用，应当提升员工的生产力，但从经济数据上看不出这样的迹象。沃尔夫总结说："如果优质教育真的给各个国家或地区的相对经济表现带来了什么差异，那它也非常不明显，因为它的影响似乎被其他因素淹没或者中和了。"教育显然有利于提高个体的挣钱能力，但它并不决定整体经济的增长速度。

沃尔夫非但并未看到教育带来了经济红利，反而发现教育水平提升最高的国家，往往发展得比忽视增加教育支出的国家更缓慢。她的结论很刺耳："政治家和评论员常常提到的直白单向关系，也就是加大教育投入，经济就增长，完全是子虚乌有。"她承认，一定的教育当然必不可少。没有良好的识字率和算术能力，薪酬最丰厚的岗位根本不可能存在，可问题不在这里。问题在于，超过了一定的限度，更多的教育（以及更多的教育支出）会不会带来更好的结果。"接受越多教育就能让你变得越富足，这根本是个幻想。"沃尔夫说。今天，大量岗位只招聘大学毕业生，哪怕证据表明，这些工作岗位所需的工作者即使不是大学毕业生也能完美应对。

请记住，这绝对不是在说，更高的教育水平对个人而言不是好事。个人接受更高的教育非常美好，但更高的教育是经济发展带来的回报，而非经济发展的推动力。显然，完全缺乏教育，对现代经济而言会是一场大难，但这并不等于说改善经济的最佳途径就是加大教育支出。教育不是经济政策挂靠的天钩，教育是一种自发产生的现象。

在教育中占主导地位的是创造论思维。课程以说教为主，变化缓慢；学校鼓励教师传授考试方法而非对学生因材施教；教科书中充斥着该想些什么而非怎样思考的条条框框；教学方法不教孩子怎样学习，而是指挥他们；自主学习遭到忽视；人们毫不怀疑地接受政府在教育中占主导地位，又从教育应该为国家（而非个人）做什么贡献的角度去论证教育支出的合理性。这一切并不是暗示教育可以不靠学校来实现，也不是说不再需要教师，小学应该以孩子为中心开展学习，这样那样的政府教育政策不可取。这些事情当然都重要。但有一条路，是各国并未选择的：政治家和教师主动让最合适的做法自然涌现并发展；国家充当推手，而不是一味地发号施令；鼓励学生学习，而不是告诉他们应该想些什么；最热心学习的人，成为系统的主人，而非仆人。

让教育自然地发展吧。

第 11 章

人口的演变

或迟或早，你会力争离我而去，
让末日预言家和先知赢得了你的心。
他们，肯定可以
为你召唤来种种生活秩序倾覆的噩梦，
让你在焦虑中流失一切财富。

——卢克莱修
《物性论》第一卷，第 102～105 行两百多年来，有关人口的主题，因为本身建立在生物学基础之上，可以为近乎令人不安的罪恶提供开脱的借口，于是成了贯穿整个西方历史。当我着手为本书进行研究时，我想到了人类历史上一幕幕惊心动魄的独特情节：马尔萨斯的理论、优生学、纳粹屠杀和现代人口控制。

　　我不再那么理所当然地肯定。我认为，有一些令人信服的证据表明，英国的《济贫法》、爱尔兰饥荒与奥斯威辛的毒气室之间，存在一条直接又有点蜿蜒的知性链条。掌权者基于错误的逻辑，制定了残忍的政策，认为自己最清楚什么做法对弱势者最有好处。迫切的目标，成为可怕手段的开脱。演变被当成了干预的手段，而非对自发过程所做的阐释。

　　罗伯特·马尔萨斯（近年来人们通常称他为托马斯·马尔萨斯，但他一辈子都使用的是自己的中间名罗伯特）为过去的两个世纪投下了一道长长的阴影。他是个富有的英国数学家、教师兼牧师，文风优美。他今天为人所知，完全是因为一篇短小的文章《人口论》。这篇文章最初发表于1798年，并在接下来的几年里频繁修订。直到今天，仍有很多人认为他是个环保运动的英雄。他坚持强调，发展是有极限的；一旦土地、食物、燃料和水用光，人口增长必然导致贫困、饥荒和疾病。在巴斯修道院，他的墓志铭上写道："这是个脾性柔美、举止文雅、心地善良的人，他仁慈、虔诚。"他显然不是个卑鄙的家伙，他对人口过剩采取的首要补救措施即自己晚婚，也并不残忍。但他的确想到，如果人们不接受晚婚，残忍的政策对遏制人口增长有作用：一旦疾病肆虐，我们不得不鼓励饥荒，"采取邪恶的具体补救措施"。

不幸的是，这残忍的一课，是大多数人从马尔萨斯那里体会到的精神：你必须用不友善的手段，来达成善意的目的。这论调（也即生而贫穷，生而患病，是件糟糕的事情）贯穿优生学和人口运动的始终，甚至直到今天都声势不减。今天，每当我写到或者谈到非洲儿童死亡率下降时，总会听到有人用马尔萨斯式的言论回应说："阻止穷人死亡，显然是件坏事吧？让非洲实现经济增长有什么好处呢？他们只会生更多的孩子，买更多的汽车。要发善心，你得残忍些。"让我们把这一套叫作马尔萨斯厌世症吧。它错得完全没谱。让人口增长放缓的途径，其实是让孩子活下来，为所有人带来健康、繁荣和教育。

跟马尔萨斯同时代的以及他身后的许多人，都认为这种建议太过残忍。皮埃尔-约瑟夫·蒲鲁东（Pierre-Joseph Proudhon）把它称为"政治谋杀理论，凶手怀着慈善动机和对上帝的爱杀人"。

这套理论用在了爱尔兰

然而，在整个 19 世纪，马尔萨斯的学说直接且频繁地影响着政策，却通常从不强调结婚年龄。1834 年，英国颁布了新《济贫法》，试图强制赤贫者除了到习艺所做工之外得不到其他帮助，而习艺所的条件并不比外面世界最糟糕的地方好多少。这种做法就明确地以马尔萨斯的观点为基础：太多的慈善只会鼓励生育，尤其是非婚生子女，也即"私生子"。19世纪40年代，爱尔兰马铃薯饥荒，是当时掌权的英国政治家根据马尔萨斯式的偏见一手推动其无限恶化的。按传记作家的说法，首相约翰·罗素（John Russell）勋爵"对救济带来的长期后果，怀着马尔萨斯式的恐惧之心"。爱尔兰总督克拉伦登（Clarendon）勋爵认为："发放少量食物，让人勉强活着，不会给任何人带来好处。"（连接受食物的人也没好处吗？）财政部大臣秘书查尔斯·特里维廉（Charles Trevelyan）曾在东印度公司学院当过马尔萨斯的学生。他认为，饥荒是"减少过剩人口的有效机制"，"是至高至仁的上帝，是朝着'自私、乖张、爱惹麻烦'的爱尔兰人直接挥出的一记鞭子，让他们吃点教训"。请注意，这句话里表现出的马尔萨斯厌世主义，并寄希望于终极天钩——"上帝"。特里维廉说："最高智慧的上帝通过短暂的恶，带来了永久的善。"这样，我们又回到了潘格罗斯博士和里斯本大地震的那一套：大规模的死亡是一件好事。简而言之，100万爱尔兰人死亡，不光是一场生态灾难，也是马尔萨斯式政策蓄意为之。

提到英帝国主义，那些像我这样的人，从小就认为它跟其余同类比起来，基本上还算是和善的，可下面的故事更糟糕。美国著名航空航天工程师罗伯特·祖布林（Robert Zubrin）在《绝望的商人》（*Merchants of Despair*）中讲述，1877年，一个爱幻想、爱抽鸦片的波希米亚诗人，名叫罗伯特·布尔沃 – 利顿（Robert Bulwer-Lytton），受自己的朋友，大英首相本杰明·迪斯雷利（Benjamin Disraeli）委任，担任印度总督。布尔沃 – 利顿听起来似乎是个出身高贵的嬉皮士，一副人畜无害的样子，只可惜，他和手下的顾问，都是马尔萨斯论者。印度有部分地区出现了干旱。印度全国有着充裕的粮食（两年里，粮食出口翻倍再翻倍），但税收和卢比贬值，让灾民无力负担救济。布尔沃 – 利顿的回应，几乎是逐字逐句援引了马尔萨斯："印度的人口比土壤产出的粮食增加得更快。"他的政策是把灾民赶进"赈灾"营，给他们发放（能饿死人的）口粮（人均获得的口粮略低于纳粹集中营发放的口粮），每个月饿死 94% 的灾民。布尔沃 – 利顿专门叫停了若干企图赈灾的私人行为。他的政府为此提出的理由是，残忍是为了行善，因为马尔萨斯式的目的为恶劣手段做了辩白。上千万人因此死亡。

马尔萨斯对历史的影响也不全然都是糟糕的。他对查尔斯·达尔文和阿尔弗雷德·华莱士有着巨大的影响。但即便温柔、包含同情心如达尔文者，也曾短暂地受过马尔萨斯观点的诱惑，认为他心爱的自然选择是一种救治的处方，而非对既定事实的描述。他在《人类的由来》里明确地写过一段马尔萨斯主义的话，指出：收容所和医院救活了"低能儿、残疾和病人"；疫苗留下了弱者的性命。"故此文明物种里的弱者，宣扬它们的善"，而连牲畜饲养员都知道，这种做法"有害于种族"。他接着感叹道："赤贫无畏者，常因恶习而退化，几乎全都早婚，反过来说，谨慎节俭者，多为良善之辈，多晚婚。"这不是政策建议，也是达尔文谨慎的科学生涯（无关政治）里少有的失足，但这段话显然呼应了他年轻时代所吸收的马尔萨斯学说。

国有化婚姻

几位达尔文的追随者，尤其是他的表弟弗朗西斯·高尔顿（Francis

Galton)，和他的德语翻译恩斯特·海克尔（Ernst Haeckel），热情地投入了"国有化婚姻"的设想中，这其实是条线索。高尔顿希望人们更谨慎地选择婚姻伴侣，让适者繁育，不适者绝育。"对于自然盲目、缓慢、无情地推进的事情，"他认为，"人兴许可以怀着意识迅速、仁慈地去做。"即便在当时来看，高尔顿也是一个十分挑剔、充满偏见的人，虽然他从未真正推荐过对"不适合"的人进行绝育或灭绝。

高尔顿的追随者很快你追我赶地鼓吹起了国有化婚姻、繁育特许、对不适者进行绝育等措施。许多最热情的优生学人士，如韦伯夫妇（悉德尼·韦伯和比阿特丽丝·波特·韦伯）、萧伯纳、哈维洛克·艾利斯（Havelock Ellis，旧译霭理士）和作家 H. G. 威尔斯（H. G. Wells）都认为执行选择性繁育人类项目需要动用国家力量。其他各政治派别的大量政客，从温斯顿·丘吉尔到西奥多·罗斯福，也都热心鼓吹对公民的私生活采取优生干预措施。事实上，在英国、法国和美国的精英圈子里，不推动优生政策简直成了政治不正确。反对优生，更是对人类的未来漠不关心。

在德国，海克尔将马尔萨斯式的斗争带上了一条准宗教的方向，试图将达尔文主义和基督教观点融合成一套名为一元论（Monism）的理论。1892 年，他在阿尔滕堡进行的一场演讲里，引用马尔萨斯和托马斯·霍布斯的说法："是达尔文，尤其是 34 年前，用他的生存斗争学说以及立足其上的选择理论，打开了我们的眼界。我们现在知道，我们星球上的整个有机自然，都是通过一场所有人对抗所有人的无情战争而存在的。"海克尔的追随者为优生学赋予了种族色彩。他们不光主张合法地杀掉畸形儿童，进行系统化谋杀以改进种族，更认为战争是"最崇高、最壮烈的生存斗争"（这些话来自德国人类学家奥托·阿蒙，写于 1900 年）。生存竞争这个说法，最初是马尔萨斯在《人口论》第三章里所用的，接着，达尔文又从马尔萨斯那里拿到了接力棒，"我为了消遣偶然读到了马尔萨斯的《人口论》，做好了充分的准备要理解无处不在的生存斗争……"多亏了一元论者，这个词很快被用来给德国皇帝和希特勒的好战辩白。一战前的德国军国主义者常常令人不安地援引达尔文，但其他国家的好战分子也不甘落后。1898 年，英国皇家联合研究所杂志的一篇文章上问道："战争，难道不是淘汰堕落、虚弱或其他有害状态的宏大计划吗……"意大利未来学家菲利波·马里内蒂（Filippo Marinetti）称战争为"世界唯一的卫生"。

1905 年，海克尔的 4 位追随者成立了德国种族卫生协会（German Society for Racial Hygiene），这一步，日后将直接带来反犹主义的《纽伦堡法令》（Nuremberg laws）、纳粹德国官员讨论"犹太人问题最终解决办法"的万湖会议，以及杀人无数的毒气室。因此，不难看出，从马尔萨斯追随者所坚持的选择性生存干预举措，到奥斯维辛集中营里的白骨累累之间，有一条清晰的路径。这倒不是要那无辜的数学家兼牧师为纳粹的罪恶负责。把生存斗争描述为人类人口的一个特点，在道德上并没有什么错。错的是把它规定为一项蓄意的政策。在这条道路上，每走一步所犯下的罪，都错在主动施加干预上，都错在为达目的而不择手段上。一如约拿·戈德堡（Jonah Goldberg）在《自由法西斯主义》（*Liberal Fascism*）中写道："几乎所有主要的进步知识分子都将达尔文理论阐释为'干预'人类自然选择的军令状。就连那些表面上跟优生学没有联系的进步派人士，也对这一事业表示了密切的支持。进步人士的圈子并不把种族主义优生学看成什么见不得人的事。"

这一政策毫无科学支持，反倒无关紧要了。事实上，孟德尔的发现（到 1900 年才为世人所知）本来应该早就干掉了优生学。单独遗传（particulate inheritance）和隐性基因的存在，使得通过选择性繁育避免人种恶化的概念难得不切实际。负责人种繁育的人，该怎样分辨出携带某种低能或者不适要素但并未表达在外的杂合者呢？我们又应该花多长时间淘汰来自杂合者婚姻的不适者呢？这会耗上数百年，而且一路上问题会越来越难解决，因为随着我们的物种变得越来越近亲相交，杂合者结合的情况越来越多。然而遗传学的事实对这场争论没有产生任何影响。受规划幻想的驱使，左右两翼政治阶层都兴奋地想要进行国有化繁殖，防止不健康血统的散布。

1912 年，在查尔斯·达尔文之子伦纳德·达尔文（Leonard Darwin）的主持下，第一届优生学国际大会在伦敦召开。三位大使以及首席大法官兼海军部大臣温斯顿·丘吉尔出席了会议。在开幕致辞上，伦纳德·达尔文直白地提及要把自然选择从一种对自然现象的描述变成人为干预："作为一个旨在争取进步的机构，有意识的选择必须取代自然选择的盲目力量。"幸运的是，英国虽然是优生运动的发源地，却从未颁布过专门的优生法，在很大程度上，这多亏了下议院议员乔赛亚·韦奇伍德（Josiah Wedgwood），他察觉了危险，并想方设法地阻挠下议院通过优生法案。

绝育开始

在美国，故事可就不同了。1910 年，充满活力的优生学家查尔斯·达文波特（Charles Davenport）凭借铁路大王哈里曼（E.H. Harriman）的遗孀提供的资金，在纽约冷泉港创办了优生学档案局（The Eugenics Record Office）。没过多久，该机构就开始对政策产生巨大的影响。1921 年，由发明家亚历山大·格雷厄姆·贝尔荣誉主持、美国自然历史博物馆馆长亨利·费尔菲尔德·奥斯本（Henry Fairfield Osborn）主理，第二届优生学国际大会在纽约召开，美国国务院发出邀请函。这是一次朴素无华的大会。伦纳德·达尔文因为病得太重无法出席，但发来消息，表达了"坚定的信念……如果在未来 100 年里不采取大范围的优生改革，我们的西方文明就必然要逐渐进入缓慢的衰退期，每一种伟大的古代文明都曾经历这一过程"。

1932 年，优生学档案局局长哈利·劳克林（Harry Laughlin）为优生法构思了一套模型。这套模型，加上他与达文波特干劲十足的游说，最终说服了 30 个州通过法律，对低能儿、精神失常者、有犯罪倾向者、癫痫患者、酒鬼、病人、盲人、聋人、畸形者和需他人照料者进行强制绝育。等到 20 世纪 70 年代初废除此类法律时，已有近 63 000 人被迫绝育，更多的人接受说服自愿绝育。

没过多久，另一股思潮——自然崇拜汇入了优生学厌世症。1916 年，纽约一位律师兼环保主义者麦迪逊·格兰特（Madison Grant，布朗克斯动物园、挽救红杉联盟和德纳利国家公园等组织机构的创办人）出版了一本名为《伟大种族的延续》（*Passing of the Great Race*）的书，赞美北欧人种的阳刚之美，提到了他们的优势地位受到了来自地中海及东欧移民的威胁。受此书影响，美国《1924 年移民法》得以通过。它还成了希特勒的"圣经"（为此，他给格兰特写去了热情洋溢的信件）。

在德国，保护自然和毁灭人命的工作同样齐头并进。纳粹经常抨击现代耕作方法，将亲近自然视为理想，对有机手工农业大唱赞歌。他们最喜欢的哲学家，如海德格尔等，对跟自然和谐相处津津乐道："拯救地球不是掌握地球，不是征服它，这些都只是无尽掠夺的一个步骤罢了。"纪录片导演马丁·德金（Martin Durkin）评论说，绿色环保思想并不仅仅是纳粹的副业。

正是纳粹重现农民社会的绿色环保尝试，促使其入侵波兰以寻求"生存空间"。正是他们对中世纪绿色环保的乡愁，带来了他们"血与土"的种族主义意识形态。正是他们的绿色反资本主义和对银行家的厌恶，带来了他们对犹太人的憎恨。

1939 年，美国的社会改革家玛格丽特·桑格（Margaret Sanger）建立了"黑人工程"，打算在牧师和医生的帮助下让黑人控制生育。该项目毫不遮掩自己的优生种族主义："大量的黑人对生育问题满不在乎，十分可怕，结果是，黑人中最不聪明、最不健康者的比例上升了。"

加利福尼亚对优生学特别热衷。到 1933 年，它强制节育的人数比其他各州加起来还多。因此，1932 年第三届优生学国际大会在纽约美国自然历史博物馆召开时，主持会议的查尔斯·达文波特问道："优生学研究能否向我们指出一条通往超人和超级国家的道路呢？"在加利福尼亚看来，超人崇拜的德国代表渴望得到答案。德国代表之一、种族卫生协会的恩斯特·鲁丁（Ernst Rudin），当选为国际优生学组织联合会的领导人。再过几个月，未来的纳粹政府就会任命鲁丁为国家优生专员。到1934 年，德国每个月对 5000 人进行绝育。加州环保人士查尔斯·歌德

（Charles Goethe）和麦迪逊·格兰特一样，热情地倡导保护野生景观，也同样热情地倡导对精神病患者进行强制绝育。访问德国返美之后，他欢呼地说，这是加利福尼亚的榜样之国，"一个有着 6000 万人口的伟大政府，付诸了行动"。德国的种族主义，固然继承了恩斯特·海克尔的传统，但也是从美国西海岸了解到绝育的实际操作方式的。

为杀人辩白

接下来发生的事情至今仍令人胆寒。希特勒掌权上台的 6 年里，纳粹德国对 40 万人进行了绝育，包括精神分裂症、抑郁症和癫痫患者以及各类残疾人。它禁止犹太人和非犹太人性交，并着手系统化地以多种方式迫害犹太人。在宣传的压力下，许多普通德国人背叛了自己的良心，为同情自己的犹太朋友感到羞耻：他们认为，道义上正确的做法，就是压抑这种感觉。此时，马尔萨斯厌世症又出现了。

来自德国的犹太移民遭到了英国、法国和美国政府的主动抵制，大多用的都是明确的优生学理由。1939 年年初，哈利·劳克林促成的本土主义者和优生学施压集团在国会里联手，否决了一项在配额之上额外允许 20 000 名犹太儿童进入美国的法案。1939 年 5 月，载着 930 名德国犹太人的圣路易斯号轮船航行到美国。在等待入港许可期间，劳克林发布了一份报告，要求美国切莫降低"优生和种族标准"。大部分乘客被送回欧洲，多人在当地送命。

1939 年，纳粹政府展开"T4 行动"（Aktion T4），朝前更进了一步，开始杀害残疾人及精神病患者，主要采用注射处死的方式。第一批遇害者是患有先天性疾病的儿童，有 5000 人被处死。接着，70 000 名成人死于该行动，直到 1941 年，来自他们亲属的抗议才阻止了该项目。然而，该行动非但没有结束，还引出了一套新计划，把"不适者"送到集中营进行大规模灭绝，外加同性恋者、吉卜赛人、政治犯和几百万个犹太人。600万人丧命。要说这世界上没有存在过马尔萨斯、达尔文、海克尔和劳克林，事情就不会变成这样，这种想法太过头了。然而，纳粹种族灭绝行动的明确理由，的确是建立在优生学基础上，根植于马尔萨斯最初概括的生存斗争中。

还是人口

二战后，随着这些政策走到极端所暴露出来的可怕后果，优生学不再是显学。真的吗？同样的论调在控制世界人口运动中迅速光明正大地死灰复燃，令人大跌眼镜。战前著名优生学家亨利·费尔菲尔德·奥斯本的儿子，同样叫作亨利·费尔菲尔德·奥斯本，于 1948 年出版了一本书，名叫《饱受掠夺的地球》（*Our Plundered Planet*），重提了马尔萨斯的担忧，也即人口的迅速增长、资源的枯竭、土壤的耗尽、DDT 的滥用、对技术的过度依赖以及消费主义的狂潮。"利润的动机，如果走向极端，"富裕的奥斯本写道，"只有一个确定的结果，即土地的最终毁灭"。出版当年，奥斯本的书出版当年就重印了 8 次，并被翻译成 13 种语言。

几乎在同一时间，一位热心保护野生动物的生物学家威廉·沃格特（William Vogt）出版了一本非常类似的书《生存之路》（*Road to Survival*），更为明确地认可了"精明牧师"马尔萨斯的观点。"不幸的是，"（没错，的确不幸）沃格特写道，"1936～1946年，尽管有战争、德国的大屠杀、个别地方的营养不良，欧洲的人口却增加了1100万"。他认为，在印度，英国的治理让饥荒失去了威力，这很遗憾，因为它带来了更多的婴儿，印度人"以鳕鱼那般不负责任的精神生养着孩子"。

费尔菲尔德·奥斯本设立并主持了保育基金会（Conservation Foundation），通过他的人脉建立了一项庞大的资金项目，支持了当今不少大型环保组织，包括塞拉俱乐部、环境保护基金以及欧洲的世界野生动物基金会。他的表兄弟弗雷德里克·奥斯本（Frederick Osborn）担任过第三届优生学国际大会的司库，日后还担任了美国优生学会的会长。1961年，玛格丽特·桑格成立了计划生育基金会，认为慈善事业"不断增加着有缺陷者、罪犯及寄生虫的人数"。迟至1951年，该组织的国际分支都设在英国优生学会的办公室。说起来让人不舒服，但人口控制运动就是优生运动的亲生骨肉。

在大西洋对岸，两者的联系更加一目了然。1952年，杰出的物理学家查尔斯·高尔顿·达尔文爵士（也是查尔斯·达尔文的孙子、伦纳德·达尔文的侄子）出版了一本悲观的书，名为《下一百万年》（*The Next Million Years*）。"马尔萨斯的理论归纳起来就是，绝不能让人口比食物更多，"他写道，"对马尔萨斯式的威胁最担心的人认为，通过繁荣减少人口，是解决人口问题的途径。他们对这种状况导致的人种退化毫无察觉，又或者，两相其害，他们愿取其轻"。达尔文认为，除非通过激烈手段，否则不可能控制人口增长，而激烈的手段，就包括战争、杀婴、对一部分成年人进行绝育，对最后一种，他说，恐怕会遭到"强烈抵制"。他根本无法想象人口爆炸带来的美好结局，因为他采用的是自上而下的思考角度。"我们"怎样解决这个问题？

联合国教科文组织的第一任负责人、人口控制的早期倡导者朱利安·赫胥黎（Sir Julian Huxley）在英国环保运动中扮演了急先锋的角色，有点类似奥斯本在美国的角色。他战前对优生学的热情，迟至 1962 年仍未磨灭，他在契巴基金会（Ciba Foundation）的一场会议上，曾就"人类与未来"主题发言：

目前，民众肯定无法容忍强制优生或绝育措施，但如果你着手进行一些实验，包括部分自愿措施，将会看到它们发挥作用；如果你大规模地教育民众，让他们理解关键在哪里，你或许能够，在一代人之内，对整体人口产生影响。

查尔斯·高尔顿·达尔文爵士、朱利安·赫胥黎爵士、小亨利·奥斯本·费尔菲尔德和威廉·沃格特并不是遭到尴尬的知识分子群体无视的异类。他们抓住了时代的潮流，并产生着极大的影响力。

人口勒索

到 20 世纪 60 年代，这些观念转化了许多当权者。一整代的学生，包括免疫学家保罗·埃尔利希（Paul Ehrlich）和美国前副总统阿尔·戈尔（Al Gore）都读过奥斯本及沃格特的书。最有影响力的弟子是威廉·德雷珀（William Draper）将军。1959 年，他受外援理事会委托向艾森豪威尔总统报告说，援助应当和生育控制明确地捆绑起来，以求减少社会主义阵营新成员的供给量。艾森豪威尔并未接受这一提议，继任总统约翰·肯尼迪信奉天主教，也未接受。

不过，德雷珀并不死心。他的人口危机委员会逐渐拉拢了美国公众生活里许多最有影响力的人，使之接受了如下论点：强制人口控制，是击败冷战中东欧阵营的关键。最终，在智库兰德公司一份研究（使用了荒唐的15%的折扣率，说生养孩子有着负面的经济价值）的帮助下，1966年，德雷珀和盟友赢得了总统林登·约翰逊的背书，人口控制成为美国对外援助的正式组成部分。在人口事务署铁腕署长赖默特·雷文霍尔特（Reimert Ravenholt）的管理下，其预算不断扩大，直至超过了美国整个援助预算的剩余部分。在一系列令人震惊的事件里，雷文霍尔特购买了有缺陷的避孕药、未经消毒的宫内避孕器以及未经批准的避孕用品，以援助的形式派发给贫穷国家。他直言不讳地说明了个人的看法：降低非洲婴儿死亡率"对非洲社会极其有害，死亡率降低，生育率却未平衡到大致相等的水平……20世纪七八十年代的疾病预防项目，从可预防的疾病手里挽救了许多婴儿和孩子，结果他们却变成了挥舞着大砍刀的杀手"。

先有雷文霍尔特执掌人口事务署，后有世界银行行长罗伯特·麦克纳马拉（Robert McNamara）拒绝向不执行银行所设节育配额的国家贷款，于是印度这样的国家就只能动手强制绝育，换取粮食援助了。1966年，英迪拉·甘地（Indira Gandhi）到访华盛顿，恳求粮食援助以缓解印度饥荒（导致饥荒的部分原因是它近年来与巴基斯坦发生的战争冲突），美国国务卿迪恩·拉斯科（Dean Rusk）提出"付出巨大努力控制人口是获得援助的条件"。英迪拉收到这一信息，答应按省份落实绝育配额，给妇女安装节育环。印度政府搭起了上百座绝育帐篷，医护人员在此进行了成千上万台输精管或输卵管切除术，放置了节育环。而接受手术者可获得的回报，

少得可怜，每人可得 12 ～ 25 个卢比，这样的援助竟然吸引来了数百万的
饥民，尤其是最贫困者。1972 ～ 1973 年，有 300 万人接受了绝育手术。

　　一些西方评论家认为，饥荒是更好的行动路线。1967 年，威廉·帕
多克和保罗·帕多克（William and Paul Paddock）写了一本畅销书，名为
《饥荒 1975！》(Famine 1975!)，认为一场大饥荒迫在眉睫，粮食援助根本
没用。他们说，美国必须把欠发达国家分为 3 类：可以帮助的国家，对这
些国家来说，即便没有帮助，它们也能带着伤、流着血蹒跚前进；"援助
只是浪费的国家，这些国家必将绝望地走向饥荒，或者已经处于饥荒魔
爪中（无论饥荒是人口过剩、农业不足还是政治无能所致）"；应该忽视、
让它们听天由命、"没法救的国家"。印度、埃及和海地就应该交给命运，
听凭饥荒发落。

　　一年后，保罗·埃尔利希出版《人口炸弹》(The Population Bomb)，
也是一副冷酷无情的嘴脸。埃尔利希认为，印度永远无法养活自己。他毫
不掩饰地倡导通过强制手段来实现人口控制，说对人口控制发慈悲，就像
是对癌症发慈悲一样，得了癌症要动手术才行，"手术需要许多表面上看
残酷无情的决定。疼痛甚至会极为强烈"。在国内控制人口，"如果自愿
方法失败，就使用强制方法"。他建议在供水里加入绝育药，以达到"合
乎理想的人口规模"。至于海外，他希望对印度的粮食援助以"对有三个
或以上子女者强制绝育"为条件。他说："伟大的事业要恩威并施。"约
翰逊总统将对印度粮食援助与人口控制挂钩的做法，激起了国内左派人士
的批评，这让埃尔利希"大感震惊"。他和霍尔德伦夫妇（安妮·霍尔德
伦和约翰·霍尔德伦，后者是奥巴马总统的科学顾问）合著了一本书。在
书中，埃尔利希建议，应该设立"全球政权"，"负责决定全世界及各地

区最适宜的人口范围，并根据各地区的最高限度，设定各国的人口"。

1975 年，甘地夫人向世界银行申请贷款，世界银行方面告诉她，印度在控制人口上还需要付出更大的努力。她回过头来就逼儿子桑贾伊·甘地实施了一个项目，大搞生育许可、执照、配额，连住房申请都要以绝育为条件。贫民窟遭到围剿，穷人被成群驱赶去做绝育手术，暴力冲突多次发生。1976 年，800 万名印度人接受绝育处置后，罗伯特·麦克纳马拉访问该国并表示祝贺："终于，印度朝着解决人口问题的方向有效前进了。"

人口怀疑论者

好了，令人惊讶的事情在这儿。印度和其他地方的出生率本来就已经下降了。和马尔萨斯的预言相反，粮食产量的提升速度远远快过人口增长，这要多谢绿色革命，带来了合成氨肥料和新培育出的矮秆小麦品种。原来，人口爆炸的解决办法不是要强制绝育，不是要对婴儿死亡率坐视不理，而是恰恰相反。到目前为止，减缓人口增长的最好办法是让孩子活下来，因为等到他们长大以后，组建的家庭规模更小，生养的孩子也更少。

更令人震惊的事实是，其实早在恐慌伊始，就有人知道这种演变式的解决途径了。就算是在 20 世纪 40 年代新马尔萨斯人口警报刚响起来的时候，也有人看出了这种诊断和治疗方法错得多么可怕。他们主张，婴儿更多不会带来更多的饥荒，而是反过来。人们提高出生率，是为了应对儿童的高死亡率。让民众变得更富裕、更健康，他们自然就会生育更少的孩子，欧洲的情况就是这样，繁荣使得出生率下降，而非上涨。帕克·汉森（Parker Hanson）伯爵在《新世界的崛起》（*New Worlds Emerging*）一书中详细地回应威廉·沃格特说，粮食短缺和婴儿过多的解决办法是繁荣，而非马尔萨斯式的饥荒。人们"如果担心供不起孩子上大学，恐怕会更乐意少生几个孩子"。

巴西外交官若苏埃·德·卡斯特罗（Josué de Castro）在《饥饿的地缘政治学》（*The Geopolitics of Hunger*）中，对新马尔萨斯主义提出了更大胆的批评："故此，生存之路，不是靠消除多余人口、控制生育的新马尔萨斯主义处方，而是努力让地球表面上的每一个人都更富有生产力。"

20 世纪 70 年代，经济学家朱利安·西蒙（Julian Simon）在一系列文章和书籍里攻击了保罗·埃尔利希的招牌式人口悲观情绪。西蒙认为，如果有人认为，生孩子是坏事，生牛犊却是件好事，这样的论点必定存在严重的错误。为什么要把人看成需要养活的嘴巴，而非能帮忙的手呢？在过去两个世纪里，人类的福祉随着人口扩大而有所改善，这不才是真相吗？

1980 年，西蒙就未来原材料的价格跟埃尔利希打了一个著名的赌。埃尔利希和一位同事热切地接受了提议，选中铜、铬、镍、锡和钨作为样例原材料，打赌在未来 10 年里，它们会变得更加稀缺，日益昂贵。西蒙押了相反的赌注。10 年后，埃尔利希不情不愿地给西蒙寄去了 576.07 美元的支票——上述所有 5 种金属的实际及名义价格均有所降低。不过，埃尔利希仍然当众把西蒙叫作"低能儿"。（我曾倍感骄傲地获得过朱利安·西蒙奖，这一奖项的奖品由上述 5 种金属制成。）西蒙还提议打另一个赌，任何人愿意都可以跟他对赌："我敢用一个星期或一个月的薪水打赌，任何涉及人类物质福祉的趋势，都将改善而非恶化。"直到1998年西蒙最终去世，这个赌一直没人敢接招。

原来，人口爆炸的解决方案是绿色革命和人口结构的转型。这是自发现象，而非强制和规划。它是演变，而非处方。人口增长趋缓，是渐进的、自发的计划外现象。因为变得更富裕、更健康、更城市化、更自由、接受了更多的教育，人们竟然开始组成规模更小的家庭。人们这么做不是因为听从谁的命令。

第 12 章

领导力的演变

生活在和平与服从里，

　　远远优于渴求统治之权力，在整个王国只手遮天。

　　让别人去，从一无所有里，

　　顺着野心的窄道，杀出一条血路吧。

——卢克莱修，

《物性论》第五卷，第 1129 ～ 1132 行

在法国启蒙运动的宣言，即丹尼斯·狄德罗和让·达朗贝尔合著的《百科全书》里，你几乎找不到名人的词条。比方说，要读到艾萨克·牛顿的短传，你必须查找"Wolstrope"，这是林肯郡村的古名，也是牛顿成长的地方。《百科全书》秉持这种奇怪的羞怯态度，自有一套道理。狄德罗和其朋友认为，历史已经将太多荣誉给了领导者，却太少关注事件和环境。他们想把国王、圣人，甚至发现者拉下宝座。他们想提醒读者，历史是由成千上万的普通人而非少数超人英雄推动的进程。他们想从历史里，也从政府、社会和科学里去掉天钩（即便如此，对"Wolstrope"这个地方，除了是牛顿的出生地，他们也找不出什么话可说）。

　　跟狄德罗同时代但略微年长的孟德斯鸠，同样坚持认为，面对自然不可抗拒的必然性，领导者获得了太多光彩。他认为，人类仅仅是偶然现象，历史是由更普遍的原因推动的。"马丁·路德是宗教改革的推手，"他写道，"但这是一件必然要发生的事情。如果不是路德，自然有别人来做"。一场战斗的偶然结果，有可能提前加快一个国家的覆灭，也可能推迟它，但如果这个国家注定要覆灭，那它迟早都会发生。故此，孟德斯鸠对根本原因和直接原因做了区分，这是社会科学里一个很有用的概念。有些时候，他过分推崇气候决定论，过分寻找事件的非人为因素，难怪他讨厌教会和国家，因为前者认为上帝是万物之因，后者喜欢归功于国王。

到了 19 世纪，受托马斯·卡莱尔（Thomas Carlyle）历史"伟人"论的影响，传记死灰复燃。卡莱尔说，拿破仑、路德、卢梭、莎士比亚和穆罕默德等英雄人物，是他们所处时代的成因，而非结果。颇具影响力的 1911 年版《大英百科全书》则走到了《百科全书》的另一个极端：社会历史淹没在了传记当中。于是，为了解后罗马时代的世界，你必须查找"匈奴王阿提拉"的条目。

哲学家赫伯特·斯宾塞（Herbert Spencer）[○]对自上而下的历史观进行了反击，认为卡莱尔是错的，可惜基本徒劳。列夫·托尔斯泰将《战争与和平》的很大篇幅用来反对伟人史观。可是 20 世纪接下来上演的一幕幕

○ 赫伯特·斯宾塞是历史上受到最不公平中伤的人物之一，他如今被视为无情的社会达尔文主义者，支持"败者为寇"。这是天大的中伤。斯宾塞主张对在生活竞争中落了下风的人给予同情、怜悯和施舍，但他也支持竞争，因为竞争能提高所有人的生活水平，而不是因为竞争帮助了最成功者。他是一个极具同情心的自由主义哲学家，敏感、才华横溢。他强烈反对军国主义、帝国主义、国家宗教、国家暴政及一切形式的压迫，他支持女权，支持工人结社。因此，指责他主张"强权即公理"是截然错误的。他始终不信任政府，担心"政府会对本应给予保护的群体施加暴政"，他更倾向于鼓励自愿合作。20 世纪的历史发展，以及第二次世界大战及冷战时期留下的数千万累累白骨，充分肯定了他对国家愤世嫉俗的看法。迪尔德丽·麦克洛斯基指出："20 世纪之后，要是还有什么人，仍然认为彻底的民族主义、帝国主义、动员、统一规划、调控、分区制度、价格控制、税收政策、工会、企业集团、政府支出、侵入性监管、冒进的外交政策，信任宗教或政治，或者其他 19 世纪式支持政府采取彻底行动的主张，仍然是改善我们生活的无害理性观点，可谓不长心眼。"斯宾塞也并未主张以铁石心肠对待不幸者。见 Richards, Peter 2008. Herbert Spencer（1820-1903）: Social Darwinist or Libertarian Prophet?, Libertarian Heritage 26 and Mingardi, Alberto 2011. Herbert Spencer. Bloomsbury Academic. Deirdre McCloskey's remarks are from an essay called "Factual Free-Market Fairness". 可以在 bleedingheartlibertarians.com 找到。

大戏，却似乎证明卡莱尔是对的，伟大的男男女女，或好或坏，一次次地改变了历史：列宁、丘吉尔、曼德拉、撒切尔、希特勒。一如伦敦市长鲍里斯·约翰逊在《丘吉尔：一个人如何缔造历史》（*The Churchill Factor: How One Man Made History*）中称，几乎无法想象，在 1940 年 5 月，会有其他英国政客，掌权后竟然选择不低头受辱跟希特勒谈判寻求和平。战时内阁里没有其他任何人拥有足够的勇气、疯狂、纯粹的放肆，蔑视必然，继续战斗。约翰逊举的这个例子，确实证明了一个人能改变历史。那么，历史真的是由伟人推动的吗？

蚊子打赢了战争

今天，我们仍然受制于伟人史观，也许仅仅是因为我们喜欢读传记。美国总统政治完全是基于这样一套神话建立的：一位完美的、无所不知的、德行高尚的、廉洁的救世主每隔 4 年就会出现在新罕布什尔州的初选里，带领他的人民前往应许之地。这种救世主情绪，在奥巴马当选总统那一天达到了不可超越的极端。用他自己在 2008 年 6 月的话来说，这一刻，"大海的浪头开始降下去，我们的星球逐渐愈合"。他要"拯救这个国家"，关闭关塔那摩湾，改革医疗保健，为中东带去和平。他被授予诺贝尔和平奖，基本上就是因为当选了总统。这个可怜的人，在这样高涨的期待中，他肯定会让人失望的。2013 年，在奥巴马推出了令人失望的医改之后，波士顿大学政治学家安德鲁·巴切维奇（Andrew Bacevich）评论说："或许事实证明奥巴马本人可能已经变成了一个失败者，但主宰美国政坛数十年的对总统的个人崇拜，迄今未曾有所衰减。"每隔 4 年，当民众发现，神祇一般的大英雄露出了沾满泥巴的脚，全世界最有权力的人竟然没有太大的力量能改变世界，他们是注定要感到失望的。即便如此，美国人民对总统制度的信心从未有所减损。其他国家也没有太大的不同。

又或者回过头来，看看人类历史上的沧海巨变（如文艺复兴、宗教改革、工业革命），它们都是其他事情的偶然副产物。贸易使得意大利商人发家致富。因为对高利贷感到愧疚，他们委托艺术家制作美丽无比的虔诚作品，并支持以开放的心态探索古典世界的知识。印刷带来了廉价的书籍，使之广泛传播，这促成了宗教改革，经过此前几百年数次失败的尝试之后，最终削弱了教皇及其追随者的权威。技术专家史蒂芬·约翰逊（Steven Johnson）认为，历史事件的意外后果有可能意义深远。古腾堡带来了便宜的印刷书籍，由此拉开了识字率提高的帷幕，造就了眼镜市场，眼镜市场带来了对透镜的研究，后者促成了显微镜和望远镜的发明，最终开启了"地球绕着太阳转"的重大发现。

查尔斯·曼恩（Charles Mann）在《1493》一书中，记叙了东西半球开始接触之后出现的浩浩荡荡的哥伦布大交换，他一次又一次地表明，塑造历史的真正力量来自下面，而非上面。例如，美国革命既来自乔治·华盛顿的领导，也同样靠了疟原虫的暗中相助。疟原虫摧毁了查尔斯·康沃利斯（Charles Cornwallis）将军在卡罗来纳和切萨皮克湾部署的军队。我这么说，可不是在给打了败仗的英国人找借口，而是以美国杰出环境史学家 J. R. 麦克尼尔（J. R. McNeill）的权威作品为根据。他提及四斑按蚊（Anopheles quadrimaculatus）中的雌蚊，这样写道："这群微型亚马孙女战士，对英国军队展开了秘密生物战。"

1779 年，英军总司令亨利·克林顿（Henry Clinton）采用了"南方战略"，派部队从海上占领卡罗来纳州，但卡罗来纳州疟疾横生，每年春季都会在来自欧洲的新移民里大规模爆发。引起疟疾的疟原虫会让患者虚弱无力，有时还让他们感染其他疾病而送命。水稻的种植为蚊子提供了充足的栖息地，让问题进一步恶化。"卡罗来纳州的春天是天堂，夏天是地狱，秋天则是医院。"一位德国游客写道。大部分白人殖民者年轻时得过疟疾，活了下来，获得了一定的抵抗力。大多数黑人奴隶来自非洲，对疟疾自带一定程度的遗传免疫力。因此，对意图入侵的外国军队来说，美国南部是个最糟糕的选择。

拿下查尔斯顿后，康沃利斯指挥英军向内陆行进。1780 年 6 月，成编制的皮肤白皙、大汗淋漓的苏格兰人、德国人跋涉在树林及稻田里，四斑按蚊和疟原虫简直不敢相信自己的好运。它们都喝饱了血（蚊子吸血，疟原虫则吞噬蚊子的细胞）。等到快打仗的时候，大部分英军已经因为发烧变得虚弱无力，连康沃利斯自己也没能逃过这一劫。用麦克尼尔的话来说，只要打上一仗，康沃利斯的军队就会烟消云散。只有久经发烧考验的本地人，才能留在战场上。雪上加霜的是，治疗疟疾的唯一药物来自金鸡纳树皮的奎宁。奎宁被垄断在西班牙人手里。为了支持自己的法国盟友，西班牙跟英国断绝了贸易。

冬天到来，康沃利斯的士兵恢复了精力，他也专门将部队迁到北部内陆弗吉尼亚州，远离沿海的沼泽，保护"部队免遭致命疾病的侵袭，去年秋天，这病几乎把整个军队给毁了"。但亨利·克林顿令他返回海岸，准备接收增援，于是康沃利斯不情愿地回到了约克镇，这座堡垒恰好位于切萨皮克湾的两片沼泽地之间。乔治·华盛顿率领法国及北方军队，南下围攻康沃利斯，9 月抵达。康沃利斯的"部队每天都因疾病减员"，不到 3

个星期就投了降。由于疟疾存在一个多月的潜伏期，新来的法国人和美国人直到战斗结束后才开始生病。"蚊子，"麦克尼尔说，"帮助美国人打破僵局，夺下了革命战争的胜利，没有蚊子，就没有美利坚合众国。明年 7 月 4 日蚊子咬你的时候，别忘了这个故事。"

当然，我们不能把乔治·华盛顿的累累战功一笔抹杀。但美国领袖的名声，来自他促成了一连串的事件；反过来说也成立，正是这一连串的事件（本例中是微观上的事件），造就了美国领袖的名声。当然，你可以争辩说，英国无论如何都赢不了这场战争，最终，没有蚊子，他们也会投降。别用大虫子史观取代伟人史观，这很重要。然而，它强调了我们的论点：战争的决定因素是由下至上的。

帝国式首席执行官

在人类成就的一个领域中，伟人史观和从前一样顶天立地，这就是大企业。哪怕来到互联网时代，大多数现代公司也都设立得像封建采邑，有位国王掌握大权，这一尊神祇，有着超自然的名声、非常大的股份，外加一个让人过耳难忘的名字（比如盖茨、乔布斯、贝佐斯、施密特、扎克伯格）。最为讽刺的地方在于，今天最具标志性、权力最大的帝国式首席执行官，来自漂浮在流动、平等、动荡的数字经济世界里的企业。他们的公司蜘蛛网般地连接着数十亿客户，促成了他们之间的横向互动，他们的员工穿牛仔裤，吃纯素沙拉，工作时间灵活。可老板们的言论，有着近乎《圣经》般的地位。杰夫·贝佐斯的名言是"从客户开始，逆向工作"，可他的手下念咒似的频频重复这句口头禅，你不禁要想，他们仍然是从老板开始，往前工作的。2011 年，史蒂夫·乔布斯去世，人们普遍认为苹果公司本身的生存也受到了威胁，股价暴跌。成吉思汗死的时候，大概产生的影响也就这样了吧？为什么亨利·福特和匈奴王阿提拉的专制精神，到了 21 世纪仍然纹丝未变呢？为什么公司还是这样一种自上而下的东西呢？

起初，加利福尼亚的科技公司有意识地想在这方面跟东海岸及旧世界的势利眼、层级主义保持不同。按照汤姆·沃尔夫（Tom Wolfe）的记载，早在 20 世纪 80 年代，英特尔的罗伯特·诺伊斯（Robert Noyce）等人就故意打算摆脱东海岸资本主义的封建模式，抛弃它的"封臣、士兵、自耕农和农奴；层层叠叠、用以象征优势、确立边界的繁多礼仪和特殊待遇，比如豪车、司机等"。在英特尔，诺伊斯甚至没有专属车位。在西海岸的公司，民主的扁平化符号的确延续至今，首席执行官的行为也不怎么像封建领主，更像是神谕、先知或神祇，人们敬畏地对待其言论。

经济学家汤姆·黑兹利特（Tom Hazlett）背诵了一些有关新共享经济的天真乐观言论之后，对我说："新的维基经济里肯定会诞生大量亿万富翁。"2012 年，Facebook 提交首次公开募股申请时，马克·扎克伯格表示，他希望世界的信息基础设施应该是"自下而上建成的点对点网络，而非迄今为止业已存在的自上而下整体结构"。技术评论家史蒂芬·约翰逊指出，扎克伯格至少持有该公司 57% 的股票，他苦笑着说："自上而下的控制是一种难以撼动的习惯。"

可我们必须撼动它。一如 2011 年加里·哈默尔（Gary Hamel）在《哈佛商业评论》上发表文章，戏仿莎士比亚《亨利六世》中的屠夫说："首先，让我们解雇所有的管理者。"他指出，随着组织的发展壮大，管理层级、规模和复杂性都在增加，因为管理人员也需要管理；大公司里老板的工作有很大一部分是要保持组织不至于因为太过复杂而崩溃。发号施令式的管理，意味着很可能出现愚蠢的决策："让人掌握君主般的权威，过不了多久，就会出现皇室般的一团糟。"这也意味着，拖拖拉拉的委员会之间相互踢皮球，决策速度慢，问题得不到解决。它还剥夺了基层员工的力量，因为他们的意见或建议无人肯听。哈默尔指出，一个人作为消费者，可以自主购买 20 000 美元的新车；可作为公司的雇员，却不能自主购买 500 美元的办公椅。这也难怪，和小公司相比，大公司发展得更缓慢（主要管理人员可参加年度达沃斯世界经济论坛的公司，往往其股市上表现糟糕）；和小型机构相比，大型公共机构名声差得多。

可除了表面的权力，近些年来，大公司的 CEO 有时候无非外聘的代言人而已。他永远在路上，向投资者和客户解释"他的"战略，依靠一两个参谋长来招聘、解聘、放逐自己的手下。当然，确实有人深深地将自己的理念注入组织，亲自设计其产品，但这样的人是少数特例。大多数 CEO 只是搭便车的，拿着高薪在员工创造的浪头上冲浪，偶尔做出关键决策，但承担的责任，并不比选择该战略的设计师、中层管理者甚至客户更多。他们的职业生涯也越来越多地反映了这一点：从外部调入，为长时间工作拿到丰厚的回报，一旦局面变糟，就拿着很多钱黯然低调离场。媒体当然也出力维持着他们是封建帝王的幻觉，但幻觉始终是幻觉。

那么，如今到底是什么人在经营公司呢？不是股东，不是董事会，也不是企业合作社。基本上，是等事情变糟糕或者变得更好之后，他们才有所察觉。任何试过根据共识来经营公司的人都可以告诉你，这个点子是多么糟糕，多么可怕。会议无休无止，每一个人都想让其他所有人看到自己的观点。什么事都做不了，脾气越来越暴躁。只有就那种人们不允许发表不同意见的问题，才能达成共识。这就像是驾驶着一辆刹车和油门作用类似的汽车。不，在一家大公司里，真正发挥作用的东西是劳动分工：你做你擅长的事，我做我擅长的事，我们互相协调行动。这才是大多数公司内部真正发生的事情，良好的管理意味着良好的协调。员工掌握专门的技能，进行交流，就像市场里的参与者、城市里的公民一样。

管理的演变

20 年来，一家名为"晨星西红柿"的加利福尼亚公司一直在尝试"自我管理"。结果是，晨星西红柿成为全世界最大的西红柿加工厂，加工加利福尼亚 40% 的西红柿。公司利润迅速增长，员工流失率非常低，并且具有高度的创新能力。不过，它没有管理层，没有老板，没有首席执行官。没有一个人有头衔，也没有晋升途径。自 20 世纪 90 年代初以来，它一直实行自我管理。选择西红柿新品种的生物学家、采摘西红柿的农场工人、加工西红柿的工厂工人、办公室里的会计，都同样负责。

它甚至没有预算：员工和同事磋商支出，决定则由距离该支出能产生最大影响的地方最近的员工负责做出。每名员工没有岗位描述或雇用合同，但有一封"同事理解备忘录"。它不光规定了员工的责任，也确立了他们的绩效指标。这封备忘录由员工自己撰写，并根据自己的绩效，与同僚商榷备忘录的内容和薪水。收入最高的员工仅为收入最低者的 6 倍，这在大公司里算是少见的低比率。该公司最出名的地方是，没有与金钱及地位相关的政治斗争。人们对同僚有着远比对老板更大的承诺感。

这一切是怎么形成的呢？故事是这样的。按自我管理研究所的保罗·格林（Paul Green）所写，1990 年，晨星西红柿公司的创办人克里斯·鲁弗（Chris Rufer）刚进入加工行业，把员工召集到"加利福尼亚州洛斯巴诺斯郊区一条土路上的小农舍"，他提问道："我们想要成为什么样的公司？"答案建立在三条原则之上：人能掌控自己的生活时最幸福；人能"思考，充满活力，发挥创意，表达关怀"；最佳的人类组织应该像志愿团体，没有外人管理，而由参与者相互协调管理。让批评家大跌眼镜的是，这套系统持续运作，晨星西红柿公司成长为一家拥有 400 名专职员工（还有 3000 名兼职员工）的企业。

自我管理非但未曾导致混乱，反而运作得异常出色。可除了少数几家商学院的研究，晨星西红柿公司的持续成功基本上遭到了媒体和学术界的忽视，一部分原因在于公司运作得太顺畅，很少见诸报端，另一部分原因在于食品加工不是时尚产业，技术含量低，公司又设在加州中央谷地，还有一部分原因则在于它的创办精神是高度的自由意志。克里斯·鲁弗信奉机会自由，而不是最终结果的必然平等。而在"爱丽丝漫游奇境"般的媒体世界中，这就让他成了"右翼"。所以，他没能得到自己应有的地位——对员工下放权力的伟大企业改革家，哪怕他实际上当之无愧。数以百计的企业到晨星西红柿公司来学习自我管理，满怀热情地离开。可很少有人真正效仿它，因为等人们回到总部，文山会海就淹没了最初的热情。像鲁弗那样从头开始创办一家自我管理型企业，是一回事；要现有的企业放弃特权，就是另一回事了。

然而，一点一滴，这个想法慢慢地总会流行开来。在我看来，晨星西红柿公司和其他尝试自我管理的企业（如在线零售商 Zappos），无非明确而热情地做着其他企业渐渐被逼得不情不愿才肯做的事情。想想看，旧有的观念难道不奇怪吗：一群穿西服、在会议上发言的员工，应该"负责"告诉其余穿 T 恤和牛仔裤的员工怎么做？为什么不把白领高管想成是聘来给企业其余生产工人服务的呢？

美国食品零售商全食公司把商品库存与促销决策下放给了地方零售店及店内团队。该公司还操作着一个名为"收益分享"的方案，每一支团队所获得的奖金，都可以跟其他团队分享。全食公司的创办人之一约翰·麦基（John Mackey）是自由市场力量的坚定支持者，他认为，自由市场的力量能瓦解社会的不平等，使社会扁平化。他还认为演变在市场里发挥着作用："企业并不是一台真正的机器，而是一套互相依存、不断发展、有着多重利害关系的复杂系统的构成部分。"

哦，别把晨星西红柿公司跟斯大林时代的苏联集体农庄相比。苏联的农民加入集体农庄，他们的生产目标由中央制定，做什么工作受上级指派，自己种出来的作物要上缴国家，并由国家分配。要说真正的平均主义源于自由而非国家，难道还有比这更好的例子吗？

经济发展的演变

直到 200 年前，几乎全世界都是穷人。接着，欧洲和北美的少数几个国家，突然逃出了贫穷状态，绝大多数公民享受到了难以想象的舒适、机遇和机会，把世界其余地区抛在了后面。在过去的几十年中，更多的国家（主要在亚洲）遵循这条道路，开始了贫穷大逃亡，而另一些国家（大多数在非洲）仍远远落后。迄今为止，经济发展进程是近几十年来规模最为宏大、最了不起的事情。然而，这里没有"伟人"能邀功。事实上，你越仔细审视经济发展的历史，你就越会发现，它根本就没有领导者。

经济发展不仅体现在收入增长上，还体现在群众参与整套合作系统，推动创新，节省满足各自需求的时间上。到了今天，尽管我们已经知道经济发展可以出现在任何地方，也知道有一些条件能促成它的出现，但仍然没有办法让它听令发生。普林斯顿大学的经济学家丹尼·罗德里克（Dani Rodrik）和同事发表了一系列论文，试图阐明政治决策对经济发展的影响，但他们发现，"经济改革的大多数例子，并不会让发展加快速度"，"发展加快速度的大多数例子，不是经济政策、制度安排、政治环境或外部条件带来的，两者也并不伴随出现"。经济学家威廉·伊斯特利（William Easterly）指出，在发展中国家，完全找不到领导人换届是经济奇迹成因的证据，时机完全搭不上。他说，领导人对经济发展速度的影响接近于零，这个结论"太叫人吃惊，几乎无法相信"。

韩国和加纳在 20 世纪 50 年代的人均收入相同。然而，加纳得到的援助、建议和政治干预多于韩国。如今，加纳比韩国穷得多。整体而言，20 世纪末，亚洲通过经济发展走出了贫困，非洲经济却未能通过援助摆脱贫困。事实证明，实现经济繁荣发展的最佳途径是贸易，而不是援助。而就在专家开始为非洲还不能实现经济发展感到绝望，有时甚至诉诸人种甚至制度解释的时候，非洲突然出现了发展奇迹，并持续至今：10 年当中，非洲许多国家的 GDP 已经翻了一倍。经济发展的故事是一个自下而上的故事。经济不发展的故事，则是一个自上而下的故事。

事实上，反对经济发展创世论的例证，比这还要强。威廉·伊斯特利说，今天，贫困是可以避免的，导致贫困的真正原因是，国家力量不受约束，而贫困群众没有权利。在专家的建议下，当今的发展行业渴望独裁者，并大多能如愿以偿，形成专家的暴政。但这种专家的暴政，往往会变成更普遍的暴政，金钱和援助反倒成了独裁者的续命丹。靠自由个体自发形成的解决方案，本应当实现更大的发展。

伊斯特利的论点建立在对援助史的详尽分析之上。20世纪20年代洛克菲勒基金会对华援助，二战之后，它改以政府资金的形式，在非洲、拉丁美洲和亚洲极大扩展。近些年来，它的表现形式是大型私人和公共慈善事业。他谨慎地指出（我也是），人道主义帮助是好事，为饥荒灾民送去食物，为疾病患者送去药物，为天灾难民修建住所，这也都是绝对正确、绝对该做的事情。援助对危机的缓解（如2014～2015年的埃博拉疫情）至关重要。分歧出在，援助是不是不光能应对危机，还能解决贫困。给穷人钱，对贫困来说是不是可持续的解决方案。也就是说，你该怎样帮助穷人？你是靠专家、政府指导、规划和命令他们的生活，还是给他们贸易和分工的自由，让繁荣演变形成？

1974年，弗里德里希·哈耶克和贡纳尔·默达尔（Gunnar Myrdal）从相反的方向回答了这一问题，共同获得了诺贝尔经济学奖。哈耶克认为，个人权利和自由是社会摆脱贫困的途径。默达尔认为，没有"强制支持的调控"，发展"基本上没有效果"，因为没有政府的指导，"基本上文盲又麻木不仁的公民"，将一事无成。默达尔声称代表了有关发展的共识（没错，的确如此）："如今人们普遍认同欠发达国家应该有一套整体的综合国家计划。"截至20世纪70年代，在西方政府和国际机构里，几乎不存在哈耶克主张的方法。（叫人摸不着头脑的是，他明明反对国家强制，却最终被贴上了"右派"的标签。）

接受洛克菲勒资助的约翰·贝尔·康德利夫（John Bell Condliffe）见此情形，于 1938 年颇有先见之明地警告说："我们面临着一种全新的迷信，超乎以往世界所知，并更为可怕：这就是民族国家的神话，它的祭司比宗教裁判所的教士还要偏狭。"康德利夫认为专制权力是贫困的成因而非解决途径。

二战结束后，后殖民时代的非洲出现了以下情况。英国撤出，强权者接管了大多数国家。但英国在临走前设计了技术官僚发展制度，确保这些强权者能够方便进行指挥、控制，掌握充足的资金。英国为什么要这么做呢？一位退休的殖民官员海利勋爵（Lord Hailey）在二战期间构思出了这一方法，当时，德国和日本成功地对英国的威望造成了威胁，让戴遮阳帽的大英地方殖民长官褪去了些许神祇的色彩。海利提出，大英帝国应该把撤出描述成"世界落后民族福祉运动"，从而将自己重塑为一股进步势力。当然，这需要"中央政府采取更多的主动和控制"。因此，英国在其殖民地的统治突然转向，不再主要是监督公平，而更多地成了促进经济发展。这就成了把独立问题搁置一旁的借口，要等到隶属的人民"准备好"再说。海利建议美国人在南部种族隔离事宜上采取类似的手法，把后者拉拢到一起。改善经济成了第一要务，政治解放可以稍后再议。

由此导致的结果是，20 世纪五六十年代新近解放的"第三世界"顺利地接受了现成的专制设想。"群众从掌权者那里得到了线索"，1951 年联合国《发展报告》（*Primer for Development*）提到。哈耶克并没有上当，他认为联合国宪章的意思就是"多多少少是在有意识地努力维持白人的统治地位"。

同一种技术官僚发展理念对冷战中的美国人极为有用。他们用中立援助做外衣，掩饰他们对反苏盟友的支持，在哥伦比亚等地发放世界银行贷款，既促进发展，也支持反共政权。援助又一次成全了独裁者。问题的部分原因在于，富国政府认为民族国家是发展的单元，不应重视这些国家里的人。20世纪中期，在欧洲和日本，专制政权已经名声扫地。但它们的生命，在发展中世界得以延续，美欧的援助成功地撑起了当地的民族国家。"打着国家集体福祉高于一切的旗号，发展无意中成了压制少数人权利的利器。"伊斯特利说。

伊斯特利对现代援助活动同样持批评态度。托尼·布莱尔（Tony Blair）在"非洲治理倡议"中说自己的目标是"巩固政府执行计划的能力"。在埃塞俄比亚，这意味着支持政府的"造村"项目，100多万户家庭搬迁到示范村，把腾出来的土地卖给外国投资者。整个项目引发了相当多的动荡和暴力，但它不光得到了国际机构的赞誉，还得到了相应的资金。2010年，人权观察组织发表报告，名为《援助为埃塞俄比亚的镇压买了单》。按文中所述，埃塞俄比亚的领导人梅莱斯·泽纳维（Meles Zenawi）用援助资金敲诈本国公民，如果人民支持反对党，就不给灾民发放粮食救济。

另一个例子来自马拉维，欧盟的发展援助旨在帮助该国发展多样化生产，从单纯地种植烟草，改为更多地种植糖类作物，结果却鼓励了政府从小农户手里不正当地征用土地。援助为某些富人提供了有效的刺激，让他们向警察、村长寻求帮助，把农民从土地上赶走，获得更多的土地可种植利润丰厚的糖。数十年来，在非洲和拉美地区，掠夺的精英阶层都是穷人的毒药，援助往往有意无意地贴补了这些掠夺者。

第13章

政府的演变

人，无时无刻不在攀登权位的顶峰，
他们走上了一条危险之路。在攀登的顶点，
嫉妒常如一道闪电，带着蔑视将他们劈开，
把他们投入仇恨的地狱之坑。

——卢克莱修，
《物性论》第五卷，第 1123 ～ 1126 行

根据电影来判断，19 世纪的美国西部，杀人是家常便饭。诸如阿比林、威奇托和道奇城等，根本就没有政府（如果有，也小得几近于无，只有一个胆小怕事、火力不足、贪污腐败的警长），从而带来了无穷无尽的霍布斯式的火拼。可真的如此吗？事实上，在 1870 ～ 1885 年这一关键阶段，5 个此类城镇的平均谋杀案数目仅为每镇每贸易季 1.5 桩。这个谋杀桩数比今天美国该地区的谋杀桩数还要少，比大城市就更少了。更何况，城镇当年的人口还要多得多。如今，在威奇托，虽然有着完备的州和联邦权力机关，一年谋杀案也有 40 桩。

　　真相是，狂野的西部的确没有太多政府，但它和无法无天差得很远，甚至也称不上暴力。经济学家特里·安德森（Terry Anderson）和 P. J. 希尔（P.J. Hill）在《狂野西部不狂野》（*Not So Wild, Wild West*）一书中记载，由于正规的执法机制不多，人们自行做了安排，由私人警察执行，并使用火车流放等简单的惩罚措施。安德森和希尔得出结论，因为没有政府高压垄断，形成了多支私人执法部队，在自然选择的推动下，他们之间的竞争带来了进步和创新。实际上，19 世纪的牧场主重新发现了中世纪商人的经验：在没有外界强加习俗和法律的地方，习俗和法律会自然形成。这和无政府主义相去甚远。

近些年来，耶鲁大学的罗伯特·埃里克森（Robert Ellickson）记录了这方面的一个好例子（例子发生在加利福尼亚州农牧地区的沙斯塔县）。埃里克森从经济学家罗纳德·科斯（Ronald Coase，他主张在没有交易成本的时候，牧场主和小麦种植者之间的争议，将直接通过私人谈判解决，而不是靠国家行政机关给予处罚）给出的一个著名例子里找到了线索，想观察当地人怎么处理牲口误闯他人土地的事宜。他发现，法律基本上无关紧要。人们私下解决问题，有时甚至不合法。比方说，人们会打电话给牲口的主人，让他把走错路的牲口领回去。如果他总是不及时领回牲口，那么他的牲口就会被驱赶到错误的方向，甚至被骗以示惩罚。人人都知道，兴许有一天，自己可能也会遭到他人的抱怨，所以总是真诚地报以歉意。这仅仅是睦邻友好的乡村版。要是有人太快向警方、法院投诉处理邻里事务，就会被乡亲父老视为行为欠妥，辜负了社群的好意。

究其本源，政府是公民之间执行公共秩序的一种安排。它自发出现的概率，跟外界强加的概率至少也是不相上下。数百年来，它的形式不断发生有机的改变，少有规划。

监狱里的政府演变

最近有一项关于监狱帮派的有趣研究，名叫《地下世界的社会秩序》（*The Social Order of the Underworld*）。作者大卫·斯卡贝克（David Skarbek）发现，有证据表明，监狱世界同样是自发秩序出现和发展的例子，尽管要仰仗暴力威胁的支持。美国监狱从来不完全依靠国家建立秩序。有狱长、警卫，这毫无疑问，但大多数"法律"是犯人之间自发形成的习惯，也叫作"狱友准则"（convict code）。它的形式主要来自所谓的"盗亦有道"。唐纳德·克莱默（Donald Clemmer）对监狱规范做过开创性研究，他说，"狱友准则"的基本前提是，"犯人们在纪律事务上不得帮助监狱或政府官员，不应向其提供任何信息，尤其是有可能对狱友造成损害的信息"。斯卡贝克指出，这一准则是演变出来的，而非创造出来的。它不是任何一群犯人开会决定的。违规者会遭到排斥、嘲笑、攻击甚至处死，但处罚权力是分散下放的。没人对此负责。狱友准则"促进了社会合作，减少了社会冲突。它帮助建立秩序，推动非法贸易"。

然而，到了20世纪70年代，男子监狱的狱友准则逐渐解体了（女子监狱倒没有）。这恰好与监狱人口迅速增加、狱友种族越发多元化的趋势相吻合。而这又与我们所谓的"前国家状态"（pre-state）相符。当村庄或部落超出一定的规模，人际行为准则就行不通了。匿名性太强了。暴力明显增加，但另一种东西也在成形：监狱帮派浮出水面。

纵观美国的监狱系统，黑帮帮主要在20世纪70年代出现。他们跟外面世界的帮派几乎没有关系，并且会出现在没有街头帮派的地区。它们出现在了30多座不同的监狱，就好像有人把帮派的概念，当成改革设想提了出来似的。然而，帮派文化来自狱友而非监狱官方，并且是不自觉产生的。尽管有帮派头目，但整个制度高度分散化。一如斯卡贝克所说："社会秩序的存在，不来自人的选择。没有人对此负责。"他还效仿苏格兰哲学家亚当·弗格森的话总结道："这种体制自下而上出现的过程，是狱友行动带来的结果，而非执行某个狱友的设计。"它自然而然地演变而成。

圣·昆廷墨西哥黑手党是第一个此类帮派（迄今仍是最强的帮派之一），没过多久，其他帮派也出现了。帮派的作用是抑制暴力，增进毒品和其他商品的贸易，降低价格，从整体上改善狱友的生活。斯卡贝克分析了这一切是怎样发生的，排除了对这一现象的其他所有解释，只剩下了最后一个：这是政府原始形式的形成。帮派的出现是犯人之间缺乏治理的解决途径。监狱管理人员普遍欢迎帮派，因为他们知道，帮派有助于维持秩序。女子监狱尚未形成帮派的原因很简单，因为人口规模仍然很小，使用规范、行为准则就够了。换句话说，当人口达到特定规模，政府会以收取保护费组织的形式自发出现。如今，墨西哥黑手党不光控制着加利福尼亚监狱的毒品贸易，也控制着街头的毒品贸易。在监狱里，他们从毒品贩子手里收取保护费，并通过暴力威胁执行权力。美国近年来暴力犯罪的下降，原因之一可能在于黑帮成功地对毒品贸易施加了少量秩序。

收取保护费的组织演变成政府

如果说帮派会变成政府，这是否意味着政府也会变成帮派呢？凯文·威廉姆森在《末日将近，而且很棒》（*The End is Near and it's Going to be Awesome*）一书中提出，有组织犯罪集团和政府是堂亲，它们是同根生的笋芽。这就是说，政府最开始就是收取保护费的黑手党，垄断暴力，抽取租金（税），保护自己的公民不受外人掠夺。这是几乎所有政府的起源。今天，勒索保护费的黑手党，也都处在向政府演变的进程当中。黑手党本身是在西西里一个无法无天的时期出现的，当时财产权没有保障，大量老兵都乐意充当有偿保护人。20 世纪 90 年代，俄罗斯黑手党也以类似的途径出现：无法无天的时代，寻找工作的老兵众多。

纵观历史，民族国家的特征，就在于对暴力的垄断。在古罗马，尤其是在公元前 1 世纪，执政官、将军、总督和元老，都有自己的有组织犯罪集团（刺客或军团），他们在一连串愈演愈烈、日趋绝望的内战、暗杀和密谋中瓜分帝国对外征服战争带来的赃物，直到其中一支势力掌握了足够多的财富和权力，实行军事力量的垄断。他称自己为"皇帝"，带来了持续近 200 年的"罗马治世"（虽然也偶有流血事件）。伊恩·莫里斯（Ian Morris）在《战争》（*War: What is it Good For?*）一书中指出："暴力的矛盾逻辑在发挥作用。因为人人都知道，皇帝能够派去军团（如果事态太过紧迫，他也真的会这么做），所以他几乎完全用不着这么做。"

今天，我们一般采用良性视角看待国家，认为这是一种试图维持公平公正的制度，它的存在是为了驯服人的劣根性，但不妨想想这一制度的历史。在几乎所有地方（只有美国和其他一些前殖民地是明显的例外），政府最初都是一群暴徒，一如教皇格列高利七世在 11 世纪尖锐地指出："依靠骄傲、掠夺、背信弃义、谋杀，总之各种各样的犯罪行为，将自己置于同胞之上。"用经济史学家罗伯特·希格斯（Robert Higgs）的话来说，在历史的大部分阶段，国家是"人权永恒的掠夺者、全能的施虐者"。乔治·华盛顿说："跟政府没有理可讲，也没法与之辩驳，它就是力量！政府好比烈火，既是危险的仆人，也是令人恐惧的主人。"1939 年，社会评论家艾尔伯特·杰伊·诺克（Albert Jay Nock）用特别愤世嫉俗（原因也很充分）的口吻写道："国家因为社会服务而起源的概念，完全不符合历史事实。国家起源于征服和没收，也就是说，它起源于犯罪。"或许，我们已经将这一切抛在了身后，现在的国家正朝着良性、温和的美德稳步演变，但也许并不是这样。

都铎王朝的君主和塔利班是完全相同的。一如亨利七世的行为就像是黑手党老大，伊斯兰国、哥伦比亚革命武装力量、黑手党本身、爱尔兰共和军，做起事来也越来越像是政府：他们执行严格的道德准则，对商品（鸦片、可卡因、废物处置）"征税"，惩治违规者，提供福利。就连现代政府，也有着黑社会性质的元素。世界某些地区的警察部队都曾窝藏罪犯：美国国土安全部创立不过 10 来年，但到 2011 年，它竟有 300 多名员工因毒品走私、儿童色情、向贩毒集团出售情报等罪行遭到逮捕。

和罗马皇帝的军团一样，国家对武器装备的垄断，始终尽量躲开人们的视线。但不可否认，它就在那儿。很多人为美国私人持有的枪械感到困扰，但公有的枪械又怎么样呢？近年来，美国政府（而非军方）购买了 16 亿发子弹，足够把全美人口全部干掉 5 次。社会安全署订购了 17.4 万个弹夹的中空弹。国税局、教育局、土地管理局，甚至国家海洋和大气管理局，都拥有枪支。

2014 年 8 月，密苏里州圣路易斯郊区的弗格森爆发骚乱时，警察搭乘装载着武器的装甲车，全副武装地出现，这让许多人大吃一惊：他们看起来不像是执法部队，更像是军方。参议员兰德·保罗（Rand Paul）在《时代》杂志上发表评论说，联邦政府为地方警察的军事化提供经济诱因，资助市政府"建立小型军队"。美国传统基金会（Heritage Foundation）的埃文·伯尼克（Evan Bernick）一年前就曾提出警告，说国土安全部向全国各地的城镇发放反恐资金，让地方购买车辆、火炮、装甲甚至飞机。实际上，五角大楼还向警察捐赠军用装备，包括坦克。《华盛顿邮报》记者拉德利·巴尔科（Radley Balko）记录了在对抗毒品、贫穷和恐怖主义的

"战争"中，警察和军队之间固有的界限在逐渐模糊。警察变得像占领军，把公民视为敌人。参议员保罗认为，执法部队的军事化以及公民自由遭受的侵蚀，造成了一个非常严重的问题。然而，与其说这是一个新问题，倒不如说它是美国开国元勋很熟悉的老问题。当时，身着红色军服的英国部队，在北美殖民地的大街上踏步前进。

自由主义平等派

所以，政府最开始时是收取保护费的组织。直到大约 1850 年，一个持自由派进步立场的人怀疑政府是理所当然的。如 1789 年法国的无套裤汉，他们希望改变贫困面貌，把政府视为敌人。政府是寄生在劳动人民背上的东西，把勒索来的钱花在战争、奢华、压迫上。"危险不在于某个特定的阶级不适合执政，"英国史学家阿克顿勋爵说，"每一个阶级都不适合执政。"励志演说家迈克尔·克劳德（Michael Cloud）借用阿克顿的句式说道，问题不在于权力的滥用，而在于滥用的权力。

牛津郡伯福德教会是激进左派人士的朝圣之地。1649 年，正是在这里，奥利弗·克伦威尔监禁了 300 名反抗的平等派，还因拒绝放弃信仰射杀了 3 人。如今的大多数人认为，平等派就像是"挖掘派"（Diggers）[⊖]。

挖掘派与平等派是英国内战中最重要的两个改革群体。然而，丹尼尔·汉南和道格拉斯·卡斯韦尔（Douglas Carswell）（两人分别是持自由市场立场的欧洲议会议员及英国国会议员）则提出，这是对历史的误解。

⊖ 挖掘派是指在英国内战时，一群无政府主义的先驱，主张农场应该共同拥有并且一起耕作。由于他们主要主张在土地耕种上共有，并且建立平等的小农村社区，因此被称为挖掘者或挖掘派。——译者注

平等派是我们今天所称的自由主义者或古典自由主义者。他们支持私有财产、自由贸易、低税率、有限政府和个人自由。在他们眼里，敌人不是商业，而是政府。他们参加叛乱，砍了国王的脑袋，可面对腐败、扬扬得意、拒绝进行新选举、拒绝保障古代经济自由（平等派认为这是自己与生俱来的权利）的议会，他们感到沮丧。与此同时，平等派的将军克伦威尔，似乎越来越把自己视为老天选中的救世主，像个暴君般发号施令。他们与克伦威尔的直接矛盾在于，他们并不想参加他对爱尔兰的宗教及民族讨伐，他们的自由主义着眼于政治、经济和个人。

在 1649 年《英格兰自由人民的契约》（An Agreement of the Free People of England）中，平等派运动的 4 名领袖——约翰・李尔本（John Lilburne）、托马斯・沃尔温（Thomas Walwyn）、托马斯・普林斯（Thomas Prince）和理查德・奥弗顿（Richard Overton）从伦敦塔监狱中提出要求，政治家不应对贸易课重税或者做过多的限制。这些观点，今天我们已经难得听到了：

他们不得利用手中的权力继续制定法律，限制或妨害任何人在任何地方进行的交易或商贸。此外，在海外，国家亦可自由交易。

难怪从哈耶克、穆瑞・罗斯巴德（Murray Rothbard）到汉南、卡斯韦尔等现代自由市场主义者，纷纷认可了平等派。

商贸是自由的助产士

17 世纪末，欧洲各国发明了中央集权的官僚政府，其主要任务是维持秩序，也即托马斯·霍布斯笔下的利维坦。随后英国、美国和法国出现了大革命，也出现了对政府应该加以驯服、束缚和限制，以求对"人民"负责的概念。

一方面是自由贸易、有限政府和低税收，另一方面是扶弱济贫，直到1850年，要说这两方面是共通的，没有人不会感到惊讶。放眼整个18世纪，自由放任主义的支持者（也即认为商品和服务自由交换是实现整体福祉最佳途径的人）都属于政治的"左翼"。1688年的辉格党人、1776年的叛乱分子，以及启发他们的思想家——洛克、伏尔泰、孔多塞和斯密，都是持进步主义、自由市场和小政府主张的激进自由派（伏尔泰靠着粮食贸易发了大财）。认为国家是自由和进步的机构，没有谁不会反对。请记住，在当时，国家不仅垄断暴力，有权决定什么东西可以贸易，还详细地规定你的宗教习惯，审查你的言论和作品，甚至按阶级规定你的服装。不仅如此，按斯蒂芬·戴维斯的说法，18世纪，尤其是德国，还兴起了"警察国家"的新概念，它的意思是每一个公民都是国家的仆人。腓特烈大帝自称是国家的第一公仆，他的重点，不光放在了"第一"上，也放在了"公仆"上。故此，拥护商品及服务自由贸易的人，同时也支持思想自由及行动自由。

为说明在1793年的爱丁堡（在当时据说是启蒙时代的北方之雅典），自由市场概念到底有多么激进，这里有些例子：一位名叫托马斯·缪尔（Thomas Muir）的人，因为煽动叛乱罪受审，检方指控他曾可耻地主张"如果他们得到了更平等的代表权，税收应该更低些"。缪尔被流放至澳大利亚14年。因为支持亚当·斯密的自由贸易，威廉·斯柯文（William Skirving）和莫里斯·马格洛特（Maurice Margarot）也被判处相同的刑期。难怪第二年，日后将为斯密作传的杜格尔·斯图尔特决定可怜巴巴地道个歉，只因为他在一本书里提到了孔多塞的名字。启蒙只好藏起来躲避风头。

自由贸易和自由思考

让我们比较一下托马斯·杰斐逊和亚历山大·汉密尔顿的理念。杰斐逊是位绅士，他吸收了启蒙运动的哲学，供奉的是卢克莱修的祠堂。但最终，他希望弗吉尼亚州成为农业省，受保护，阶级分层，社会稳定。他讨厌人们"密密麻麻地在大城市里扎堆"，建议美国"把工厂留在欧洲吧"。拥抱未来的汉密尔顿是移民，住在混乱的曼哈顿，他相信贸易和雄厚的资本会带来创造性破坏、社会阶层的消融、权力的倒放（虽然他主张征收小幅关税，保护新生行业）。

在英国，反对奴隶制社会的发起人是自由贸易人士。举例来说，19世纪 30 年代成名的哈丽雅特·马蒂诺写了一系列短篇虚构作品，其作品名叫《图解政治经济学》（*Illustrations of Political Economy*）。这些作品旨在向人们讲述亚当·斯密（"他的才华了不起"，她说）及其他经济学家的观点。他们都赞美市场和个人主义的美德。如今，大多数人会叫她右翼。可马蒂诺是位激烈的女权主义者、靠笔为生的职业女性，跟她同时代的人认为她的政治立场激进得几近危险（查尔斯·达尔文的父亲听说他两个可敬的儿子跟马蒂诺结交，担心得不得了）。她巡游美国，热情地发表演讲，反对奴隶制，在美国南部简直"臭名昭著"，南卡罗来纳州甚至有计划要把她处以私刑。但这里并无矛盾：她的经济自由主义，是她政治自由主义的重要组成部分。自由主义者想要把腐败和专制国家的死神之手，从市场经济及公民私人生活领域挪开。在那些日子里，怀疑国家强权的，是左翼。

在 19 世纪初的英国，自由贸易、小政府和个人自主加在一起，几乎自发地反对起了奴隶制、殖民主义、政治庇护和传统教会。1795 年，国王乔治三世前往召开议会的路上，暴民包围了他的马车，要求实现谷物自由贸易，解除卖面包的繁复规章。1815 年，暴徒闯入卡斯尔雷子爵家中，抗议贸易保护主义。1819 年，曼彻斯特举行和平示威，要求自由贸易和政治改革，遭到骑兵镇压，史称"彼得卢屠杀"。宪章运动的主要骨干是工人阶级，他们同时也创办了反《谷物法》同盟。

再以理查德·科布登（Richard Cobden）为例，1840 ～ 1865 年，他几乎凭借一己之力，鼓吹自由贸易，让英国为世界确立了榜样，单方面强制拆除了纠缠全球的关税壁垒（科布登几近伟人）。他是个热情的和平主义者，不顾个人声望，反对鸦片战争和克里米亚战争，坚定地致力于扶贫事业。他第一次在下议院发言，就像个危险的激进分子那样不懈提出质疑。他坚决保持独立的姿态，拒绝了两任首相请他担任政府大臣的邀约。因为反对君主制，他也拒绝了国王颁给他的爵位。他是一个真正的激进分子。他认为，自由贸易是实现和平和繁荣的最佳途径。"如果人们彼此之间的联系更多，跟政府之间的联系减少，和平就将降临人世。"他这话说得就像是个茶党。科布登对自由贸易的支持非常纯粹，看到约翰·斯图亚特·穆勒短暂地对"新生产业萌芽阶段应该得到保护"的设想表示过好感，也大力抨击。他接受亚当·斯密和大卫·李嘉图的思想，并力求实现。他的努力带来了世界各地的经济加速发展。

今天，左右两翼支持的事业，其实是可以在一个人的脑袋里和平共处的。政治解放和经济解放从来都齐头并进。小政府是一个激进的渐进式主张。1660 ～ 1846 年，为控制粮食价格，英国政府颁布了数量惊人的 127 项《谷物法》，不光设立关税，还对谷物及面包的储存、销售、进口、出口和质量做出规定。只可惜这一切努力徒劳无功。1815 年，粮食价格从拿破仑战争时期的高点下跌，为保护地主利益，英国政府规定，只要价格低于一夸脱（约 12.7 千克）80 先令，就禁止一切谷物进口。为此，年轻的自由贸易理论家大卫·李嘉图撰写了一本慷慨激昂的小册子，只可惜毫无作用（他的朋友支持《谷物法》的罗伯特·马尔萨斯，更有说服力）。直到 19 世纪 40 年代，科布登和约翰·布莱特（John Bright）才依靠铁路及廉价邮政，代表工人阶级掀起了一场反对《谷物法》的群众运动。这一回，潮流转向了。随着 1845 年爱尔兰爆发大饥荒，连保守党领袖罗伯特·皮尔（Robert Peel）也只能承认失败。

科布登反对《谷物法》进而反对普遍关税保护的声势浩大的运动，最终不光成功说服了国家的大部分民众、大部分知识分子，还说服了当时的顶尖政客，尤其是威廉·尤尔特·格莱斯顿（William Ewart Gladstone）。格莱斯顿是伟大的改革派大臣及首相，支持种种进步事业（解决穷人困境、支持爱尔兰自治等），在经济方面，他相信自由贸易，并稳健地缩小政府规模。最终科布登和盟友甚至还赢得了法国的支持。科布登说服拿破仑三世接受了自由贸易的种种益处，1860 年，他亲自主持商讨了第一份国际自由贸易条约，也即《科布登 – 谢瓦利埃条约》（Cobden-Chevalier Treaty）。该条约确立了无条件"最惠国"原则，让欧洲各地的关税壁垒一一解体，在实质上创造了现代历史上第一个大型自由贸易区，尽管不是所有商品都受惠于此。意大利、瑞士、挪威、西班牙、奥地利和汉萨同盟城市迅速跟进，取消关税。

阿德里安·伍尔德里奇（Adrian Wooldridge）和约翰·米克尔思韦特（John Micklethwait）在《第四次革命》（*Fourth Revolution*）一书提出，自由国家或许始于约翰·洛克，它得到了托马斯·杰斐逊的拥护，并由约翰·斯图亚特·穆勒做了最清晰的阐述，但事后来看，我们发现，它不是任何人发明的。它自然产生，逐渐演变。

政府反对革命

然而，随着 19 世纪的推移，科布登的成就遭到了侵蚀。19 世纪 70 年代后期，俾斯麦统治下的德国因为货币被高估，遭受了经济衰退的折磨。原因是普法战争后，德国流入了法国为重新拿回被占领土而支付的 50 亿法郎的巨额资本。为了应对这次经济衰退，也为了顺应选举（这次选举发生在刺杀皇帝未遂之后）上台的更为保守的议会，1879 年，俾斯麦拿出了"钢铁和黑麦"关税，保护德国的工农业。自 1880 年开始到一战，美国、法国和南美设立了越来越多的竞争性关税。只有英国挺身而出，公然抵制关税，或者对设立关税的国家施以报复性关税，这一政策一直延续到了 20 世纪。尽管约瑟夫·张伯伦及其保守党盟友强烈要求"关税改革"和"帝国特惠制"，但英国怀着类似宗教般的虔诚投入自由贸易中，坚持到了一战之后。此后，自由党渐渐遭到了来自左右两翼的排挤：右翼是坚持帝国特惠制的保守党，左翼的工党候选人则鼓吹贸易保护主义和自给自足。尽管如此，直到 1932 年，英国才在内维尔·张伯伦主持内阁时引入了总关税。

在 19 世纪最后 25 年中，保护主义的回归，带来了布林克・林德赛（Brink Lindsey）所谓的"工业反革命"（industrial counter-revolution）。突然之间，进步和激进主义者认为，国家不再是自己的敌人，而是朋友。怀旧反动的保守派（希望在工业革命释放的令人眼花缭乱的创新当中保留固有阶级）和进步的改革者（认为政府应当引领社会变革）结成了新同盟。一如迪尔德丽・麦克洛斯基的诊断："资产阶级父辈的下一代陶醉在……民族主义世俗信仰、社会主义世俗希望的复兴当中。"威廉・莫里斯和社会主义同道，哀叹中世纪单纯、美好和稳定的英格兰消失了，根据亚瑟王的传说，建立了新社会主义的耶路撒冷。

在艺术领域，你可以清晰地察觉出这种转变。19 世纪初，许多诗人、小说家和剧作家都是古典自由主义、自由贸易和有限政府的热心支持者。看看席勒、歌德、拜伦的作品就知道了。威尔第的《弄臣》和《阿依达》对权力的本质做了非常符合自由主义立场的阐述。开放的商业社会把艺术家从赞助包养制度下解放出来，他们得以在大众市场上出售作品，而不是仰赖富裕者。然而，随着时间的推移，许多艺术家对自由主义变得敌视起来，认为资产阶级社会是僵化的。易卜生、福楼拜和左拉都在批评自由主义秩序。这些反对者是从负面角度描述自由主义秩序的重要参与者。

真正的激进分子，那些有着自由和变革眼光的人，比如科布登、穆勒和赫伯特・斯宾塞，被十分不公平地划到了"右翼"。跟他们同时代的人绝不会认为他们是右翼，因为他们是和平主义者、平等主义者、女权主义者、自由主义者、国际主义者、宗教自由思想家。但用 20 世纪的眼光来看，这些人对自由市场的热爱（并认为自由市场是实现上述目标的最佳途径），一下子就让他们从政治光谱的左边荡到了右边。

一旦你自己有了委任走狗的机会，就突然把数百年来反对君主权力及其走狗的斗争忘了个精光。政治的主要目的不再是维护个人自由，从现在开始，是规划和福利。革命从此以后会变成一项自上而下的事业，接受无产阶级领袖的开明指挥。自由主义学会把信心寄托在"中央政府的有益效应"上——1905 年，英国宪法学家戴雪（A.V. Dicey）这样写道。

企业同样开始信奉政府的干预。19 世纪末，强盗实业家恨不得早日组建卡特尔，欢迎正规规划，更好地扑灭恶性竞争。然而，经济学界对这种任人唯亲非但没有嘲笑（亚当·斯密那一代的经济学家是持嘲笑态度的），反而鼓掌叫好。诸如爱德华·贝拉米（Edward Bellamy）和托斯丹·范伯伦（Thorstein Veblen）等左翼领袖要求结束商业上的重复建设和分散化。他们一致认为，必须要有计划、规划师和单一的结构。在贝拉米极具影响力的畅销小说《回顾》（*Looking Backward*）当中，他的未来愿景是，未来的所有人都为一家"大托拉斯"工作，在销售一模一样产品的一模一样的官办商店里购物。

就连列宁和斯大林此刻也推崇美国大公司，推崇其科学管理、有规划的员工住宿环境和庞大的资本需求。列宁给科学管理的伟大使徒弗雷德里克·温斯洛·泰勒（Frederick Winslow Taylor）的信中曾提到，必须在苏联开展泰勒体系的学习和教育，系统地尝试它，将之采纳到当前的事业中。《国家》（*Nation*）杂志的编辑、自由主义者埃德·戈德金（Ed Godkin）在 1900 年感叹说："基本上，只有一群残存的老派人物依然坚守自由主义学说，等他们都走了，就没有支持者了。"就连"自由主义"这个词的意思都发生了变化，尤其是在美国。"作为一种至上的恭维，哪怕是出于无意，私人企业体制的敌人认为，使用这个标签不乏明智。"约瑟夫·熊彼特说。所有人，尤其是左翼，都认为未来的关键在于命令和控制，而非演变。

在工程师社会里，政府是工程师的工具。可还是那句话，政府充当规划师的概念，不是谁发明出来的，而是自然出现的。

自由派法西斯主义

人们常常忘记，在伍德罗·威尔逊（Woodrow Wilson）及其继任者的治理下，美国曾是一个非常不自由的地方。它不光扩大了种族隔离及优生法的适用范围，禁止饮酒，还审查、挤压公民自由。约拿·戈德堡提醒我们，在一战期间，一位好莱坞制片人因为表现英国军队在美国独立战争期间所犯暴行，竟被判处 10 年监禁。

有关富兰克林·罗斯福新政的部分言辞，跟德国和意大利发生的情况相互呼应，有充分的证据表明，新政的执行者热衷于效法专制政权在改善经济和社会秩序上的成功经验，哪怕前者从未想过要效法其暴力行径。规划、规划、规划，是来自各方的呼声。约瑟夫·熊彼特认为，富兰克林·罗斯福本打算做个独裁者。

约拿·戈德堡在《自由法西斯主义》一书中指出，20 世纪 30 年代，法西斯主义被普遍视为进步运动，得到了许多左派人士的支持："如果得到了正确理解的话，法西斯主义完全不是右派现象。相反，它从前是，也将一直是左派现象。在我们的时代，因为另一个同样错误的观点，这个事实得到了掩盖，这是个难以忽视的真相。"神父查尔斯·库格林（Charles

Coughlin），是 20 世纪 30 年代的"电台传教士"，甚至想在美国政治领域模仿希特勒的目的和方法，然而他是个不折不扣的左翼分子：他批评银行家，要求工业国有化，保护劳工权利。只有他的反犹太主义倾向可以称为"右翼"。"自由派法西斯主义"这个说法，就是 1932 年 H. G. 威尔斯在牛津大学做讲演时，语带赞许地提出来的。此前的 1927 年，威尔斯曾暗中说："这些法西斯分子里也有好人。他们勇敢，心肠好。"

无论是从今天的视角来看，又或者是从科布登 – 穆勒 – 斯密式的视角来看，20 世纪的各种主义之间并没有太大的区别。法西斯主义、民族主义、社团主义、保护主义、科学管理的泰勒主义、政府干预主义（dirigisme），它们都是以计划为核心的集中系统。这也就难怪在变成法西斯分子之前，英国政客奥斯瓦尔德·莫斯利（Oswald Mosley）先以保守党身份当选议员，随后很快变成了工党议员。法西斯主义是职能设计的形式。它拜倒在政治领袖的脚下，一如宗教拜倒在神祇的脚下。它声称领袖，多多少少，就像神祇那样无所不能、无所不知和绝对正确。的确，法西斯没有集体化农场，也允许以营利为目的的私人公司存在，但这仅限于国家规定的领域，还得符合国家规定的目标。"所有皆为国，国之外皆空，国以上无物。"墨索里尼这样说。在《我的奋斗》中，希特勒支持工会，和所有现代反资本主义的人一样，强烈地批判商人的贪婪和"狭隘短视"。

自由主义的复兴

二战是命令 – 控制国家达到巅峰的时期。不光大多数国家在法西斯或殖民政权下按严格专制的路线运行，就连少数民主得以幸存的例外国家，也有效地全面采纳了中央计划作为战时的应急措施。在英国，几乎生活中的各个方面都由国家决定，美国在一定程度上也是如此。老派个人主义、自由主义，几近绝迹。难道不是吗？在战时集中主义的表面下，你偶尔能听到少数声音提出要求说，等战争结束之后，我们必须废除计划经济。美国记者赫伯特·阿加（Herbert Agar）和苏格兰作家科尔姆·布罗根（Colm Brogan）就是这一类人。1943 年，后者在《谁是"人民"》（*Who are "the People"*）一书里提出警告："逃过了被侵略的命运，英国人民通过了最终的检验。但相应的观念并未彻底被英吉利海峡打败。越来越多的人支持这样的理论，德国人力争实施的新经济秩序必将到来，因为这是一种必需。"

在打赢二战之后的短短几个月里，英国就在工业生产资料、卫生、教育和社会领域等方方面面开始了全面国有化。有意抵抗的政客寥寥无几。就连 1951 年重新上台的温斯顿·丘吉尔保守党政府，也继续强制推进公民身份证件，直到自由主义激进人士欧内斯特·本爵士（Ernest Benn，他狂热地崇拜赫伯特·斯宾塞和理查德·科布登）出手，才设法废除了此事。

德国比较幸运。1948 年 7 月，原西德经济委员会主任路德维希·艾哈德（Ludwig Erhard）取消了粮食配给，主动结束了所有价格管制，将其交付给市场。美国占领区的军事长官卢修斯·克莱（Lucius Clay）将军把他叫去说："我的顾问告诉我，你犯了一个弥天大错。你要怎么解释？"艾哈德回答："将军先生，别管他们！我的顾问说的也一样！"德国经济奇迹自那一天诞生，而英国继续维持了 6 年配给制。

政府是上帝

然而，政府里的创世主义并未表现出衰败的迹象。直到今天，尽管二战后，尤其是冷战结束后，自由主义价值观得以重振，知识界的大部分人仍然下意识地以计划作为基础假设，而非演化和发展。政客虽然是大众眼里的败类，但是政府被视为万无一失的机器。在美国，政府支出从 1913年占 GDP 的 7.5%，一路上涨到 1960 年的 27%、2000 年的 30%、2011年的 41%。罗纳德·里根的改革仅仅让政府的前进步伐暂停了一会儿，福利不再仅仅是从富裕阶层流向弱势群体，而是从中产阶级的左口袋落到右口袋。许多人认为，如今的政府已经进化到理论上的最大规模，规模再大就无法维持了。

但政府演变的下一阶段是走向国际化。有权决定人们生活诸多方面的跨国官僚机构的发展，是我们这个时代的主要特征。就连欧盟也越来越力不从心，那是因为它仅仅向成员国发布高层制定的规则。举个例子，食品标准就是由名为"国际食品法典委员会"的联合国机构确定的。银行业规则，由设在瑞士巴塞尔的一支委员会确定。金融监管法规由巴黎的金融稳定委员会制定。我敢打赌，你从没听说过世界车辆法规协调论坛（World Forum for the Harmonisation of Vehicle Regulations），这是联合国下属的一个子机构。

未来，就连天气也受利维坦控制。2012 年，《联合国气候变化框架公约》负责人克里斯蒂安娜·菲格雷斯（Christiana Figueres）接受采访时说，她和同事激励政府、私营部门和民间社会，创造有史以来最大的变革："工业革命也是一场变革，但它是一场没有集中政策指导的变革。这次是一场集中式的转变。"

不过，还有另一股演变的力量在酝酿。多年来，政府专门提供的服务，如保健、教育、监管，受自动化和数字化改造的影响一直是最小的。这种情形有可能会发生变化。2011 年，英国政府聘请了一位名叫迈克·布拉肯（Mike Bracken）的数字企业家，让他改革大型 IT 合同的管理方式。在大臣弗朗西斯·麦浩德（Francis Maude）的支持下，布拉肯拿出了一套更偏向达尔文式的系统，取代所谓的"瀑布"项目（这样的项目需要提前确定需求，结果白白用完了预算，耗光了时间）。布拉肯的系统从小型项目开始，迅速失败，及早从用户处得到反馈，一路上不断演变发展。

2014 年，这套方法已经获得了一些重大成功，包括（但不仅限于）单一的 gov.uk 政府网站门户逐渐取代了 1800 多个独立网站，而且推进速度越来越快。我为此采访了布拉肯先生，我意识到，他在描述的是演变，而非创世。2011 年，蒂姆·哈福德在《适者生存》一书中指出，不管是在伊拉克推进和平、设计飞机还是写一出百老汇音乐剧，成功的执行总是允许大量的低成本试错和增量调整。从世界经济到激光打印机，我们使用的一切都是迈着小步子逐渐产生的，而非靠着宏大规划突然成形的。

道格拉斯·卡斯韦尔在《政治的没落及自由民主的开始》（*The End of Politics and the Birth of iDemocracy*）中说，精英弄错了，"因为他们无休止地追求通过设计实现掌控，可这个世界只有靠着自下而上的自发过程才能得到最佳的组织"。公共政策的失败根植于规划者对蓄意设计过分有信心。"他们始终低估了自发、有机安排的优点，没有意识到最佳的计划往往不止一个。"

第 14 章

宗教的演变

当我们脚下的整块陆地动弹起来，城市狠狠地碎落在地，城市凶猛地摇晃，即将崩溃，肉身凡人瞬间变得卑微，愿意相信神祇的威严和神奇的力量，相信它执掌宇宙的力量，又有什么可奇怪的呢？

——卢克莱修，
《物性论》第五卷，第 1236～1240 行在西斯廷教堂天花板上，亚当和上帝指尖相触。在没受过教育的人眼里，似乎看不出是谁创造了谁。我们理当认为是上帝在创造，在世界大部分地区，人们也是这样认为的。可对阅读过古代世界史的人来说，事情恰恰相反，用塞利娜·奥格莱迪（Selina O'Grady）的书名来说也就是，《人创造神》（*Man Created God*）。不管是耶和华、基督、安拉、毗湿奴、宙斯或任何其他神祇，它们都无疑是人类想象力的产物。宗教冲动不仅限于传统的宗教。它为鬼怪、占星、通灵和盖亚赋予了活力，它解释了各种迷信，从生物动力农业到阴谋论、外星人绑架，再到英雄崇拜。它是丹尼尔·丹尼特所谓"意向性立场"（intentional stance）的表达，也就是人类从世界每一个角落和缝隙中都看得出目的、主体和力量的本能。"我们看出了月亮上的面孔，看到了云层里的军队……所有伤害了我们的事，我们视为恶意，所有带给我们愉悦的事，我们都认为是善意。"大卫·休谟在《宗教的自然史》里这样写道。

　　将每一片叶子、每一轮生死都归功于全知全能的神祇，看似是一种自上而下的冲动。不过，我的观点是，这一现象可以解释为文化演变的实例：所有的神祇和迷信，都源自人类的意识，随着历史的推进，它们会经历特点鲜明但并无规划的转变。这也就是说，哪怕是人类文化中最自上而下的特征，其实也是由下自上、自然产生的现象。

奥格莱迪生动地讲述了基督教产生的故事：公元 1 世纪，罗马帝国内部酝酿着让人眼花缭乱、互相打架的多种宗教，基督教在这股风潮下悄然形成，但远远算不上是日后有望赢取全球权力的有力候选人。罗马"单一市场"业已成熟，需要一种宗教来垄断。大帝国往往会由一种宗教占主导：希腊的宙斯体系、波斯的拜火教体系、中国的儒教体系、孔雀王朝的佛教体系、阿拉伯的穆罕默德体系。

在公元 1 世纪的罗马，每一座城市都有数十种教派和神秘宗教互为竞争，但彼此之间并无太多排斥嫉妒，只有犹太人的神拒绝容忍他者。希腊的、腓尼基的、亚特兰蒂斯的和小亚细亚的神庙，肩并肩、个挨个地伫立着。整合不可避免，就像成千上万的独立咖啡馆，最终被两三家强大、能更顺畅提供优秀产品的连锁店（如星巴克）取代，罗马帝国也必将由类似的宗教连锁店接管。皇帝尽了最大努力亲自乔装神祇，但亚历山大港的商人、小亚细亚的农民压根不买账。

公元 1 世纪中叶，泰安那的阿波罗尼厄斯教派（Apollonius of Tyana）似乎有更大的把握征服帝国。和耶稣一样，阿波罗尼厄斯（比耶稣年轻，但生活年代大致重叠）让人死而复生，创造奇迹，驱除恶魔，宣扬慈善，而且同样有过重生经历（至少精神形态是这样的）。和耶稣不一样的地方是，阿波罗尼厄斯是在整个近东地区出名的毕达哥拉斯派知识分子。他的出生早就有过预言，他公开禁欲，不喝酒，不穿动物皮毛。跟巴勒斯坦的木匠（耶稣在世传教时的身份）相比，他远为成熟。他打入了上流社会的圈子：经他之手死而复生的人，是元老院议员之子。他声名远播，传到了罗马的疆域之外。当他抵达巴比伦，帕提亚国王瓦尔达尼斯欢迎他，邀请他常驻传教一年。接着，他向东前往现在的阿富汗和印度，从此杳无音信。他消失很久以后，他的教派跟犹太教、拜火教和基督教展开了竞争，只可惜最终还是走向了没落。

这全怪大数（Tarsus）人扫罗，也就是俗称的圣保罗。阿波罗尼厄斯有一位辛勤的希腊历史学者菲洛斯特拉托斯帮他传教，耶稣也有幸得到了这位口才极佳、性子古怪的法利赛人相助。圣保罗着手重塑耶稣教派，把它从专门针对犹太人的信仰，变成了一种旨在打动希腊人和罗马人的普遍信仰。圣保罗敏锐地意识到，耶稣教派可以瞄准穷人和受剥夺的人。它严厉地反对财富、权力和一夫多妻制，就是为了打动那些一无所有的穷苦人。基督教徒怎样最终（耗了足足 3 个世纪）说服了皇帝康斯坦丁皈依本门，至今仍然有些神秘，但这跟修正为新信条后的民粹主义的吸引力肯定有很大的关系。这以后，基督教征服地球上的大片土地，既靠说服，也靠武力。从狄奥多西斯皇帝开始，但凡有可能，所有参与逐鹿的宗教，都被凶狠无情地踢出了局。

总之，你可以看出，基督教兴起的故事无须任何神祇相助。与其他任何运动一样，这是一种人为的崇拜、一种在头脑里传递的文化蔓延、一个文化演变的天然案例。

诸神的可预见性

有关诸神的人造性质，进一步的证据来自他们的演变史。这是一点鲜为人知的事实，但神的确是演变出来的。人类历史不光从多神教稳定而渐进地转变为了一神教，而且，神还从敏感、愚蠢、贪婪只是恰好有着不死之身的人，变成了没有实体、住在完全不同境界里的善良魂灵，并主要表现出美德。想想《旧约》里报复心重且易怒的耶和华，再想想如今基督教里爱心充盈的上帝。又或者，想想放纵好妒的宙斯、纯粹空灵的真主、醋意满满的赫拉、甜美贞洁的玛利亚。

狩猎采集社会的诸神，管理不靠祭司，而且也不怎么奉行前后一致的教义。早期定居社会的神灵，要由专门人员通过仪式加以组织、阐释和供奉，"被阐释为不受道德良心支配，对人类道德不感兴趣"（此语出自尼古拉斯·博马尔（Nicolas Baumard）和帕斯卡·博耶（Pascal Boyer））。这种道德冷漠，是苏美尔、阿卡德、埃及、希腊、罗马、阿兹台克、玛雅和印加帝国，以及古代中国与印度诸神的特点。

直到很久以后，在世界的部分地区（显然是那些生活水平高得足够令一些人，比方说嬉皮士，渴望苦修之纯粹和崇高理想的地方），神才突然关心起了道德。教士们发现，苛刻的、苦修般的自我牺牲，能唤起更大的忠诚度。有时，这种转换是通过改革实现的，比如犹太教和印度教；更多的时候，是通过一种强调道德的新教派的崛起，如耆那教、佛教、道教、基督教和伊斯兰教。事实证明，这些讲究道德的神极为善妒，不光排挤道德中立的宗教，也排挤那些有着不迷信道德准则的教派（如毕达哥拉斯学派和斯多葛主义）。值得注意的是，它们推荐的似乎都是金律，只是版本略有不同，一如佛教、犹太教、耆那教、道教、基督教和伊斯兰教的戒律所呈现的那样。博马尔和博耶指出，它们调动人类的互惠和公平本能，强调善行与超自然回报之间、罪与苦修之间的相称，实现了蓬勃发展。换句话说，神通过适应人类本性的某些方面（也即它们赖以存在的环境）来不断演变。在自觉和不自觉中，它们是双重的人造之物：既是人类演变的，也是人类发明的。

一如罗马成了基督教的成熟市场，阿拉伯和伊斯兰教的关系也是这样。广袤的阿拉伯帝国必然孵化出自己的普遍宗教，但穆罕默德的版本摘下头筹并非必然（宗教的存在可以预见，而具体会出现哪一种宗教却无法预见）。不过，在本例中，情况是反过来的：这一回，是一种宗教催生了一个帝国。公元 610 年，在商队贸易往来繁荣的沙漠小镇麦加，穆罕默德从天使手里接下了《古兰经》。当时的麦加是个没有宗教的地方。接下来，穆罕默德依靠神的协助，打赢了一场重要战役，征服了阿拉伯。如常所说，较之对其他宗教创始人生平的了解，我们对穆罕默德的传记知之甚详。

先知的演变

真的是这样吗？其实，传记所述的每一点事实都值得怀疑。穆罕默德在世的时候，没有人记录过他的生平，除了 630 年前后，有一份基督教文献简短地提到过一位撒拉逊人先知。在伊斯兰世界，直到 690 年，才有人第一次公开提及他。详细的传记全都写于他死后 200 年。重建近东古典时代晚期，历史学家可告诉我们，麦加并非重要的贸易中心，直到公元 741 年才有人提到这个名字。同样，《古兰经》也不是在没有宗教的社会里写出来的，而是来自一个彻底一神论的社会：经文里有大量基督教、犹太教和拜火教的传说。圣母玛利亚在《古兰经》里出现的次数比在《新约》里还多；还有少量概念，跟失传已久的死海古卷同源（大概在公元600年前后湮没），必定是从更古老的传说里承继下来的。

事实上，没有什么线索，能把《古兰经》编撰者的生平跟阿拉伯半岛中部联系到一起，反而有大量线索将它跟巴勒斯坦及约旦河谷边缘地带联系到一起：部落的名称、地名和牲畜标示以及阿拉伯沙漠里找不到的橄榄等动植物。《古兰经》里提到的罗得、索多玛和盐柱的故事，暗示了它所发生的地点，几乎可以肯定，指的是靠近死海地区多盐的地带。阿拉伯北部，罗马帝国边界之外，长久以来就是孕育流亡犹太教和基督教异端的沃土，它们各自有着不同的传统，还有些混合了波斯拜火教的痕迹。如今的许多学者都认为，这里才是《古兰经》实际产生的地方。

当然，按照传统，宗教的更替要求信仰的飞跃。《利剑阴影下》（*In the Shadow of the Sword*）一书的作者、历史学家汤姆·霍兰德（Tom Holland）曾指出："先知的传记告诉我们，麦加位于一片荒凉的大沙漠当中，是一座根深蒂固不信仰宗教的城市，完全没有犹太教或基督教教徒的大规模存在。那么，除了神迹之外，我们该怎么解释当地突然出现了一种不折不扣的一神教，还大量引用了亚伯拉罕、摩西和耶稣的言语呢？"

在那些不接受神迹说的人眼里，《古兰经》几乎可以肯定是来自对旧有文本的汇编，而并非公元7世纪的全新文献。它就像是许多河流汇集而成的湖泊，是源自几个世纪以来一神论融合与辩论的作品，最终在阿拉伯人不断扩张、排挤了罗马及波斯萨珊势力的新近统一的大帝国里，采用了出自先知之手的形式。汤姆·霍兰德生动地形容说，一朵盛开在古代苗床上的花朵，而非一柄落在古时颈项上的大铡刀。它包含了点滴罗马帝国的宣传、基督教圣徒的故事、希腊诺斯底福音书的残卷、古代犹太人经书的片段。

霍兰德继续分析了阿拉伯文明是怎样产生的，又怎样在这个过程中塑造自己的新宗教。公元 541 年查士丁尼主政时暴发的鼠疫（黑死病），摧毁了东罗马拜占庭和波斯帝国的城市，但两个帝国影响相对较小的南部边缘地带却有游牧部落幸存下来。游牧民族帐篷里进进出出、满身跳蚤的耗子，比城市居民的家里要少，因此瘟疫带来的问题不太严重。瘟疫过后，帝国边境一些地区的人口减少，村落废弃，失去防卫，给游牧部落留下了大量可供扩张的肥沃土地。公元 6 世纪初，君士坦丁堡和波斯帝国之间爆发大战，波斯人先胜，接着东罗马人又扳回了局面，这进一步耗尽了霸权势力，也进一步让边缘地区的游牧部落壮大了胆量。《古兰经》里包含了以这场大战为背景的线索，包括东罗马帝国皇帝赫拉克利乌斯所打的几场战役，以及他试图披上亚历山大大帝斗篷的故事。

穆罕默德被奉为先知，逊尼派传统的提炼，以及写就的圣训赋予了穆罕默德丰满的生命，这些只可能是事后为之。此时，阿拉伯人凭借坚定而脆弱的自信，建立了庞大的帝国，显然是打定主意要把基督教和犹太教的异教信仰，从伊斯兰教的智力血统中分离出去。于是，突然之间，奇迹般的，穆罕默德凭空创造伊斯兰教，成了一个亟待讲述的故事。实际上，公元 690 年前后，新即位的伍麦叶王朝（Umayyad Amir，又作"倭马亚国"）哈里发阿卜杜勒·麦利克（Abd al-Malik）有意识地着手培养先知的传奇，首次引用了穆罕默德之名。他铸的金币上印有"以真主的名义，穆罕默德是真主的信使"。他故意这么做，好让自己帝国的宗教跟竞争对手罗马不同，并要让它不仅仅是基督教的改版，还要"时刻提醒罗马人有关其低劣信仰"，用汤姆·霍兰德的话来说，"阿拉伯征服的巨浪，扫掉了种种信仰的残骸和废料，必然要塑造一种连贯的东西，一种体现神之封印的东西取而代之：简单地说，也就是一种宗教"。

在这一点上，伊斯兰教并没有什么特别之处。基督教和犹太教也都这么做：构建精巧的背景故事，诉说其起源。我们可以从最近的宗教革新（比如摩门教和科学教）里清楚地看出这一点。以有关耶稣基督后期圣徒教派（Church of Latter-Day Saints，摩门教的别称）的简单事实为例：19 世纪 20 年代，纽约州北部，一名贫困的业余寻宝人约瑟夫·史密斯（Joseph Smith）因被人控告假装找到了失落宝藏受审，他声称自己受天使的指引来到一个地方，挖到了刻有古代语言字样的金属板，而且不知为何，他还能翻译这一古老文本。他说，自此以后，他将金板藏进了保险柜，天使说别给任何人看。相反，他公布了译本。几年后，他口授了 584 页的译本，采用钦定版《圣经》风格的语言。这是一份编年史，记载了北美部分早期居民搭乘古巴比伦时期的船只，在耶稣诞生前几百年来到了北美洲，天知道怎么还笃信耶稣。

此事存在两种可能性：要么，这是真的；要么，这是约瑟夫·史密斯编造的，后者比前者更合理。对我来说无所谓，摩门教似是而非的故事，跟基督教、伊斯兰教或者犹太教并没有太大的不同，只不过，数百年的岁月流逝，为后三者赋予了别样的光彩。说到底，摩西也曾走上小山，下来时手里就有了得自上帝的指示。在我看来，所有的宗教都是人造的。

麦田圈崇拜

在这个问题上，也即摩西、扫罗或者约瑟夫·史密斯所遭遇的每一件超自然之事，我曾有过顿悟。那是在 20 世纪 90 年代初，我卷入了一场有关麦田圈起源的争论。第一次读到英格兰小麦、大麦田里出现齐齐整整圆形图案的故事，我心想，这明显就是人为的嘛。某个人去了酒吧之后，想到了一种办法，把庄稼犁成整齐的圆圈，这比外星人或者未知力量突然在威尔特郡现身，出于莫名的原因又只出现在靠近道路的麦田里，干完了活儿还一夜之间消失要合理多了。最起码，我们应该把它视为零假设。

所以，我做了些合乎情理的事情。我跑出去亲自制造了一些麦田怪圈，想看看这有多么容易。我的第二次尝试，已经好到能够把当地农民糊弄到高度亢奋的地步了。我跟妹妹和两个连襟一起，参与了部分超自然力量粉丝组织的旨在说明"伪造"麦田怪圈以骗过他们有多难的竞赛。我们和其他参与团队的作品，轻松地证明事情完全相反：伪造它们很容易。然而，麦田圈热潮炒作得越来越大，催生了书籍、电影、特色旅游，甚至一家名为"麦田怪圈学"的机构，没有人有勇气、动力坚持说，怪圈是人为的。没过多久，一些人真的通过书籍和讲座靠这档子事赚钱了。圆圈越来越复杂，同时也越来越像是人为的。可现在的解释集中在地脉能量线、外星飞船、等离子旋涡、球状闪电、量子场上。有些人认为它们是来自盖亚的消息，要告诉人类应对全球变暖。整个领域都是最为明显的伪科学，只要与其怪异的从业者稍作接触，就很容易证明这一点。

那么，你可以想象我写下这些话时该有多惊讶了：我不过是轻轻地嘲讽了一下不把麦田圈视为人造物是何其不理性，结果，对方却批评我是个老顽固，对超自然现象欠缺开放的心态。你瞧，问题在于，说我错了的麦田圈科学"专家"根本对我不屑一顾。我发现自己被他们当成了异教徒，其中有一两个人的攻击相当狠毒。为科学杂志（绝非小报）效力的记者，还有一支电视纪录片团队，温顺地重复着自诩的"麦田圈专家"的明显错误论点（也即麦田圈绝不像出自人为之手）：他们几乎不动脑子地照搬了全文的观点。我第一次意识到了媒体惊人的轻信，以及它对自封为权威的论调没头没脑的崇敬之心。只要在伪科学的末尾加上"某某学"（ology）的后缀，你就能把记者变成驯服的宣传员。我看过喜剧团体蒙蒂·派森（Monty Python）的《万世魔星》(Life of Brian)，可此前并未意识到其对现实的嘲讽是多么贴切。

一家电视台的团队做了一件事：他们找来一群学生，趁着夜色制造了一些麦田圈，接着问顶尖"麦田圈专家"特伦斯·米登（Terence Meaden），这些是"真的"还是"伪造的"（也即人为的）。他当着摄像机向他们保证，绝不可能是人造的。接着，电视台的人告诉他，这些麦田圈确实是前一天晚上制造出来的。米登哑口无言，话都说不利索了。这对电视节目来说真是棒极了。然而，即便如此，制作人却以支持麦田圈学一方的论点结束了节目：不是所有的麦田圈都是恶作剧哦！只有这一次是！了不起的上帝！

同年夏天，道格·鲍尔（Doug Bower）和戴维·乔利（Dave Chorley）吐露实情：这场热潮是1978年某天晚上他俩在酒吧喝了酒之后弄出来的闹剧。他们给出了种种可信的细节，如日期、时间、技术等。报纸委托道格和戴维再造一个，然后让另一位顶尖"麦田圈专家"帕特·德尔加多（Pat Delgado）判断其真实性。德尔加多也坚持麦田圈不可能是"伪造的"，结果，当场出了丑。那么，泡沫该破灭了吧？并没有。"麦田怪圈学"专家迅速跑到电视上说，是道格和戴维在胡说八道（《万世魔星》再次重演：真正的弥赛亚否认自己是救世主）。大家还是继续信以为真。在英国的部分地区，还是有人相信这档子玄学，不过，我很高兴地说，麦田怪圈学家已经无声无息地消失了。就连维基百科如今也说，麦田怪圈（大部分）是人造的，但还是存在真正的信徒。最近有一本书认为，像我这样的人是"英国政府、美国中央情报局、梵蒂冈及其大众媒体同盟发起的，旨在对大众洗脑的揭露运动"的一部分。

迷信的诱惑

我永远不会忘记那次经历，它教会我，人是多么乐于相信超自然解释，相信公然胡说八道的"专家"（或者先知）；他们喜欢各种故弄玄虚的解释，而不是普普通通、显而易见的解释；他们把怀疑的人斥为异端，不承认对方是能被理性和证据说服的不可知论者。当然，麦田圈还是太琐碎了，不足以带来一种全新的宗教，但我的观点就是这样的。你看看，就连用这么平庸的东西，都能轻松掀起一场超自然热潮。在那一刻，我明白了约瑟夫·史密斯、耶稣基督和穆罕默德等人是怎样设法说服信众自己目睹了神迹（是真是假姑且不论）。文学评论家乔治·斯坦纳（George Steiner）在《怀念绝对》（*Nostalgia for the Absolute*）一书中提出，人总是被更崇高的、能简化世界、解释一切的真理所吸引。他们怀念中世纪宗教教条般的纯朴。

宗教起源的中心主题和麦田圈一样，它们出自人为，但不断演变。它们更多的是一种自发产生的现象，而非后世追认的传说。和技术创新一样，它们是在文化实验里对变异加以选择、不断试错所得的结果。而它们的特点是所处时代和地点所选择的。它们还让我们窥视到了人性的弱点：

对说教性的解释是多么轻信。

不光宗教神学是一种自上而下的现象，连宗教组织结构也一样。宗教时时处处都坚持来自权威的观点。因为教皇、《古兰经》或者当地牧师这么说了，所以你应该这么做。几个世纪以来，世界上大多数国家都相信，人们实践道德行为，唯一的原因就在于教导，没有迷信，就没有道德行为。牧师始终主张，顺从和结果、祈祷和幸运、罪和病之间存在关联。直到 17 世纪，像奥利弗·克伦威尔等将领，会把自己在战场上的胜利完全归功于神迹，就跟特洛伊战争的英雄们一样。这并不是一套优秀战略。公元 1 世纪，中国皇帝王莽倒台，主要是因为他把所有努力都投到了顺从天兆上，而不去满足人民的需求。

天钩思维不仅仅局限于"有神"宗教。在各种有着核心信仰的运动里，它也活灵活现，从唯心论到占星术再到环保运动，莫不如此。心灵感应、招魂、鬼怪、灵异及其他超自然现象的核心，就是不愿接受巧合。神秘心态坚持认为是某种东西导致了巧合，一定是某种东西让半夜里怪事儿不断。

迷信很容易唤起，不光是在人身上。心理学家斯金纳把鸽子关进有机器定期喂食的笼子里。他观察到，一些鸽子似乎确信，自己在食物出现之前做的事情，是食物出现的原因所在。因此，鸽子会重复这些习惯。一只鸟逆时针地转身。另一只鸟把头塞进角落。第三只狠命摇晃脑袋。斯金纳认为，实验"可以说是展示了一种迷信"，并估计人类行为里也存在很多类似的事情。

人类很容易变得迷信。我们毫不犹豫地把无生命的物体视为"主体"，我们相信水晶有治病的神力，老房子里有鬼，有些人能施展巫术，有些食物有着神奇的保健特性，以及有人在"看着"我们。人具备这一意向性立场是符合进化意义的，因为它在石器时代一定能救命。如果你每次听到草丛里传来沙沙声就高度警觉，将每一记突发的声响都看作是潜伏的敌人发出来的，那你很可能活得更长久。如果这偶尔让你错以为自然的巧合是神明的旨意，那又怎么样呢？反正没坏处。各种所谓的神经神学家都声称，找到了这一高度活跃的意向探测器在大脑里的确切位置，或者有证据表明基因变异使得我们中一部分人的意向探测器更加活跃。可到目前为止，还得不出什么一致的结果。

事实上，我们所有人多多少少都具备这样的意向探测器，这就是为什么世界上的每一个地区、历史上的各个时代，都能发现宗教信仰的身影，理性的怀疑很少见，而且很多时候都是十分孤独的，出于这个道理，卢克莱修、斯宾诺莎、伏尔泰和道金斯才变成了异端。老实说，意识到这一点带来了悖论：如果广义的信仰是普遍的，那么再多的论点也不能扑灭它，从这个意义上来说，神明真的存在，只不过是存在于我们的头脑当中。出于这个原因，在信徒里，神经神学大受欢迎，因为神经神学并不强调神明出于虚构，而是在强调无神论没用。

活力妄想

由此而来的必然后果一如英国作家 G. K. 切斯特顿（G. K. Chesterton）所说，如果人们不再相信某事，那么，他们并不是什么都不信，而是什么都信。欧洲基督教的衰落，伴随着其他各种迷信和教派的崛起（弗洛伊德和盖亚等都包括在内），两者绝非巧合。事实上，在嘲笑占星术、心灵感应、唯灵论和猫王崇拜之前，我应该坦率地承认，科学家和其他所有人一样，对待信仰存在这种轻信倾向。区分伪科学和科学，如今我自己其实并不那么有信心。我基本上可以肯定，天文学是科学，占星术是伪科学；进化论是科学，创世论是伪科学；分子生物学是科学，顺势疗法是伪科学；氧气是科学，燃素是伪科学；化学是科学，炼金术是伪科学。我也差不多敢说，所谓的"莎士比亚的著作，出自第十七代牛津伯爵之手爱德华·德·维尔"是伪科学。此外，猫王还活着、戴安娜王妃死于军情五处之手、肯尼迪死于CIA、"9·11"恐怖袭击是监守自盗一类的说法，都是伪科学。同样的道理，鬼魂、飞碟、心灵感应、尼斯湖怪兽、外星人绑架以及其他一切和超自然现象相关的东西，都是伪科学。

但更有争议的是，我还认为，弗洛伊德学说的大部分内容也是伪科学。卡尔·波普尔在《猜想与反驳》（Conjectures and Refutations）中指出，他在维也纳成长期间，弗洛伊德和爱因斯坦的观点都有着很强的解释力。但他很快意识到，集中校验它们并非判断其正确与否的方式，关键在于是否能够证伪它们。爱因斯坦的设想可以通过简单的实验来证伪，跟弗洛伊德（或者阿德勒等追随者，波普尔最初觉得自己也是其中之一）狂潮似乎完全不一样。任何事情似乎都可以用弗洛伊德的理论来解释。在崇拜者眼里，正因为它们总是适用于任何事情，这些理论才如此有力，"可我开始意识到，这种显而易见的优点，其实恰恰是它们的软肋"。附带的"赠品"是，一旦理论遭到了事实的反驳，它们的追随者就顾左右而言他。

对我来说，神秘（故此也就不值得信任）理论的特点是，它们无法证伪，借助权威，严重依赖轶事，还使共识成为一种美德（看！那么多人都像我一样相信），而且占据了道德制高点。你会发现，这适用于大多数宗教。

和宗教一样，科学也始终承受着确认偏误倾向的困扰。哪怕（甚至是）掌握在精英专家之手，它也能轻松摇身一变，化身伪科学，尤其是在预测未来、事关大笔资金动向的时候。

有一种已经仓皇撤退的迷信，叫作"活力论"。这是一种古老的观念，认为活体组织里有着某种特殊的东西。当时的人认为，活体细胞里不光包含了碳、氢、氧等诸如此类的东西，还应该含有某种能使之"活过来"的神秘的重要成分。几百年来，活力论者一直在后撤。1828 年，人工合成了此前只有生物才能生成的物质——尿素，给活力论造成了重大的打击，基本上摧毁了化学领域将找到活力原则的观点。活力论调撤退到物理学，接着又撤退到量子物理学，在此领域，它仍然暗示存在神秘的独特性。可紧接着，DNA 结构的发现，又把活力论给炸飞了。在某种程度上，你可以争辩说，双螺旋结构证实活体组织里的确存在某种特殊的东西，也即说，它包含着能够自我复制、为驾驭能量指导合成机制的数字信息。没想到，生命的奥妙竟然是用数字形式所表达的无尽多的组合信息（基因组 DNA 总共只有 4 个字符——碱基 A、T、G、C，取其中 3 个字符组成氨基酸编码，再经无穷多的连续组合，就构成了遗传密码）。这不太符合活力论者此前的预期。生命就是信息，这似乎太平凡了，尽管这实际上是人类意识萌发的最美妙概念之一。故此，1966 年遗传密码得到阐释之后，弗朗西斯·克里克充满信心地宣告，活力论的论调烟消云散了。

然而，它仍然在种种伪科学里活得好好的。顺势疗法就以活力论为基础。顺势疗法的创始人塞缪尔·哈内曼（Samuel Hahnemann）认为，疾病仅仅是"给人类身体带去活力（活力原则）的灵性力量（动态地）出现了紊乱"。有机农业也起源于活力论，创始人鲁道夫·斯坦纳（Rudolf Steiner）认为，为了"通过宇宙和地球的力量影响地球上的有机生命"，有必要"激活土壤里的活力和协调过程"。这是他凭借超自然感受力所得的见解。实现这一目标的筹备工作包括，把各种物质放进牛角，在仪式上埋起来，以便它们发挥天线的作用，接受宇宙的震荡活力。主流有机运动基本上已经摆脱了这些"生物动力"迷信，但某些农业技术（如硫酸铜杀虫；反过来说，基因改造技术则不在此列）仍然保留了相关的神秘信念。

气候之神

工业二氧化碳排放未来将导致危险的全球变暖理论，虽然比上述迷信更为科学，却也沾染了些许宗教色彩，只要有人对它表示怀疑，很快就会意识到这一点。毫无疑问，二氧化碳是一种温室气体，倘若其他条件保持不变，二氧化碳含量增高，的确会导致气候变暖。该理论进而论证，这样的变暖本身虽然并不危险，但是经最初变暖所释放的更多水蒸气放大，或许足以形成全球性灾难。它也将压倒在气候方面所发生的任何自然变化。在这个意义上，二氧化碳排放量是气候的"控制旋钮"。

这是一个庞大的主题，超出了本书讨论的范围，但越来越多的科学家告诉我，他们担心这套理论的视角有点太自上而下了，二氧化碳水平只是诸多影响因素（包括并无外部成因的"内部变量"）之一。这些持怀疑态度的科学家认为，这解释了近几十年来气候并未如期迅速变暖的原因。它还解释了如下事实：南极冰核揭示了地球进入和淡出冰河期期间气温和二氧化碳之间的明确关系，它跟前述理论的预测完全相反：二氧化碳含量随气温涨落，而不是反过来。效应不可能先于成因，我们如今差不多可以肯定，冰河期是地球轨道变化引起的，二氧化碳只扮演了一个次要角色，甚至可能根本没发挥任何作用。简而言之，前述理论过分高估了二氧化碳对全球气温的影响，不肯承认它只是诸多影响因素之一。

将因果关系简单化，是典型的宗教做派。当然，一旦怀疑者提出这样的论点，就经常碰到一系列宗教味十足的辩驳：他们"否认"真理，他们的立场在道德上是错误的，因为忽视了后人的需求，或者他们应该接受主流舆论。但是，科学的关键、启蒙运动的整个动力，就在于拒绝来自权威的观点。物理学家理查德·费曼（Richard Feynman）说过，科学就是相信专家的无知。观察和实验胜过经书。部分科学家（至少在气候领域而言）主张只有一种真正的权威言论，这就没法让人想到启蒙，而会想到宗教。此外，科学界基本达成了一致意见的地方是，地球变暖确有其事，但程度轻微，并不危险。

还有人提出了另一个类似宗教的观点：没错，灾难性的气候变暖或许不太可能出现，但哪怕它有微不足道的概率会发生，我们也应千方百计地去防止它出现，不管多么痛苦，这都值得一做。这种说法其实和帕斯卡的赌注差不多：帕斯卡认为，哪怕上帝的确不大可能存在，你也最好去教堂以免万一，因为如果上帝真的存在，那么带给你的好处无穷大，就算他不存在，带给你的痛苦也十分有限。在我看来，这是一套危险的教条，在为如下不明智的做法开脱：为了阻止发生概率渺茫的厄运，却给此时此地的弱势群体带来真正的痛苦。这正是优生学使用的论点：以崇高的目的来证明残忍手段的正当性。此外，帕斯卡赌注还适用于其他所有可能发生的灾难，既适用于目的，也适用于手段。如果大规模采用可再生能源后却破坏了环境，危害极大，那会怎么样？意在防止全球变暖的生物能源政策，无意间抬高了粮食价格，每年害死了成千上万的穷人。

多位持反对立场的怀疑论者，从已故的美国作家迈克尔·克莱顿（Michael Crichton）到诺贝尔物理学奖得主伊瓦尔·贾埃弗（Ivar Giaever），从澳大利亚前总理约翰·霍华德（John Howard），到英国前财政大臣尼格尔·劳森（Nigel Lawson），也都曾将气候变暖方的论点跟宗教相比。对方告诉我们，我们正犯下罪过（排放二氧化碳），我们有原罪（人类的贪婪），我们被逐出伊甸园（前工业化时代），我们必须忏悔（谴责不负责任的消费主义），必须赎罪（缴纳碳税），悔改（坚持让政治家喋喋不休地就气候变化提出警告），寻求救赎（可持续性）。有钱人可以购买赎罪券（碳补偿），留下自己的私人喷气机，但任何人都不得背叛《圣经》（政府间气候变化专门委员会公布的报告）里规定的（对二氧化碳的）信仰。谴责异端（"不信神的人"）、尊崇圣人（阿尔·戈尔）、听奉先知（政府间气候变化专门委员会）是所有人的责任。如果我们不这样做，审判日（不可逆转的临界点）定会降临，届时，我们会感受到来自地狱的火焰（未来的热浪），体验到神祇的愤怒（更强烈的暴风雨）。幸运的是，上帝已经为我们送来了牺牲献祭的征兆。有时候，我会惊讶于风力发电厂看起来是那么的像耶稣受难地。

2015 年 2 月，拉金德拉·帕乔里（Rajendra Pachauri）从联合国政府间气候变化专门委员会辞去主席一职。他在写给联合国秘书长的辞职信里坦言道："对我来说，保护地球，保护所有物种的生存，保护我们生态系统的可持续发展，不仅仅是一项任务，它是我的信仰、我的佛法。"法国左翼哲学家帕斯卡尔·布吕克内（Pascal Bruckner）极力批评气候政策，他说："尤其是在欧洲，在不信教世界的废土上，环境正成了冉冉升起的世俗新宗教。"他写道："人类的未来，又再次遭到了重大勒索，一如基督教过去对它的挟持。"

就这个主题而言，我并不怎么较真。我并不真心认为阿尔·戈尔有什么圣人的属性。没错，的确有科学证据支持部分气候变化的预警，但我在这里想要指出，人类热心地支持某一种科学、宗教甚至是迷信的世界解释，封闭头脑，憎恨存有不同意见的人，是有着源远流长的传统的。这种行为太常见，简直容易让人忽视，科学家在抵挡这一诱惑上也并不比其他人表现更好。

天气之神

2013 ～ 2014 年的冬天，英格兰南部大范围遭受水灾，有人听到英国独立党的当地政客大卫·西尔维斯特（David Silvester）偷偷说，这一定是上帝在惩罚英国通过了同性婚姻法。此举遭到公众嘲笑（嘲笑有理）。但是，过了没几天，几乎所有的正常政客（除了少数几位例外）都将洪水归咎于人为造成的气候变化，哪怕 15 年来气温并无净增长。没有证据表明英国冬天出现了明显的极端气候趋势或雨水增多趋势，反倒有大量证据表明，土壤利用和疏浚政策的变化，是导致洪水暴发的罪魁祸首。事实上，南安普敦大学的科学家经研究得出结论，英国洪水变多是因为城市扩张和人口增长，而非气候变化所致。英国气象局认为："仍然没有太多证据表明英国近来暴雨陡增和人为气候变化相关。"

面对这堵科学的砖墙，气候活动家往往诉诸"与之一致"等含混说法。洪水或许不是气候变化直接导致的，但模式与之保持一致，这是宗教的语言。一如尼格尔·劳森所说：

那又怎么样呢？它还跟"至上的神为我们的罪降下惩罚"的理论（这是人类大部分历史时期对极端天气事件的普遍解释）相一致呢。事实上，如果气候学家告诉我们什么样的天气模式跟当前正统气候模式不一致，倒还有些帮助。如果他们不能做到这一点，那么，我们最好是牢记卡尔·波普尔的重要洞见：任何无法证伪的理论，都不能视为科学。

因此，近年来的每一场暴雨、洪水、台风、飓风和龙卷风，每一轮干旱和热浪，每一轮暴风雪和冰雹，都被人（大多数是政客而非科学家）归咎于人为气候变化，同时无视其他所有相关的因素（包括人为因素，如植被变化、土地排水及开发建设），这跟把它怪罪到同性恋婚姻上的那家伙又有什么区别？两者都同样是想把天气当成罪的代价。

人类为天气寻求意向性解释的倾向自古就有。"每一起自然事件，都应该是受某个智能主体管辖的。"大卫·休谟写道。在我们心智的某个地方，我们从未真正接受，雷暴背后并不曾藏着主体，干旱也不是对某些罪孽的处罚，这仍然是意向性立场。古时候，它是宙斯、耶和华或者雨神。16世纪，它是女巫，如历史学家沃尔夫冈·贝林格（Wolfgang Behringer）和克里斯汀·菲斯特（Christian Pfister）发现，欧洲有组织的"猎女巫"浪潮以及烧死所谓的女巫充当替罪羊，跟小冰河期气候变冷、天气糟糕、庄稼收成差有着紧密的关系。因气候变化遭受损失的农民社群，往往会向官方施压，要求开展有组织的"猎女巫"活动。

　　就算到了 18 世纪，大多数人以及大多数领导人认为，一切自然灾害都是神的降罪，莱布尼茨的自然神学就是这么规定的。20 世纪出现过短暂的消停期，理性观点占上风：天气就是天气，不是任何人的错。但随着人们把每一场风灾、水灾都归咎于二氧化碳的排放，消停期已经结束，我们又回到了互相指责的老路上，人们总算宽慰地长长出了一口气。近几年"极端天气"说法广为流传，就源自它触动了这种"神之降罪"心态。

　　有关极端天气最重要的事实是：洪水、干旱和风暴造成的死亡人数，自 20 世纪 20 年代以来下降了 93%，而同期世界人口翻了 3 倍。这不是因为天气不如从前狂野，而是因为世界变得更加富裕，使我们能够更好地保护自己。

第 15 章

金钱的演变

金和银，还有铜和铅，涓涓细流汇集一处，注入地球的空腹。待其冷却之时，人看到土壤里一抹闪耀的光彩，吸引到这些亮闪闪的光滑金属矿块跟前。他们将其从地面起出，看到它们还保留着当初埋在地下被压的形状。等回到家，他们想到，可以这样塑造矿块：把它们烧到熔化，注入任何模具。

——卢克莱修
《物性论》第五卷，第 1255 ~ 1261 行金钱是一种演变现象。它是在做买卖的人里逐渐产生的，而不是统治者创造出来的，尽管国王的脑袋铸造在钱币上，这表明强权者坚持垄断的倾向。金钱必须由政府垄断是没有任何理由的。为了对此进行说明，这里有一个来自英国工业革命前夕的故事。18 世纪，**越来越多的穷人从乡村搬到城镇，不再为半封建的雇主卖命，而是凭借劳力换取工资过活**。为此，工商业雇主碰到了一个全新的问题——硬币短缺。富人可以使用金币（叫作基尼），但是银币（先令）和铜币（便士、半便士）太少。在中国，银币能换回比英国更多的黄金，所以，人们往往把它们熔化了运往东方，同时，皇家造币厂还顽固地不答应铸造更多钱币。现存的银制先令质量不断恶化，而英国央行当时不发行 5 英镑以下面值的纸钞。伯明翰的企业家发不出银币工资，铜币也太少，于是就开始使用仿币，要知道穷街陋巷里非法的货源多得是。

一个来自伯明翰的商人马修·博尔顿（Matthew Boulton），在苏豪（Soho）有着巨大的作坊，他请求国会授权给他，制造新的银币来解决问题，可皇家造币厂一方面觊觎其垄断地位，另一方面也自视甚高，认为自己足以解决此事，拒绝了博尔顿。威尔士的另一名商人托马斯·威廉斯（Thomas Williams），想出了更好的主意。他想到，边缘铸有字母的硬币很难造假，于是有意说服皇家造币厂采用新设计。对方没有反应。于是，1787 年，他开始在安格尔西岛上自己的帕瑞矿山生产铜币。他并不仿造便士，他生产的硬币是"代币"，可以跟便士进行交换，这是合法的。这些铜代币叫作"德鲁伊"。设计精美、铸造讲究，一侧铭有蒙头蓄须的德鲁伊浅浮雕，周围环绕着橡树叶，另一面铭着"PMC"3 个字母（也即帕瑞矿业公司"Parys Mine Company"的缩写），边缘还刻有一行日后具有传奇色彩的字："兑付一便士。"这种硬币尤其难以伪造的地方是，外沿凸起的一圈写着一句话："可在伦敦、利物浦或安格尔西按需制作。"工厂老板开始用德鲁伊付工资给工人，当地店主也开始接受这些便士代币。这是一种完全私人的货币。

斯塔福德郡铁匠约翰·威尔金森（John Wilkinson）的生意越做越大，就请威廉斯代为铸币，以便给员工付工资。这些硬币因为是在新威利的威尔金森铁厂使用，所以被称为"威利币"。但威尔金森的代币仅为威廉斯代币的一半重，工人们很快发现，商人只肯把这些硬币当成半个便士使用。威利币的表面铸有铁匠威尔金森本人的侧面像，在伦敦成了人们嘲笑的对象：

铁匠有了钱，

铸起铜币来；

铁匠的厚老脸，

铸上铜币面。

其他企业家竞相效仿。不久（与劣币驱逐良币定律恰恰相反），代币赶跑了伪币，成了一种合法的货币，比主权货币还受欢迎，甚至能在遥远的伦敦流通。这掀起了一波巨大的私人铸币浪潮。1794 年，64 名商人首次发行硬币。1797 年，600 多吨代币进入流通领域。私人铸币行为解决了零钱短缺的问题。杰出史学家乔治・塞尔津（George Selgin）为这段有趣的历史时期专门写了一本书，名叫《良币》（*Good Money*）。在书中，他指出，伯明翰的商人实际上把便士私有化了。他们的硬币较之皇家造币厂的竞争对手有了巨大的进步。新的硬币短短几年间就设计出来了，和皇家造币厂出品的硬币不同，它们没有专门防止欺诈的法律保护。铸币商人没有垄断特权保护，不光要实现成本效益，还要吸引最优秀的雕刻师傅和铸造工人，好把自己的硬币设计得难于仿造。"这种担忧，"塞尔津说，"对皇家造币厂（Tower Mint）那座乱糟糟院子里的居民来说是完全陌生的。"

皇家造币厂不光拒绝制造足够的硬币满足新兴工业经济，还拒绝采用现代方法。塞尔津指出："再也没有更好的例子能说明他们的顽固了：半个多世纪以来，造币厂不屈不挠地抵制技术创新，就是不肯用螺钉和滚压机代替剪刀与铁锤，让铸币过程实现机械化。"

此时，私人铸币领先了一大步。1797 年，马修・博尔顿终于凭借蒸汽冲压机，采用了特殊的凸边设计（这种设计绰号叫"滚子"），拿到了铸造皇家便士的权利。但 1804 年，他着手铸造银币（确切地说，是将西班牙银币翻铸为英国 5 先令硬币），沉睡的皇家铸币厂终于清醒过来，煽动议会捍卫自己的垄断特权。它采用了博尔顿的方法，通过游说赢回了造币合同，逐渐恢复了垄断地位。所以，这家古老又死板的机构，是通过竞争而非指导，才得以现代化的。

1809～1810 年，私人铸币迎来了最后一次高潮：糟糕的粮食收成（要突破拿破仑的封锁，从欧洲大陆进口谷物，并用金银支付），再加上半岛战争带来的昂贵军费，英伦三岛银币奇缺。金属企业家再次出手，这一回还有银行家，开始私铸银制先令、6 便士代币和铜制便士。这一次，政客怀着对垄断的一贯偏爱，于 1814 年通过法律禁止私铸代币。结果可想而知，硬币短缺如期降临，因为皇家造币厂好几年都没能准备好制造出足够的皇家硬币。为了填补这一真空，伪币和法国硬币进入了流通过程。1816 年，雇主若是想给员工支付工资，只能靠古老的银行代币、博尔顿铜币，或许再加上几枚磨损的德鲁伊和威利币，若干法国、西班牙银币，甚或伪币来蒙混对付。塞尔津总结说："这些就是商业货币的替代品，而且，还是议会在盲目冲动下给它们开的路。"

苏格兰实验

还有一个来自北面苏格兰边境的例子，能更好地说明货币的演变。1716～1844 年，苏格兰经历了空前的货币稳定时期，在它追赶英格兰的过程中，开创了金融创新，实现了经济快速增长。它拥有一套可自我调节的货币体系，这套体系，和其他任何时代、任何地方的任何其他货币体系运作得同样良好。事实上，这套体系大受欢迎，使得苏格兰人忍不住要赞美、捍卫自己的银行，在历史上，这种现象几乎闻所未闻。

依照《1707 年联合法案》，苏格兰放弃了自己的货币——苏格兰镑，改用英镑。起初，苏格兰保留了享有货币发行权的垄断中央银行，也即1695 年（英格兰银行成立后一年）成立的苏格兰银行。但 1715 年"老僭王"叛乱后，伦敦的议会担心詹姆斯二世党人在苏格兰银行的影响力，就把货币发行权给了私立机构"皇家银行"（是苏格兰央行的对手）。最开始，两家银行展开了斗争，各自囤积彼此的钞票，等到对方要发行钞票了，就把自己囤积的这些货币大手笔地流通出去，给对方找麻烦。但和平最终降临，两家竞争银行最终答应接受彼此的钞票，并定期兑换。后来，其他可发行钞票的银行，包括克莱兹代尔银行、苏格兰联合银行、北苏格兰银行、苏格兰商业银行、英国亚麻银行等，也加入进来。换句话说，一张纸币的价值，取决于这些私人公司各自脆弱的声誉，它们没有一家享有垄断权力。这显然会导致一场大灾难吧？

恰恰相反。各发钞银行热心于让对手接受自己的钞票，所以采用了谨慎而明智的放贷方式。钞票每周兑换两次，如果兑换系统出了故障，不良贷款决策的风声很快就会流传出去。这套系统是通过竞争来自我调节的。银行发行的纸钞很快变得更加通行，苏格兰人对它们的喜爱很快超过了金基尼，因为它们轻便，也同样值得信赖。苏格兰变得比其他国家更依赖纸币。事实证明，苏格兰银行系统是高效的、创新的、稳定且平稳。它只需要 1% ～ 2% 的些许贵金属贴水，并且推出了无数新功能，如现金信用账户、开分行、小额存款利息等。和英国不一样，银行发行低于 1 英镑面值的纸钞，有些银行甚至还接受撕下一半的纸钞（也即半英镑，等于 10 先令）。

苏格兰各银行平稳度过了 1745 年的"小僭王"叛乱，当时，苏格兰社会的其余部分四分五裂，财政上却平平稳稳。一个多世纪以来，整个系统蓬勃发展。苏格兰倒闭的银行数量仅为英格兰的一半，而且全都全额偿付了亏损。这一时期，银行倒闭仅损失了 32 000 英镑，还不如英格兰某一年份的损失。1772 年发生了一桩备受瞩目的银行倒闭案，涉事银行名叫"艾尔银行"。这个例子展示了系统的自我调节功能是怎样发挥作用的。艾尔银行的放贷政策十分积极，竞争对手信不过，极力避免与之产生业务往来。于是，艾尔银行只好从伦敦的银行借款，这里包括英格兰银行。由于伦敦发生了一系列银行挤兑，拖垮了 20 多家老牌银行，艾尔银行也破产了。由于苏格兰各大银行对艾尔银行避之不及，后者倒闭只连累了少数几家地方性苏格兰银行。在危机当中，各大发钞银行充当了小银行最后的债务靠山，不光拯救了后者，还承担起了整套系统未来的信誉。就连艾尔银行最终也清偿了债权人的巨额债务 663 397 英镑。⊖

马拉奇·马拉格劳瑟出手相助

1772 年的金融危机表明，这一时期的英格兰饱受银行破产、信用危机的困扰，哪怕英格兰银行垄断了货币发行权，承担最终贷款人的责任。然而，政客非但不肯看看苏格兰是怎么做的，反而一直努力要让苏格兰的系统变得跟英格兰更类似。1765 年，英格兰禁止苏格兰银行发行 1 英镑以下的小面额纸币，哪怕没有任何证据说明小面额钞票造成了什么麻烦。1826 年，英格兰又经历了一轮严峻的银行危机，没有一家苏格兰银行受波及破产，财政大臣罗伯特·皮尔（Robert Peel）却想要禁止苏格兰发行

⊖ 1772 年的金融危机间接地引发了美国独立战争，这既是因为伦敦从美洲抽取了大量黄金以偿还债务，也是因为东印度公司亏空了英格兰银行的一笔贷款。为了恢复地位，东印度公司想要卖掉自己囤积的茶叶，在 1773 年政府《茶税法》的帮助下，把它倾销到了殖民地，以巩固自己在茶叶销售方面的垄断地位，最终引发了波士顿倾茶事件。换句话说，美国的自由，促成了关于美利坚宪法的伟大思考，这是因为一场金融和商业危机，由下自上应运产生的。

5 英镑以下面值的钞票。让他（或者说心怀妒忌的英格兰银行）感到不安的是，这些钞票甚至在英格兰北部部分地区流通。

可一个谁都料想不到的人，盯上了皮尔。伟大的苏格兰诗人、小说家沃尔特・斯科特（Walter Scott）爵士，以"马拉奇・马拉格劳瑟"（Malachi Malagrowther）为笔名，猛烈抨击皮尔国有化苏格兰货币体系的尝试。他说："在我们货币流通领域进行的这一暴力实验绝非苏格兰各方所应允的，是强加在我们头上的，任何人都找不出同意它的理由来，万一失手，它会将苏格兰彻底毁掉，就算侥幸成功，也不会带来任何良好的前景。"由于《1707 年联合法案》只允许"对苏格兰有益"的改革，皮尔被迫任命了两名议员前往那里调查，后者发现苏格兰的银行体系毫无过错。它是"一套经过精心算计、节省资本开支以激发、重视有益创业精神的系统，它甚至通过直接诱因，维护民众的勤奋、诚信和谨慎作风，从而提升人民的道德习惯"。

1844 年，时任首相的皮尔再次出手，因为获得了苏格兰主要银行的支持（为之提供舒适的垄断卡特尔地位，条件是接受英格兰银行的监管），这一回他终于得逞了。后果几乎即刻降临。在中央银行不正当的保护下，苏格兰出现了不负责任的银行信贷。到 1847 年，苏格兰的银行因为不良贷款，真的"彻底毁掉了"，需要英格兰银行的救助。皮尔的行动"流产了"，中道而止。马拉格劳瑟完全正确。

金融稳定，不靠央行

如果苏格兰的故事不合你的口味，不妨再试试瑞典。19 世纪，瑞典有一套自由银行体系，银行争相自行发行钞票。这套体系带来的效果是："在它存在的 70 年间，没有一家发钞银行倒闭，没有任何一名票据所有人损失过一个克朗，没有一家银行关上提款窗哪怕一天。"这是历史学家约翰·诺伯格（Johan Norberg）引用佩尔·霍尔特隆德（Per Hortlund）所述。

又或者是 20 世纪 30 年代的加拿大。哪一个先进经济体以最佳状态熬过了大萧条，银行系统的麻烦最少？一个没有央行的国家——加拿大。

再比如说美国。整个 19 世纪，美国的州立银行都可以发行货币，但内战期间，联邦政府试图通过建立银行联邦特许制度（以换取银行支持发行政府债券）来筹措资金。令人失望的是，愿意这么做的银行寥寥无几，政府便使出了撒手锏，对银行发行的钞票征收 10% 的税，有效地扼杀了州立银行的货币发行权。到 19 世纪 80 年代，政府还清了债务，为保证债券的安全，国有银行减少了纸币发行量。显而易见的解决办法，是像加拿大那样，根据银行的资产允许其发行纸币，让市场发挥调控作用，但这一方案，被走民粹路线的民主党人威廉·詹宁斯·布莱恩（William Jennings Bryan）给否决了。他阻挠了每一次解放国有银行的尝试，就连总统格罗弗·克利夫兰废除对州立银行征收 10% 重税的努力，也遭到了他的拦截。在 20 世纪的最初 10 年里，布莱恩继续反对资产货币，最终，改革者换了个思路，想要设立一家享有独家纸币发行权的中央银行。这也就是说，布莱恩长期以来阻挠所谓的银行垄断，直接导致 1913 年真正的垄断银行（也即美国联邦储备银行）的成立。纳西姆·塔勒布指出，共和党总统候选人、持自由意志立场的罗恩·保罗呼吁废除美联储，人们把他叫作怪人；可要是他呼吁设立一家垄断机构，享有为金钱之外其他任何商品定价的权力，人们一定也会叫他怪人。

总之，毫无疑问，一个国家不靠金本位，不靠中央银行，不靠最终贷款人，不需要太多监管，也能够运行稳定的货币，不仅能避开大难，而且表现良好。自下而上的货币体系（所谓的"自由银行制度"）在历史记录上远远好于自上而下的体系。这是 19 世纪中央银行制度的伟大理论家沃尔特·白芝浩（Walter Bagehot）认同的观点。他在影响深远的著作《伦巴底街》（*Lombard Street*）里坦言，中央银行必须成为最终贷款人，正是中央银行存在所带来的不稳定性造就的。

中央银行的历史证明了这一点。英国央行创建于 1694 年。到 1720 年，英国陷入最绝望的金融危机"南海泡沫"当中，这是一场投机欺诈，意在劝说民众将政府债券兑换成一家从无交易的贸易公司的股票。英格兰银行非但没在这场狂欢里及时出手干预，反而积极加入进去，提交了竞标，接管国家债务并发行股票。

从 1718 年起，南海公司的主要推手约翰·布朗特（John Blunt）根据法国一份类似的方案，亲手设计了骗局策略，它并不怎么高明，无非是哄抬股价，靠哄骗投资者的钱过上滋润的日子。垄断的法国政府银行、皇家银行（the Banque Royale），日后成了法国的国家银行。创办它的是苏格兰谋杀犯、赌徒以及天才的企业家约翰·罗（John Law）。奥尔良公爵腓力二世授予罗全面的经济大权，而罗则借助这一特权，把尽量多的富人圈进了密西西比公司的股票泡沫里。他的银行持有密西西比公司，该公司垄断了与北美和西印度群岛的贸易。靠着来自路易斯安那殖民地的财富，罗把银行股票吹成了大泡沫。当然，泡沫最终吹破了。

这跟罗的祖国苏格兰发生的一切形成了鲜明的对比。两个国家都引入了纸币。法国授予一家银行垄断权力，最终毁掉了所有人。苏格兰则采用了一套分散的演变竞争系统，运作得十分漂亮。中央银行的行为往往有着周期性，在信贷扩张时，压低借款成本，信贷收缩时又猛地关上大门，一如 21 世纪初它们的所作所为。相比之下，分散的资金倒有更好的战绩。

甚至有一场类似苏格兰自由银行制度的迷人实验，持续到了今天。巴拿马、厄瓜多尔和萨尔瓦多这三个国家决定使用美元作为货币，将本国经济"美元化"。这自然意味着，它们的银行没有最终贷款人，因为美联储不大可能帮助巴拿马银行摆脱困境，但此举带来了相当积极的后果。由于没了道德风险，这三个美元国家的银行行为谨慎。巴拿马的银行高度稳定，连国际货币基金组织（IMF）都表示，没有了最终贷款人，"有助于这套体系的应变能力和稳定性"。国际货币基金组织认为萨尔瓦多需要某种永久流动性便利，但它并未推荐设立中央银行，而是让它从所有银行的存款准备金里抽取一笔钱作共同资金，如果有银行需要使用这笔钱，就对其征收惩罚性利率。这跟苏格兰银行长久以来成功运行的体系没有太大的不同。

2008 年金融危机式的代价

始于 2008 年的金融危机，显然是监管太少、贪婪太多导致的吧？至少，传统的说法是这样的。按照这种观点，1999 年废除了《格拉斯－斯蒂格尔法案》（该法案将信贷和证券交易隔离开来），是 10 多年来金融管制松懈达到最高峰的表现。和大多数传统一样，它基本上从头到尾都是错的。

正如作家乔治·吉尔德（George Gilder）评论的，危机迫在眉睫的时候，"每一家大型机构都满满当当地塞着检察员、监督员、巡视员、监控员、合规人员，以及形形色色其他各种名目的监管大军"。直到大型金融机构宣称自己需要救助的前一刻，这些监管部门都必然给它们发出健康合格的诊断书。2008 年垮台的全国独立房贷公司（Independent National Mortgage Corporation），耗费了美国联邦存款保险公司 110 亿美元，外加储户和债权人的亏空，然而，它有 40 多个政府检察员驻场，所有人都给它打了很高的评分。同一年，美国国际集团（AIG）的信用违约互换几乎扼杀了世界经济，借吉尔德的话来说："50 多个州、100 多个国家，都安插了联邦、州、地方和全球的差役，（AIG）接受他们的监管和勒索。"我在银行担任过董事长，这场经历就是接受烦人而琐碎的无穷无尽的监管，直至铸成大错。监管部门非但不曾预警即将降临的危机，反而提供虚伪的安慰，或者把重点放在错误的风险上。

事实上，问题比这更糟糕。在很大程度上，2008 年的危机是信用系统受自上而下的干预所触发的，而信用系统本应是自下而上的。没错，整个过程充斥着贪婪、无能、欺骗和失误，但这些东西什么时候都不缺。太多的监管法规起到了推波助澜的作用。

让我们想一想危机的构成要件。和历史上几乎所有的金融危机一样，直接原因是资产价格（尤其是楼价）的过度泡沫吹破了。1997 年的东亚是这样，1989 年的日本是这样，20 世纪 70 年代、20 世纪 20 年代以及更早的时候，全都是这样。理解 2008 年金融危机的关键在于，泡沫是怎么吹起来的。

首先，涌入西方经济体的廉价贷款洪流，必定要通过资产价格高涨寻找出口（它做到了）。近 400 年来，只要借贷便宜，就会出现泡沫，未来必将继续如此。先是 20 世纪 90 年代末吹起了网络公司股票泡沫，等这一轮泡沫吹破了，就轮到房价了。可跟大多数时候一样，权威非但不打消泡沫，反而积极吹泡沫。美国联邦储备委员会压低利率、承托股市、在网络泡沫吹破以后挽救华尔街（却不保护小市民）的政策，是房地产泡沫接踵而至的最大的一个原因。他们把它称为格林斯潘对策（The Greenspan Put）。

其次，也是至关重要的一点是，官方主动鼓励不负责任的放贷。美国政客不仅允许银行把这种廉价资金借给没有存款、无偿还能力的人，还依靠法律，主动鼓励甚至规定银行这么做。

有多少是房利美的错

1938 年，罗斯福政府成立联邦国民抵押贷款协会，更多时候叫作"房利美"，通过这一政府项目向银行不愿碰的低收入群体提供按揭抵押贷款，种子就是这时候种下的。该项目的目的是刺激住房建设，尽管到房利美运转起来的时候，房地产市场已经恢复了。它的运转方式是用现金从银行购买住房贷款，冒险诱使银行向资信无须担心的人放贷。而且，由于房利美背靠美国政府信用，没人想过它会违约。房利美实际上是花着纳税人的钱，收取费用，向贷款提供政府担保，如果一切顺利的话，倒也是桩不错的买卖。

20 世纪 60 年代，林登·约翰逊总统将房利美半"私有化"为"政府资助企业"。1970 年，房利美的小兄弟——联邦住房贷款抵押公司（简称

"房地美")也加入进来,两者都保留了隐性的政府担保,维持低价贷款成本。它们采用的是财政部的信用额度,人人都知道,这种信用额度几乎是没有上限的。也就是说,市场认为,如果房利美或房地美陷入困境,纳税人将帮助它们摆脱困境(和实际情况一样)。于是,好处成了私人的,坏处却还是公众的。戴维·斯托克曼(David Stockman)说:"在经济性质上,两房实际上是危险不稳定的怪胎,它们躲在带有欺骗性质、好心提供住房的封印背后,而这道封印,则来自新政时期认可的为中产阶级提供住房的使命。"

斯托克曼任罗纳德·里根时期管理和预算办公室负责人时,着手扼杀房利美和房地美,逐渐强迫它们按照市场利率借贷。此举吓坏了放贷人、经纪人、建筑商和供应商,他们"浩浩荡荡地联手,要求用廉价的社会信贷维持私人企业运转"。他们游说国会阻止他,在共和党的领导下,国会照做了。这是一起裙带资本主义反对自由市场行动的经典案例。

与此同时,商业贷款人开始感受到"现在改革社区组织协会"(ACORN)等团体施加的降低贷款标准的压力。该协会发现,在合并完成前,一旦设定好合并完成的具体日期,这类银行就极容易惹官司,控告它们没有遵守 1977 年禁止贷款种族歧视的《社区再投资法案》(Community Reinvestment Act)。如果贷款申请人没有付首付,信用记录不良,银行自然拒绝放贷,可非裔美国人往往比白人更容易遭到拒绝。在合并最终期限到来前,这类银行如果被该协会告了,就往往会做出让步,放宽自己的贷款标准,并向该协会提供贷款,让它继续推进自己的事业:增加对低收入客户的贷款(而且往往凭借 ACORN 发起的抵押贷款)。最终,不光小银行感受到了这种压力,2000 年大通银行和摩根银行合并时,两家组织向

ACORN 捐赠了数十万美元。

然而，到了这个阶段，房利美和房地美仍然拒绝为不良贷款背书。ACORN 进而游说国会，要求改变对"政府资助企业"设立的规定。1992年，老布什当政期间，ACORN 成功了，国会向房利美和房地美强加了新的经济适用房目标，要求两者接受首付 5% 以下的贷款，接受不良信用记录短于一年的客户。因为有着隐性的政府担保，房利美和房地美要利用自己的特权优势在资本市场上借款。ACORN 为众议院银行委员会主席起草了立法的关键内容。

克林顿政府有效地将这些规定改成了配额制度，要求房利美和房地美必须将 30% 的贷款放给中低收入借款人。但到此时，配额仅仅影响了贷款行业的 1/4。1994 年 7 月，ACORN 会见克林顿总统，说服他扩大低收入贷款规定的适用范围，连非银行机构也须遵守，放贷标准不得搞种族歧视，哪怕它只是辨别信贷风险过程中偶然出现的副产物。1995 年 6 月，克林顿宣布了新政策，ACORN 以嘉宾身份出席了仪式。

1999 年，政府将低收入配额提高到 50%，而且收入极低者要占 20%，并开始认真执行这些目标。作为"居者有其屋战略"（national home-ownership strategy）的一部分，它还开始提供补贴，降低首付金，而这是一条推高房价的必然之路。按《纽约时报》的报道，房利美和房地美"承受着克林顿政府越来越大的压力，扩大对中低收入人群的按揭贷款"。这么做是专门为了"增加少数族裔和低收入房主"获得抵押贷款的人数。

总之，次级贷款的爆炸式增长，是一场彻彻底底自上而下的政治工程，授权的是美国国会，实施的是政府资助企业，有法律撑腰，有总统鼓励，受施压集团监控。下一次你听到人们责怪是自由市场造就了次贷泡沫时，请务必记住上面的话。说问题来自放松管制，完全是个神话。问题出现的这个时期，监管逐渐升级，而且越来越多。比方说，小布什执政期间，美国经济的监管条例，每年增加 78 000 页。它还将金融监管的费用提高了 29%。

从 2000 年起，房利美和房地美对次级贷款的胃口每年显著增大，为满足这一胃口，它鼓励越来越多抵押贷款发起人越来越疯狂地贷款。房屋建筑商、放贷人、抵押贷款经纪人、华尔街的承销商、律师事务所、住房慈善机构和 ACORN 一类的施压团体全都因此得益，只有纳税人没落下什么好处。到 21 世纪初，房利美和房地美跟政客结成了复杂的关系网，向国会的民主党人提供了大笔竞选捐款，还为政客提供了高薪工作。克林顿任上的预算局前局长富兰克林·雷恩斯（Franklin Raines）就靠着对房利美所施的简短符咒，轻轻松松捞到了 1 亿美元。1998 ～ 2008 年，房利美和房地美在游说国会上花了 1.75 亿美元。

2002 年，房利美委托 3 名经济学家——约瑟夫·斯蒂格利茨（Joseph Stiglitz）、彼得及乔纳森·奥斯泽格（Jonathan Orszag）撰写报告。三人得出结论，房利美或房地美因次级贷款违约给政府带来的风险"实际上是零""小到难于检测"。2003 年，众议员巴尼·弗兰克（Barney Frank）在讲演中表示，两房"并未面临任何金融危机……越多的人夸大这些问题，公司就会承受越多的压力，而我们的住房保障工作就会做得越差"。迟至 2008 年 7 月，经济学家保罗·克鲁格曼（Paul Krugman）仍坚称，"房利美和房地美跟几年前高风险贷款激增没有关系"，跟次级贷款也没有关系。相比之下，众议员罗恩·保罗则警告说，这两家政府资助企业获得的特权，意味着"损失会更大，大于政府不曾积极鼓励住房过度投资的情况"。

　　然而，政策还是走老路。到 2008 年快要出大乱子之前，小布什政府将低收入贷款配额提升到了 56%。就在此之前，房利美和房地美已经找不到足够多的良好贷款来达到配额了，于是它们放宽了自己的承保标准，并开始接受越来越多的次级贷款。可房利美和房地美接受次贷的行为，一直是对市场保密的，因为这些贷款，并不叫次级贷款。政府资助企业将它们称为"次优级抵押贷款"（Alt-A loans），但两者的区别无非就是换了个名字。对庞大的次级贷款知情不报，本身也恶化了危机的严重程度。我清楚地记得，当时市场里大多数人的态度是这样的："没错，外面肯定有些不负责任的可耻贷款，但那只是市场的一小部分。"真是这样就好了。银行家约翰·艾利森（John Allison）在《金融危机与市场复苏》（*The Financial Crisis and the Free Market Cure*）一书里说，房利美和房地美不光为住宅地产的大部分不当投资提供了资金，还"提供了实质上的误导信息，导致了其他市场参与者的误判"。

　　2005～2007 年，房利美和房地美购买的贷款，足足有 40% 全是次级或者次优级贷款。房价上涨的时候，一切显得红红火火，尤其是新房主发现自己可以享受好几年的无息还款，尤其是，房价上涨，房屋可以再次抵押融资，本来拖欠的钱就变成了额外的贷款。但最终，违约欠账越滚越大。

　　直至 2008 年，两家政府资助企业破产并由财政部接管，它们真正买下了多少次级贷款才得到充分的曝光。到房利美和房地美当年无力偿债时（也就是保罗·克鲁格曼说它们没有陷入麻烦，对它们的担忧太言过其实，它们并不持有次级贷款之后不久），2/3 以上的次级贷款均为其持有，价值两万亿美元。当年，3/4 的新贷款都是之后通过它们派发出去的。

通过房利美、房地美、克林顿及大小布什政府的故事，我想要说明的关键点在于：尽管美联储的低息政策鼓励了借贷，可向次贷借款人不负责任地放贷的动力，却来自政府及施压团体。问题并不出在所谓的放松了管制，或者"贪婪症"的新一轮爆发。这也是多家银行和保险巨头美国国际集团纷纷倒闭的最大原因。撇开房利美和房地美，就没法详细地说明大衰退的故事，而省略在幕后推动它们的政治规定，也不可想象。这从头到尾就是自上而下的政策扭曲了自下而上的市场。戴维·斯托克曼在《资本主义大变形》（*The Great Deformation*）中毫不留情地指出："房利美的传奇故事表明，一旦裙带资本主义感染了政府部门，其癌细胞般的扩散潜力就分外危险了。"杰夫·弗里德曼（Jeff Friedman）在一篇颇具影响力的论述金融危机的长文中得出了相同的结论："旨在约束、纠正现代资本主义的法规不断增多，交织成了一张越来越大的复杂的网，正是它，导致了这场金融危机。"政府金融危机调查委员会委员彼得·沃利森（Peter Wallison）也说过类似的话："这场金融危机不是因为管制太弱、没有效果导致的。恰恰相反，2008 年的金融危机是政府的住房政策造成的。"次贷危机是创世现象，而非演变现象。

移动支付的演变

政府垄断资金，不光抑制了创新和实验、导致了通胀和贬值、造就了金融危机，还加剧了不平等。多米尼克·弗里斯比（Dominic Frisby）在《没有国家之后的生活》（*Life After the State*）里指出，金融的机遇是从财政部一圈一圈往外扩散的。国家会在钱还不存在的时候就把它用出去；特权银行首先接触到了新铸成的钱，并在资产成本尚未提高之前进行投资。等涟漪扩散到老百姓时，钱已经没那么"值钱"了。这种向外的渗透，称为"坎蒂隆效应"（Cantillon Effect）。它的名字来自理查德·坎蒂隆（Richard Cantillon），他注意到，南海泡沫中新发行纸币，离源头最近者受益最大。弗里斯比认为，政府不断扩张、增发货币的过程，有效地把钱从穷人手里再分配到了富人手里。"这不是自由市场在运作，而是政府大规模干预经济所导致的整体性意外扭曲。"

政客总想着根据一种货币的价格来决定另一种货币的价格，而不是让价格自然形成，这种奇怪的痴迷令我感到十分困扰。尤其是英国，在历史上曾数次因为汇率错误定价导致危机。1925 年，时任财政大臣的温斯顿·丘吉尔，让英国在错误的价格上恢复了金本位，促成了一场衰退。1967 年，首相詹姆斯·卡拉汉（James Callaghan）死扛了太长时间才允许英镑贬值。1992 年，诺曼·拉蒙特（Norman Lamont）试图对德国马克采用固定汇率。更不必说，1999 年欧盟以共同货币的形式设计了一个充满痛苦的陷阱，给南欧诸国带去了失业、严重的经济衰退和大笔的债务。这种迷恋到底是为了什么？为什么我们就不能意识到，政客无法正确地把价格固定住呢？我们并不集中地规定牙膏的价格，那么，为什么我们要规定货币的价格呢？弗里斯比说："这套货币和金融系统并不符合不受管制的自由市场，而是与受保护的权贵资本主义一致。它不道德，高度不公平，极端危险。它遭到了寻租者的利用。"

打破政府对垄断的货币印刷发行权至关重要。一如美国国会议员罗恩·保罗所说，如果政府确定自己的货币是最优秀的货币，它就不应该害怕竞争："在一个自由的市场里，政府的美元应该跟其他货币展开竞争，这符合美国消费者、储户和投资者的利益。"英国国会议员道格拉斯·卡斯韦尔说，如果能打破英格兰银行的垄断权，"或许有助于它不再拿着我们的货币随便冒险"。

如今，新形式的自组织货币层出不穷，如航空里程、手机积分、比特币等。它们最终会取代官方货币吗？我猜真会出现那么一天。肯尼亚就意外地走上了一条发展手机货币的道路。21 世纪最初几年，没有政府或行业的推动，肯尼亚人就开始通过短信向彼此让渡通话时间，以此充当货币。Safaricom 和沃达丰等移动电话运营商意识到发生了什么之后，便着手用户体验。现在有了 M-Pesa，人们可以把真正的钱存入手机或通过代理兑现，也可以在手机之间传送积分。事实证明，这特别受进城打工人士的欢迎，他们要把现金汇给农村老家的亲人。如今，2/3 的肯尼亚人使用 M-Pesa 当钱，该国 40% 以上的 GDP 通过这种货币流通。肯尼亚人更愿意通过手机而非传统银行账户访问金融储蓄和支付系统。

该系统在肯尼亚大获成功的一个关键因素是，监管机构让开了路，允许系统自行发展。不是没人想过这么做，银行曾游说政客要求 M-Pesa 接受更多的监管。在世界其他地方，下重手整治，把移动支付扼杀在了襁褓当中。2008 年肯尼亚选举后发生暴乱事件，手机余额似乎比现金安全得多，于是这套系统得到了进一步的普及。不久，它达到了临界状态，因为使用 M-Pesa 的人已经足够多，为了和这些人开展业务，加入进来合情合理。在肯尼亚，人们用 M-Pesa 现金支付工资，购买储蓄产品，甚至贷款。

货币有三个主要的功能：充当价值储存手段、交换媒介和记账单位。

它们往往互相冲突，因为虽然黄金稀缺、不生锈，可以很好地存储价值，但它又太过稀缺，无法充当实用的交换媒介。在世界的部分地区，贝壳一度充当过货币，因为它们非常坚硬，也极为罕见。可商品货币与生俱来的问题在于，要是供应量突然变大，就很容易遭受通货膨胀影响，比如发现了新的海螺源头，或者新挖出了金矿。相反，如果充当货币的商品有了其他用途，则会造成突发性的钱荒。当皇家海军使用铜制船体时，铜价大幅上涨，人们便开始熔掉便士，把贵重的铜提炼出来。

纸质法币避免了上述问题，但对供应端的唯一约束，就是国家许诺不会随意印刷钞票。可放眼历史，国家反反复复地违背诺言以求减少债务，故此，人们一直在寻找方法，制定永久生效、不会遭到违背的货币政策法规。货币经济学家乔治·塞尔津和同事都认为，从任何客观尺度上来看，美国联邦储备委员会问世的最初 100 年都是失败的。自美联储 1913 年成立以来，通货膨胀不曾间断（在它成立前的 120 年里，通货膨胀率是 8%，它成立之后的 100 年，通货膨胀率则是 2300%），此外还出现过毁灭性的通货紧缩，以及更多的银行恐慌、金融波动，更持久、更深刻的经济衰退。2008 年，美联储的危机应对举措也遭到了严厉批评，它挽救的都是些不良资产，而对有偿付能力、只是急需流动性的机构却爱莫能助，彻底违背了沃尔特·白芝浩的最终贷款人提议。有人认为，因为这种笨拙的应对，美联储把一轮因为房价缩水导致的相对温和的经济衰退，变成了大规模衰退。总而言之，后人或许会得出结论：美联储之于经济，就如同放血之于 18 世纪的医学：纯粹是有害无益的法子，但没有人敢这么说。智者并不知道该怎样集中规划货币体系，就如同他们不知道该怎样集中规划工厂、医院和铁路。

另一种货币方法是寻找一种"合成商品"货币形式，这种合成商品没有其他用户，不会突然在其他地方产生需求，同时它又有着不可改变的稀缺性因素，能够保值。直至此时才大摇大摆地摧毁了平版印刷术的印刷纸币（纸币是采用凹版印刷术印制的，在前电脑时代，人们曾就此展开争论），在某种程度上满足了这一目的。与此类似，20 世纪 80 年代，伊拉克的萨达姆·侯赛因曾发行过在英国印制、在瑞士制版的第纳尔钞票。第一次海湾战争后，制裁使得他无法继续供应货币。他开始在伊拉克开动印钞机，但这些纸币质量差，容易造假，数量又太多，进而引发了通货膨胀。可这时瑞士制的第纳尔依然在流通，在价值上与当地印刷的钞票产生了背离。由于老版第纳尔再也不会制造出来了，人们认为它们可存储价值，故保留了与美元的兑换汇率。

接着出现了比特币。加密货币及其新近演变的意义深远，远远超出钱的范畴。它们使我们看到了互联网本身的未来演变。

第 16 章

互联网的演变

没有任何东西可以无中生有，一旦我们明白了这一点，就已经走上了那条我们想要探究的道路：事物是怎样形成的？没有诸神的诡计，一切都是怎么来的？

——卢克莱修
《物性论》第一卷，第 164 ～ 167 行

互联网没有中心，也没有等级之分。所有使用它的电脑都是平等的——是网络中"对等"的节点。一如史蒂芬·伯林·约翰逊（Steven Berlin Johnson）所说，互联网甚至不是一套自下而上的系统，因为有"下"就暗示了有"上"。没有人规划它。尽管它是许多独立项目的总和，但在我这一辈子，从整体上看，互联网是无设计、无意地、不可测地逐渐形成的。没有人提前预见到博客、社交网络甚至是搜索引擎的出现，更没有人预见到它们现在所具备的具体形式。没有人对这些东西处于掌握中。互联网虽然繁杂，但是并不蒙昧混沌。它是有序的，复杂的，有模式的。这是一个活生生呈现在我们眼前的演变形成现象——不靠设计师，却以分散的形式自发产生了复杂性与秩序。

还记得 20 世纪初，大多数人对通信技术的态度无比悲观。乔治·奥威尔认为广播电视的未来就是洗脑。哈耶克在《自由秩序原理》（*The Constitution of Liberty*）中提出，我们"距离思想控制技术有可能迅速发展的时代只有咫尺之遥了"。

事实上，20 世纪初期，唯一的大规模通信技术就是广播和电视，此时权力在短期内转向了集权主义。这些技术都适用于一对多的广播。哈佛大学的克里斯托弗·科德兹（Christopher Kedzie）指出，独裁者喜欢这种发起方少、接收方极多的通信技术。反过来说，电话和互联网这样的多对多技术，却削弱而非加强了专制政权。互联网是一股个人解放的力量，这一点没有太多可怀疑的。

有一件事，人们一直针锋相对、争论不休：发明互联网的功劳到底该算在谁的头上，是政府还是私人产业。2012 年，奥巴马在一次讲演中信心满满地说："互联网不是自发出现的，是政府研究创造了互联网。"他指的是以下事实：我们今天所知的分散式网络始于五角大楼资助的阿帕网项目，这个项目的立足设想来自兰德公司保罗·巴兰（Paul Baran）提出的分组交换。巴兰的主要目的是希望制造出一种能熬过苏联第一轮核打击，继续传送信息到导弹基地进行报复的东西。网络的分散性就是这么来的。

另一些人说，这是无稽之谈。互联网远远不止分组交换。它需要计算机、通信、各种软件和其他协议，政府资助的许多此类研究项目都是收购自私人企业。再说了，如果你真的认为阿帕网是互联网的起源，不妨解释一下：为什么政府守着它足足 30 年，却几乎没用它做过任何工作，直到 20 世纪 90 年代阿帕网得到了有效的私有化之后，才产生了爆炸般的效果。事实上，情况比这还要糟糕。1989 年之前，其实政府禁止阿帕网用于私人或商业目的。20 世纪 80 年代，麻省理工学院的阿帕网用户手册提醒使用者："通过阿帕网发送电子信息，谋求商业利益或政治目的，是反社会行为，而且违法。"要不是学术界太依赖反感商业用途的政府网络，互联网革命提前 10 年就该发生。

好吧，或许我们应该忘了是谁掏的腰包，把荣誉献给那些对互联网起了奠基作用的人，因为没有他们，互联网就不会出现：保罗·巴兰第一个提出了分组交换的概念；文顿·瑟夫（Vint Cerf）发明了 TCP/IP 协议，这是允许多种不同程序在互联网上执行的关键；蒂姆·伯纳斯－李爵士（Sir Tim Berners-Lee）设计了万维网。可这里同样存在问题。要是这些才华横溢的人（他们毫无疑问是才华横溢的）不曾出生，这些东西（或者类似的东西）就真的不会在 20 世纪 90 年代出现吗？真的有人相信吗？我们在第 7 章中已经介绍过，许多发明都是同时出现的，这种现象十分普遍，一旦技术成熟，就必然会出现下一步的创新。考虑到这一点，说 20 世纪结束的时候计算机仍然没找到一种通用的开放连接方式，人除了自己的硬盘看不到其他节点，这简直不可思议。事实上，就在巴兰想出分组交换的概念之后不久，一个叫唐纳德·戴维斯（Donald Davies）的威尔士人也独立地提出了它（甚至连我们现在用的这个名字也想到了）。罗伯特·卡恩（Robert Kahn）对 TCP/IP 协议做出的贡献，跟文顿·瑟夫一样大。故此，虽然我们应当纪念这些人的贡献，但不应该真的认为，没了他们，同样的东西就不会产生。没有了他们，互联网的种种奠基技术或许会有不同的名字，使用不同的流程，但同类的东西总归会出现。

互联网的真正起源并不在于天才的个人，也不在于政府的资助。一如史蒂芬·约翰逊令人信服的观点：它来自 20 世纪 60 年代加利福尼亚嬉皮公社的开源对等网络。"和定义了数字时代的许多奠基技术一样，互联网来自分散的科学家、程序员、爱好者向整个世界免费分享其智力劳动果实的过程，而且将继续受此过程的塑造。"这些人系统合作，因为他们想要（而不是因为他们拿了薪酬）和别人分享自己的设想，无须知识产权（或只获得极少的知识产权）。开源协作网络创造了当今互联网（不光是互联网，智能手机、股市和飞机也都如此）所依赖的大部分代码。我写本书所用计算机的操作系统，是 UNIX，这是一套人们合作创作的系统，不是为了赚钱。我用来核对事实所用的网络服务器，是另一套开源程序——Apache 软件。用约翰·巴洛（John Barlow）的话来说，这是"网络共享主义"：一个分享、交换的社群，人们共同努力，不期待私人回报。

网络变成了巴尔干火药桶

曾几何时，我们差不多进入了那样的状态。我们众包、我们维基、我们云共享自己的生活。记者，那些最无政府主义的"野兽"，发现自己被博客、微博和业余摄影师超越了，这可不是他们喜欢的事。他们说，只有自上而下的新闻能够完成恰如其分的调查。科学家被迫习惯让自己的设想在论坛上经受实时的讨论，忍受网民的不敬态度。同行评议后再公布出版那种庄严、晦涩的俱乐部时代过去了。政治家也得挺过微博上聒噪的煎熬。

但随后，反击开始了。专栏作家马修·帕里斯（Matthew Parris）所称的探子、审查员和网络看守越来越多。一些国家蚕食着网络自由。我们了解到，近年来，美国安全部门，正拼命地对公民开展电子间谍活动，接着又说谎掩盖事实，用法律给这些行为提供正当开脱，说它们是机密。用伊本·莫格林⊖（Eben Moglen）的话来说，通信革命被用来"在民主社会的实质上大行极权主义之道"。欧美等地政府，都心照不宣地认为，它们

⊖ 美国哥伦比亚大学法律及法律史教授、自由软件基金会理事会成员及义务首席法律顾问、软件自由法律中心创办人及主席。——译者注

有权自由监听彼此民众的对话。只不过，没有人告诉民众，这是政府之间的新协议。

我们发现这一切，全都来自朱利安·阿桑奇（Julian Assange）和爱德华·斯诺登（Edward Snowden）等个人作风有失检点的"吹哨人"，有时候，他们似乎很乐意曝光政府对自己的窃听内容，让国家罪上加罪，结果却弄得自己身陷囹圄，这多么可悲。但无须认同对窃探的泄密，你也可以反对政府的窃探。如果说，人们曾经认为，1989 年东欧剧变减少了西方政府采取鬼祟行动的必要性，这个幻想早就残忍地破灭了。政府既希望规范我们在互联网上的所作所为，又希望自由自在地侵犯我们的隐私。据斯诺登透露的情况，在一次非法调查活动中，英国政府的间谍机构政府通信总部（GCHQ）无任何借口地暗中监视了 100 多万名网络摄像头用户。

极权主义肯定不会赢，但它们会继续把网络系统的零部件变成自上而下的封地。从互联网诞生的那一刻起，不断有人提出需要一套框架、一些权威、一星半点的"秩序"。这场战争的关键战役，是 2011 年国会推出的《禁止网络盗版法案》（Stop Online Piracy Act），它为依赖知识产权的好莱坞大制片厂和其他媒体公司谋求最大的利益。依靠两党的支持，在大政府官僚机构（它们当时还处在对互联网无政府状态的震惊当中）的大力鼓励下，法案几乎十拿九稳地要通过了。但 2012 年 1 月，紧急关头却发生了一场叛乱，数以百计的网站换成黑色背景，抗议拟议中的法律。一个星期内，该法案流产了。

但战争并未结束。就连维基百科这样的组织也免不了沾染专制气息，指定享有特殊权利的编辑，在特定主题上根据个人裁量拿主意。其动机比较容易理解：不让奇思怪想的偏执疯子占据了词条的内容。但一如法国革命之后发生的情况，疯子进入了委员会。成为编辑的途径很简单：编辑大量的页面，获得印象分。一些编辑变成了无情的党派教条主义者，众包百科全书的价值逐渐受损。正如一位评论家所说，"一群搞小圈子主义的挑剔编辑运营着"维基百科，纵容"恶作剧和故意破坏"。我发现，虽然在各种争议性话题上，维基百科仍然不失为了不起的检索源，但它在许多主题上是靠不住的。有人捏造了一条完全虚构的词条，说印度果阿邦发生了战争，该词条不光在维基百科上保留了 5 年，还成了热门条目，甚至拿了奖。

近年来，维基百科偏离众包路线，走向了层级化的集中控制，这方面的例子很多。上面只是其中一个小小的例子而已。与此同时，专业公关公司也在维基百科上动了大量的手脚，以便词条就整体而言有利于自己的客户。2014 年，欧盟最高法院做出裁定，允许人们从网上删除有关自己的陈年旧事，哪怕这些事情是真的，给各种各样的骗子送了一份大礼。

此外就是真正的审查。对互联网进行审查的国家数量一直在稳步增长，目前已达 40 多个。文顿·瑟夫所称的"免批准创新"（permissionless innovation）传统，是互联网成功的关键，可它正遭到肆无忌惮的攻击：世界各地的政府和爱管闲事的机构坚持认为，一切创新务必经过批准。国际电信联盟（简称国际电联）是联合国下属的一家机构，拥有 193 名成员。在若干政府的游说下，它把控制权扩大到了互联网，攫取了域名注册的管制权，还推出了禁止匿名的国际规则。虽然我们很多人都想看到网络喷子的大名曝光，但专制政权的领导人同样希望看到持不同政见者没了遮拦。俄罗斯总统普京明确表示，他的目标是通过国际电联"建立对互联网的国际控制"。2011 年，俄罗斯、中国、塔吉克斯坦和乌兹别克斯坦共同向联合国大会提交了一份《信息安全国际行为准则》。

2012 年 12 月，国际电信联盟在迪拜召开的一场会议上，对此问题来了个了断：成员国以 89 票赞成、55 票反对，授予联合国机构对互联网行使前所未有的权力，俄罗斯、中国、沙特阿拉伯、阿尔及利亚和伊朗力主监管。尽管许多国家拒绝签署新条约，美国联邦通信委员会的负责人认为，它仍然严重损害了世界各地的言论自由，因为支持监管的势力成功改变了关键条约保护互联网免受政府控制这一定义的意义。他说，国际电联"对扩大监管有着贪得无厌的胃口"。

互联网在性质上是分散化的，如今却有了一个中央委员会——互联网名称与数字地址分配机构（ICANN）。它是美国政府设立的，现在也与其他许多政府及跨国机构共同承担职责。这家组织有着富丽堂皇的办公室，手握域名分发大权。

总的来说，我仍然乐观地认为，演变的力量将战胜指挥控制的力量，互联网将继续为所有人提供自由的空间。但这仅仅是因为人类的聪明始终比政府控制领先一步。或许，互联网衍生出的后代里，意义最深刻的会是独立于政府的数字货币——比特币，以及后来的加密货币。"我认为互联网将成为削弱政府角色的一支主要力量。有一样东西不可或缺，并且很快就会开发出来，那就是可靠的电子货币。"米尔顿·弗里德曼说。最终，能让互联网保持分散化，甚至让整个社会保持分散化的，不仅是电子货币，而且是比特币背靠的一整套技术。让比特币运转起来的区块链技术，能够产生深远的影响。

区块链的离奇演变

故事始于互联网刚刚出现的 1992 年。一位叫蒂姆·梅（Tim May）的富有计算机先驱邀请一群人到他位于圣克鲁斯的家里讨论怎样运用联网计算机上的"密码学方法"，打破知识产权及政府机密设置的障碍。"起来！受压迫的人！除了铁丝网，你们别无所失！"他对在场者说。这群人自称"密码朋克"，他们预见到，这行将诞生的技术既是自由的威胁，又是自由的机遇：它有望开拓世界，也有可能令国家侵入私人生活。他们的宣言中提到："我们，密码朋克，致力于建立匿名系统。我们使用加密匿名邮件转发系统、数字签名和电子货币，捍卫自己的隐私。"

和大多数自由意志论群体一样，密码朋克的网络社群很快因为激烈的争吵和战火分崩离析。但在此之前，他们激发彼此的脑袋产生了一些十分有趣的想法。这群人里有几个关键的名字，分别是亚当·贝克（Adam Back）、哈尔·芬尼（Hal Finney）、戴维（Wei Dai）和尼克·萨博（Nick Szabo）。在围绕匿名自组织货币系统的问题进行的拼杀论战中，贝克发明了"哈希现金"（hashcash）系统；戴维想出了 b-money；芬尼开发了"可重复使用的工作量证明"协议；萨博走得更远，进入了相关主题的历史和哲学领域。他拿到过计算机科学和法学博士双重学位，痴迷于金钱的历史，就这一主题写了一篇长文，探索了进化生物学家理查德·道金斯（Richard Dawkins）脱口而出的一句评论："金钱是延迟互惠利他主义的正式代币"，也就是说，有了金钱，人就能在任何时候间接地回报他人的善意。

这篇题为《破壳而出：货币的起源》（*Shelling Out: The Origins of Money*）的文章敏锐地指出，金钱出自渐进而不可阻挡的演变，而非来自人为设计。货币始于收藏品，如贝壳、骨头、珠子等物，因为不易腐坏而有了价值，早期的人类很喜欢收集它们，接着逐渐形成了交换媒介的作用，令以物易物行为得以推广。萨博在文章中对进化心理学表现出了特别的兴趣，引用了这一主题下的多部作品。2000 年前后，他开始构思一种虚拟软件产品——"比特金"，模拟黄金的特质：稀缺，难以获取，但他人容易验证，是可信赖的价值存储方式。显然，他是在思考怎样在网上重建真实货币演变的关键步骤。

几年以后，在 2008 年 8 月 18 日，金融危机剧烈发作之前的一个月，有人匿名注册了一个新域名——bitcoin.org。两个星期后，某人以"中本聪"为名发表了一篇 9 页篇幅的论文，概述了对等网络电子现金系统"比特币"的设想。比特币系统上线之后几个月，英国政府公布对银行进行第二轮救助的当天，比特币诞生了，而中本聪则在比特币的诞生公告里，引用了《泰晤士报》对救助银行事件的报道标题。一个月之后，中本聪在对等网络基金会网站上宣布："我开发了一种全新的开源 P2P 电子现金系统，名叫比特币。它是完全分散的，没有中央服务器或受托方，一切都以加密证明做基础，不靠信托。大家可以试着用用，或者看看截图和设计图。"他的动机很清楚。按照设计，比特币保留价值不靠贵金属做支持，没有中央发行方，本身也没有价值。中本聪邀请用户"摆脱中央管理货币的任意通胀风险"！

要想让你理解比特币的运作方式很困难。我见过最精辟的解释，来自最近上线的以太坊（Ethereum），这是一家旨在跟进比特币的企业。"中本聪的创意，是两种东西的结合：首先，采用一套非常简单的分散化共识协议，基于节点每隔 10 分钟将交易组合成一个'块'，制造出不断发展的

'区块链'；其次，用工作量证明充当节点获得参与系统权的机制。"如果你认为这难于理解，别怕，你不是一个人。我还没看到过区块链技术的英文说明，不过，区块链技术的数学说明倒是很清晰。总之，我知道比特币是一种有效的公共总账，是世界各地比特币用户存储的交易汇编。要想加入进去，你需要在总账里创建一部分，通过加密绑定的"块"形式与他人分享。这样一来，比特币就能够绝对无误地登记谁把价值转移给了谁，不需要银行，也不需要其他校验实体。

中本聪是个假名。比特币的创始人（或者创始人们）希望保持匿名，原因相当明显。私人货币的发明家本来就寥寥无几，而且往往成了遭人忌妒的靶子，深陷困境。比方说，1998 年，伯纳德·冯·诺特豪斯（Bernard von NotHaus）十分公开地铸造并销售黄金制"自由元"，从未说过这些钱是美元伪钞。他和美联储展开了竞争，就跟联邦快递与邮政总局竞争一样，他提供了价值存储的替代途径。美国联邦政府容忍了 11 年，突然有一天，对他进行了突击搜查，逮捕并起诉他假冒、欺诈、阴谋反对美国。尽管他的客户既没有受骗，也不曾抱怨，他还是被判有罪，完全是因为他和美国政府有效地展开了竞争。接下来出现了电子黄金，这是一位名叫道格·杰克逊（Doug Jackson）的肿瘤学家建立的电子支付系统。该系统的交易额曾高达 15 亿美元，直至被政府以"纵容非法资金转移"的罪名关停。政府对自己控制不了的钱是从不手软的。比特币创始人隐姓埋名的原因就在于此。

神秘的创始人

中本聪到底是谁呢？2014 年 3 月，《新闻周刊》认为自己找到了答案，它锁定了住在洛杉矶附近的一名美籍日裔程序员，此人名叫多利安·中本聪。陷入包围的多利安大惑不解，他是个失业游民，健康糟糕，英语拙劣，他坚称自己跟比特币毫无关系，也不理解这到底是什么，还以为比特币（bit-coin）叫"比特康"（bitcom）。此外，他还一针见血地问道，如果他想掩人耳目，为什么要用自己的真名呢？真正的中本聪短暂地上网（匿名）宣布，说自己不是多利安。

"真正的"中本聪用的是日本名字、德国网址、大量的英国短语和引言，按他发帖的时间来判断，是用的美国（东海岸）时间。乍看起来跟他没有产生蛛丝马迹联系的唯一高科技地区，就是尼克·萨博居住的美国西海岸。作家多米尼克·弗里斯比和其他人（包括来自伯明翰大学的一支40 人组成的法律语言学家团队）对其文风、特质、可能的年龄、活动模式做了严谨的分析，得出的结论是中本聪可能就是尼克·萨博。尤其可疑的地方是，在中本聪活跃的时期，原本能舌战群儒的萨博就会变得异乎寻常的沉默，反之亦然。不过，萨博在推特上一直否认自己是中本聪（一些人认为，是他和哈尔·芬尼合作创作了"中本聪"，这样两个人都可以单独否认）。萨博本人一贯低调。网上找不到他的照片。

不管"中本聪"到底是谁，这个人对计算机编程和经济史都有深刻的了解，这样的组合很少见。毫无疑问，比特币是我们有生之年最重要的发明之一（尽管，我不认为没有中本聪就没人能把它发明出来，总会有个人可以设计出某种形式的自校验货币）。比尔·盖茨称这是一个壮举。到目前为止，它还无人能破解，因此具备充当货币系统的理想特点，它能自我监督，没有发生通货膨胀的可能性，不在国家的控制范围内。它解决了困扰以往各种电子货币的问题：需要第三方才能确保你接收到的钱，是某甲此时传送给你的，而不是某乙。这就是银行在汇款中充当的角色，也是政府在铸造数量有限的硬币、纸币中充当的角色。比特币预防重复付款靠的是，如果相同数目的钱花往了两个地方，系统只处理最先确认的那笔交易。

比特币的铸造模仿了采矿行为：起初，开采很容易，但会越来越困难，如今，要开采出一枚币，需要规模庞大的计算机群。每个比特币由此前开采的代码链（也即"区块链"），加上一个新的"块"构成，创建新块的目的是用海量的计算机运算解决一道复杂的题目。截至本书撰写时，约有1300万枚比特币在流通，而且它的总数永远不会不超过2100万枚。比特币的生产速度每4年减半，直到21世纪中叶达到最高值。

你可以像对待英镑或者美元那样，购买或出售比特币。2013年塞浦路斯发生金融危机之后，私人储户意识到，传统货币存在银行里并不安全，因为塞浦路斯政府宣布，凡是储蓄额高于10万美元的银行账户，它都将扣掉40%。一时间比特币的价格猛涨。随着世界各地的投资者对政府武断权力的觉醒，比特币的价格从2013年9月的120美元，涨到了当年12月的近1200美元。此后，它的价格渐渐走低。

到我写本书的时候，约有价值60亿美元的资金以比特币的形式保存着。然而，要成为世界储备货币，它还有很长的路要走。它暂时还无法充当记账单位。对世界储备货币来说，比特币价格波动太大，有泡沫潜力，供给过分有限，前景不太乐观。此外，愿意接受比特币的交易商不多，连在网上都不太容易找到。第一家比特币交易所Mt. Gox，因为欺诈太多倒闭了。此外，比特币特别受毒贩的欢迎，一家叫作"丝绸之路"的网上交易所，借此集中了大量毒贩。有关当局已经渗透进"丝绸之路"，逮捕了许多犯罪分子（包括 29 岁的辍学学生，自称"恐怖海盗罗伯茨"的幕后操盘手，他在洛杉矶经营着一家咖啡店，喜欢引用冯·米塞斯的言论）。所有这些因素都损害着电子总账的名声。

所以，无须屏住呼吸，也不必得出结论说比特币是钱的最终命运。它更像是某种东西的萌芽。毫无疑问，加密货币会不断演变。杜伦大学的金融学教授凯文·多德（Kevin Dowd）就"丝绸之路"交易所发表意见说："（现有交易所的）每一次垮台，都可以视为演变压力，淘汰实力较弱的网站，教会其他网站该回避哪些风险。砍掉一颗脑袋，新的会取而代之：'丝绸之路'2.0 已经上线运行了。"

一如多米尼克·弗里斯比所说，比特币迄今为止的演变，不光是混乱的、无规划的、有机的，而且，围着它的人也是形形色色的，有计算机高手、骗子，也有经济学家；有机会主义者、利他主义者，也有活动家。尽管如此，不起眼又毫无内在价值的比特币在这个世界上已经取得了耀眼的成绩，昭示着网络加密货币的未来。如今，有 300 多种网络加密货币与比特币展开竞争（也叫作"山寨币"），不过，还没有一种的市场份额能跟比特币比肩，不过这或许只是个时间问题。

试想一下，如果分散的加密货币真的流行开来，那会怎么样呢？如果人们逐渐采用这种方式来储蓄，金融公司也开始提供有利息的加密货币产品，政府会发现，它们的回旋余地将越来越少。它们不能再肆无忌惮地借款、贪婪地收税、大手大脚地花钱了，它们必须掂量这些行为会给自己的货币相对于比特币造成什么影响。弗里斯比认为，这将迫使国家对消费而非生产征税，从而将通货膨胀赶出整个系统。更重要的是，它会把大银行逼得歇业，消除世界上如此多的财富集中在一个行业里所导致的扭曲。中本聪说，比特币"在自由意志论者的眼里看来极具吸引力，只是需要恰当地进行解释"。纳西姆·塔勒布说："比特币是一场伟大事业的开始：让货币脱离政府之手，这是一件必要且势在必行的事情。"凯文·多德说，（比特币）"就社会秩序自发形成提出了一个重要问题……在一个加密的无政府主义社会，政府在货币体系里再不扮演任何角色"。比特币的开发者杰夫·加兹克（Jeff Garzik）称它"是互联网诞生以来最重要的东西，是我们生活方方面面变革的催化剂"。

区块链，为所有人谋福利

这些热心人士，到底是热心于什么东西呢？比特币背后的"区块链"技术，有可能是未来崭新技术世界里的重要组成要素，意义说不定堪比互联网，这股创新的浪潮，是要从大部分商业活动中赶走中间商，让人们更自由地与世界各国民众交换商品及服务，不再需要通过企业充当中介。它能从根本上让社会变得更为分散，摆脱对银行、政府甚至公司及政客的需求。

以"推斯特"（Twister）为例，这是一款基于区块链技术的竞争版推特，完全建立在对等网络之上。如果你生活在独裁制度下，在推特上发送一条批评政府的信息，会给自己惹麻烦，政府会威胁推特公司交出你的详细资料。可在推斯特上，这就完全不可行了。还有Namecoin，它旨在发行去中心化的对等网络式互联网名称（类似域名）；Storj打算把文件云存储藏在区块链里面；以太坊（Ethereum）则是一套分散化的对等网络，"旨在替换一切能用代码描述的东西"（这是马修斯·斯巴克斯（Matthew Sparkes）的话）。数字化专家普里马韦拉·德·菲利皮（Primavera De Filippi）

认为，以太坊及其同类技术构思出了聪明的协议，使得"分布式自治组织"一旦采用了区块链，"就不再需要创建者"。

换句话说，不再仅仅是无人驾驶的汽车，还会出现没有业主的公司。想象一下，在未来召到一辆出租车，它不光没有驾驶员，还属于一套计算机网络，而非某个人。尽管这套网络的"总部"分散在全球各地，却仍能募集资金，签订合同，派遣车辆。这将代表分布式演变自治系统的胜利。用 Blockchain.info 网站技术专家安德烈亚斯·安东诺普洛斯（Andreas Antonopoulos）的话来说，它意味着"软件实现了监管所未能实现的愿景"。他认为，不同于集中式系统，分散式机构灵活而廉洁。"没有中心，它们就没有纵容腐败的机会。我认为这是人类的自然进步。"

你大概会想，我是不是听了太多激进自由主义梦想家的鬼话。嗯，有可能。我之所以相信伟大的事情正在降临，根源来自本书中所列举的证据：系统的演变是人类行为的结果，而非人类设计的结果。互联网正发展出某种像语言、政府一样宏大的东西。官员、律师、政治家、商人说不定会因为发现自己成了多余之物，为了阻止它而走到一起，短期内，他们可能会成功，但无情而不可避免的演变，最终将打败他们。要知道，不管我们乐意与否，技术总是会发展。

政治的再演变

以政治为例。就算是今天，互联网革命也动辄对利维坦搞破坏。互联网把每一个人都变成了记者和政治家；让消费者掌握最终大权；降低普通人做非凡事的成本，不管是慈善也好，从商也好，从政也好。大型企业倾覆在这股创造性破坏浪潮面前；大型国有官僚机构也无法长久抵抗。一如特立独行的英国议员道格拉斯·卡斯韦尔所说："互联网的触角碰到的每一样东西都改变了模样。准入门槛轰然而降。老牌运营商面对着来自灵活后起之秀的竞争。政治领域也是一样。"卡斯韦尔认为，网络民主（i-democracy）正迅速而无情地改变着传统从政路线，用种种激进的自发方式，取代政党控制、官僚支持的传统做法，比如开放式初选、即时公民投票、地方政府的参与式预算、网上召回。"它唤醒了我们民主传统里克伦威尔式的革命血脉。"威胁着说要破产、欺负我们的大政府模式不光使得社会无法负担，还日益脱离实际。当今世界，个人和企业可以在不同的司法辖区之间轻松跳跃，税务员不能再掐着金鹅的脖子拔它的毛，要给挥霍、浪费公共财政找借口越来越难。如果加密货币广泛应用开来，这局面就更千真万确了。

在卡斯韦尔设想的世界里，手握大权的是公民，也就是你。从前规定统一政策的官员必须按照你的吩咐去做；过去每隔四五年才听一回你命令的民选政客也必须这么做。卡斯韦尔说："数字革命是一场反对精英专制的政变。它要推翻这些转售他人理念的二手贩子。"2009 年，保守党人丹尼尔·汉南在欧洲议会上站起身把倒霉的英国首相戈登·布朗狠狠批评了三分钟，一开始，主流媒体对此视若无睹。可这场辩论一传到 YouTube 上，几分钟里就热烈地传播开去，等它的观看次数超过 100 万次，主流媒体也只好跟风赶上了。有意思的是，《新政治家》（New Statesman）杂志的编辑彼得·威尔比（Peter Wilby）却说，这一事件表明互联网在质量控制上做得有多么糟糕。这话的意思是互联网上没有像他这样的人对信息进行过滤。它是靠着集体智慧来过滤的。

卡斯韦尔指出，最近几十年来，政治变得越发集中化，但他认为，自己已经观察到了这种趋势逆转的苗头。政府攫取了越来越多的国家资金，根据政治创世论，将其用于设计集中式解决方案。它把权力转移到非民选官员手里，削弱民选代表的力量。在英国，4/5 的立法工作现由非民选长俸制公务员把持，他们的任务已经从执行政策变成了制定政策。真正有影响力的民选官员构成了一小群围着政府首脑转悠的朝臣，20 世纪 90 年代，他们通过政治顾问这一角色，完善了对政策和政治的紧密集中控制。整套政治制度凭借对现状的偏爱、对一切新生事物的防范猜忌，外加精英假设，在设计上近乎完美地能阻挠所有创新尝试。

但事情正在迅速发生变化。传统政党无法再满足民众的政治需求。国家对待人民，比企业要糟得多。群众能够更换供应商，要求享受体面的服务，上网获得即时信息，点点鼠标就能买到鞋，这些越来越好的体验，让他们面对政府给予的差劲待遇时愈发感到沮丧。为什么问一件事要等好几个星期才有回复？为什么一定要访问网站？为什么表格的设计这么糟糕？为什么服务费用这么不透明？为什么法律这么死板？数字革命为公共服务带来了巨大的"超个性化"机遇：让家长掌管自己孩子的教育预算；让患者掌管自己的健康预算；把官僚中间人给剔除。

数字民主给政府带来的震撼之剧烈，一如冷战带来的震撼。迄今为止，数字技术对政府实践和生产力的影响几近于无。非要说有什么影响，那就是公共服务的效率不升反降了。想想看，这是一个非常惊人的统计数据。电脑、智能手机、超级廉价的通信和资源无限的互联网接入了他们的办公室，可官僚完全没能提升生产力？他们是怎么做到的？一场大震荡快要来了。让政治演变吧。

未来的演变

　　讲述 20 世纪的故事，有两种方式。你可以描述一系列的战争、革命、危机、瘟疫、金融灾难。你也可以介绍地球上几乎所有人生活质量的改善，这一趋势虽然缓慢，但不可阻挡：收入在增长，疾病被征服，寄生虫逐渐消失，欲望退却，和平越来越持久，寿命延长，科技进步。我针对后者写了一整本书，却总觉得怪怪的：为什么似乎很少有人这么做过？为什么这么做会让人感到意外？世界变得比过去好得多了，这一点明显得一目了然。可翻开报纸，你会认为我们灾难不断，而且未来注定还将遭遇另一场灾难。稍微浏览一下学校的历史课，你会发现，书里讲的几乎全是过去的灾难——未来的危机。这种乐观与悲观的奇怪对比，简直无法在我的脑袋里实现调和。在一个坏消息接连不断的世界上，人们的生活却变得越来越好。

　　现在，我想我明白了，本书的部分目的，也是为了探索这一认识。我想，不妨把我的解释用最大胆、最惊人的形式说一说：坏消息是人为的、自上而下的、蓄意的东西，是强加给历史的。好消息是偶然的、计划之外的、自然形成的东西，是逐渐演变出来的。进展顺利的事情，大多是无意偶得；搞砸的事情，却大多是有意为之。让我给你列举两份清单。第一份包括一战、俄国革命、《凡尔赛条约》、大萧条时期、纳粹政权、二战、2008 年金融危机，它们全都是少数人（政客、中央银行家、革命者等）有意识地尝试执行计划、做出自上而下的决策带来的结果。第二份包括全球收入增长，传染病消失，养活了 70 亿人口，河流和空气变得清洁，大部分富裕国家的造林工作，互联网，把手机积分当成银行，利用基因指纹将罪犯定罪、释放无辜蒙冤者。这些事都是意外的偶然现象，背后有着数百万无意促成这些重大变化的人。选举学专家大卫·巴特勒爵士（David Butler）说，所有有趣的事情都是增量变化，在过去的 50 年里，人类生活水平在统计数据上的重大变化，只有极少是政府行为的结果。

当然，你可以找到反例：你找得出人或机构按照计划做了一件特别好的事情（登上月球），也找得出一种有着灾难性后果的自发产生的现象（因为过分讲究卫生，导致过敏和自身免疫性疾病增多）。但在我看来，这两种反例都并不太多。一边允许好事演变发展，一边主动做着糟糕的事，素来是历史上的主导局面。这就是为什么新闻里全是办了糟糕事，但等它们过去了，我们却发现，天大的好事已无声无息地出现。好事情是渐进的，坏事情突如其来。一言以蔽之，美好的事情是演变而来的。

但我敢打赌，你一定会尖叫着说：这太夸张了，简直荒唐！这个世界充满了设计出来的、有规划的、有意图的事情，而且运转正常。然而，光是因为一件事情井然有序，并不意味着它出自设计。它往往是通过偶然的试错自然产生的。不过，一如布林克·林德赛指出的，将秩序与控制画等号，在直觉上有着强大的吸引力："尽管有无计划市场的大获成功，尽管有互联网分散式秩序的壮观崛起，尽管有全新'复杂性'科学的广泛宣传，以及它对子组织系统的研究，人们仍然普遍认为，没有了集中权威，就只能走向混乱。"

就连美妙设计的模范例子（比如我用来写下这些文字的苹果笔记本电脑），实际上也是渐进过程带来的结果，它不光结合了数千位发明家的工作，更筛选了无数可行的设计，选中了眼下这个版本，才放入市场，看它是被选择，还是遭拒绝。诚然，乔纳森·埃维（Jonathan Ive）爵士是设计出苹果诸多优秀产品的功臣（包括这一台），可它们的元件和组成部分，如硅芯片、软件、阳极氧化处理铝外壳，则来自其他的发明家。将之组合并加以选择的过程，是自下而上的。这台笔记本电脑不仅仅是人们创造出来的，也是逐渐演变出来的。

我在序言里提出，1859 年查尔斯·达尔文概述的自然选择演变理论，应该叫作演变"特殊"论，以强调它与演变"通论"之间的区别。这个概念来自演变及创新专家理查德·韦伯。他指出了一个我在本书中试图发展的要点，也即历史的飞轮来自不断试错的增量变化，创新靠重组来推动，这适用于各种各样的事物，远不仅限于有基因的生物。这也是道德、经济、文化、语言、科技、城市、企业、教育、历史、法律、政府、宗教、金钱和社会变化的主要途径。长久以来，我们一直低估了从底层推动的自发、有机、建设性变革的力量，而着迷于从顶层设计变革。请投入演变通论的怀抱吧。请承认万事万物都在演变吧。

我敢打赌，21 世纪仍将由坏消息带来的冲击所主导，但它将更多地经历好东西的无形进步。增量的、不可抗拒的、不可避免的变化，将给我们带来物质和精神上的进步，让我们孙辈的生活变得更富裕、更健康、更快乐、更聪明、更清洁、更善良、更自由、更和平、更平等，而这几乎完全是文化演变带来的偶然副产物。但这一路上，那些心怀伟大计划的人，会为众生带来痛苦和磨难。

让我们少给创世论者一些荣誉，多多赞美鼓励万物的演变吧！

ACKNOWLEDGEMENTS
|致 谢|

本书酝酿的时间跨度颇长，说好几年甚至好几十年都可以，所以，要向这么长时间里赋予我灵感和精神食粮的所有人一一致谢，实在太过勉强。一如我反反复复地强调，人类思想的全部意义就在于这是一种分布式现象，它存在于人与人的大脑之间，而非人类的大脑内。我仅是庞大的知识网络上的一个节点，试图用远远不够的文字描述一种不断演变的空灵实体。但如果本书出现任何失误，那一定只能怪我。

不过，还是有很多人特别值得感谢，因为他们慷慨大度地向我提出了许多思考、建议和劝告，花了不少时间。这些人包括（但不仅限于）以下诸君：Brian Arthur, Eric Beinhocker, Don Boudreaux, Karol Boudreaux, Giovanni Carrada, Douglas Carswell, Monika Cheney, Gregory Clark, Stephen Colarelli, John Constable, Patrick Cramer, Rupert Darwall, Richard Dawkins, Daniel Dennett, Megnad Desai, Kate Distin, Bernard Donoughue, Martin Durkin, Danny Finkelstein, David Fletcher, Bob Frank, Louis-

Vincent Gave, Herb Gintis, Hannes Gissurarson, Dean Godson, Oliver Goodenough, Anthony Gottlieb, Brigitte Granville, Jonathan Haidt, Daniel Hannan, Tim Harford, Judith Rich Harris, Joe Henrich, Dominic Hobson, Tom Holland, Lydia Hopper, Anula Jayasuriya, Terence Kealey, Hyperion Knight, Kwasi Kwarteng, Norman Lamont, Nigel Lawson, Kui Wai Li, Mark Littlewood, Niklaas Lundblad, Deirdre McCloskey, Geoffrey Miller, Alberto Mingardi, Sugata Mitra, Andrew Montford, Tim Montgomerie, Jon Moynihan, Jesse Norman, Selina O'Grady, Gerry Ohrstrom, Jim Otteson, Owen Paterson, Rose Paterson, Benny Peiser, Venki Ramakrishnan, Neil Record, Pete Richerson, Adam Ridley, Russ Roberts, Paul Romer, Paul Roossin, David Rose, George Selgin, Andrew Shuen, Emily Skarbek, Bill Stacey, John Tierney, Richard Tol, James Tooley, Andrew Torrance, Nigel Vinson, Andreas Wagner, Richard Webb, Linda Whetstone, David Sloan Wilson, John Witherow, Andrew Work, Tim Worstall, Chris Wright，还有许多许多。

　　在为本书进行研究和写作的过程中，我从 Guy Bentley 和 Andrea Bradford 那里得到了许多宝贵的实用帮助。我衷心感谢他们。我的文学经纪人 Felicity Bryan 和 Peter Ginsberg，还有我的编辑 Louise Haines 和 Terry Karten，自始至终都非常耐心、思维敏锐，为我不停地打气。

　　我最想感谢的是我的家人——Anya、Matthew 和 Iris，他们不光贡献了思路，还通情达理，带给了我家庭的温暖。

参 考 文 献[⊖]

序言　演变通论

On energy evolution, Bryce, Robert 2014. *Smaller Faster Lighter Denser Cheaper*. PublicAffairs.

On antifragility, Taleb, Nassim Nicholas 2012. *Antifragile*. Random House.

On Adam Smith, *The Theory of Moral Sentiments*. 1759.

On Adam Ferguson, *Essay on the History of Civil Society*. 1767.

On the lack of a name for objects that are the result of human action but not human design, Roberts, R. 2005. The reality of markets. At Econlib.org 5 September 2005.

Richard Webb's notion of a special and a general theory of evolution was enunciated during a Gruter Institute conference in London in July 2014.

第1章　宇宙的演变

On Lucretius, the translation I use here is a very lyrical one by the poet Alicia Stallings: Stallings, A.E. (translated and with notes) 2007. Lucretius. *The Nature of Things*. Penguin.

On skyhooks, Dennett, Daniel C. 1995. *Darwin's Dangerous Idea*. Simon & Schuster. The first use of the word is here: 'A naval aeroplane, with an officer pilot and a warrant or petty officer telegraphist, was cooperating with artillery in a new system of signalling. The day was cold and the wind was bumpy, and the aeroplane crew were frankly bored. Presently the battery signaller sent a message, "Battery out of action for an hour; remain aloft awaiting orders." Back came the reply

---

⊖　完整的参考文献参见 www.hzbook.com。